造物还原

改变世界的37种物品

〔美〕**安德鲁·特拉诺瓦**
（Andrew Terranova）

〔美〕**莎伦·罗斯**
（Sharon Rose）

著

丁天一 田佳灵｜译 王雪梅｜审译

MADE

HOW THINGS
ARE MADE

From Automobiles to Zippers

北京时代华文书局

图书在版编目（CIP）数据

造物还原 / （美）安德鲁·特拉诺瓦，（美）莎伦·罗斯著；王雪梅，丁天一，田佳灵译.
-- 北京：北京时代华文书局，2019.10
书名原文：How Things Are Made: From Automobiles to Zippers
ISBN 978-7-5699-3178-5

Ⅰ．①造… Ⅱ．①安… ②莎… ③王… ④丁… ⑤田… Ⅲ．①产品设计－基本知识 Ⅳ．① TB472

中国版本图书馆 CIP 数据核字 (2019) 第 186645 号

北京市版权著作权合同登记号　字：01-2018-3608 号

造 物 还 原
ZAOWU HUANYUAN

著　　者 | 〔美〕安德鲁·特拉诺瓦　　〔美〕莎伦·罗斯
译　　者 | 丁天一　田佳灵
审　　译 | 王雪梅

出 版 人 | 陈　涛
责任编辑 | 周　磊　余荣才
装帧设计 | 谢元明　王艾迪
责任印制 | 刘　银

出版发行 | 北京时代华文书局 http://www.bjsdsj.com.cn
　　　　　北京市东城区安定门外大街 138 号皇城国际大厦 A 座 8 楼
　　　　　邮编：100011　电话：010-64267955　64267677
印　　刷 | 凯德印刷（天津）有限公司　022-29644128
　　　　　（如发现印装质量问题，请与印刷厂联系调换）
开　　本 | 710mm×1000mm　1/16　印　张 | 23　字　数 | 380 千字
版　　次 | 2020 年 1 月第 1 版　印　次 | 2020 年 1 月第 1 次印刷
书　　号 | ISBN 978-7-5699-3178-5
定　　价 | 78.00 元

致谢

感谢纽约黑狗和利维坦出版公司（Black Dog & Leventhal Publishers New York）的编辑戴娜（Dinah）和汉娜（Hannah），感谢她们给我策划了本书，还耐心细致地跟进并提供了宝贵的意见；感谢我的朋友阿曼达（Amanda）利用她的图书管理员职业的巨大优势帮助我探究了几章内容；感谢我的连襟、条形码专家大卫（David）给"条形码扫描仪"一章提供了建设性的专业指导；更要感谢我的好妻子琳达（Linda），还有我的孩子威廉（William）和安娜（Anna），在我忙于写作的时候，他们没有打搅我，让我能够专心地完成此书。谢谢你们的爱，我爱你们！

安德鲁·特拉诺瓦（Andrew Terranova）

前言

当初出版社提出修订《造物还原》一书时，我有所保留地应承下来。在这个信息爆炸的时代，介绍一个物品是如何制造出来的值得吗？但是，有两件事改变了我的想法。其一，在研究最初的章节时，我意识到了寻找准确信息的挑战。虽然互联网上充满了信息，但对其进行整理以获取核心事实可能是一个艰难的过程。其二，也许是更重要的，即人们对我修订这本书的积极反馈。特别是一位朋友的反应相当强烈，消除了我的所有顾虑。

在修订这本书的过程中，我花了非常多的时间做研究，阅读网页上的涂鸦，从制造商的数据表中收集资料，从绝版书籍和期刊中发掘历史的宝藏，通过谷歌图书的收藏资料和扫描件内容，让我对熟悉的话题有了深入的了解，并大大提高了我在一些领域的熟悉程度。这个新版本更新了先前版本中的所有内容，并增加了邮轮、智能手机和太阳能电池板这三个物品的全新章节。之所以能够更新、修订早期版本的章节内容，源于站在巨人的肩膀上，非常感谢上一位作者莎伦·罗斯（Sharon Rose）。

本书所选物品种类虽然涵盖了众多行业，但是无法囊括所有的产品，也不奢望成为严格意义上的产品百科全书。这些物品包括从高科技的直升机到我们生活中普普通通的糖，从隐形眼镜到大型邮轮，许多是我们日常生活中触手可及的。

亲爱的读者们，希望本书能给你们有所启发，要是能开阔你们的视野、触发你们的灵感，那将会是我莫大的成功。

目录

服饰穿戴

生活日用

食品及美妆护肤

其他

交通工具及部件

直升机

发明人：1843年，英国人乔治·凯利（George Cayley）爵士，这位空气动力学之父、航空之父科学地阐述了直升机的基本原理；1907年9月29日，法国人路易斯·布雷盖和雅克·布雷盖（Louis and Jacques Breguet）在生理学家和航空先驱查尔斯·里歇特（Charles Richet）的指导下飞行（不受控制的飞行）；1907年11月，法国人保罗·科努（Paul Corn）试飞了旋翼飞机一号；1912年，意大利的戴恩·雅各布·埃尔哈默（Dane Jacob Ellehammer）操纵了反向旋转翼和周期变矩控制的飞机；1936年，德国福克·艾彻格里斯公司的Fa-61直升机（Focke Achgelis Fa 61）首次飞行高度为海拔3 427米，飞行距离230千米；1939年，伊尔·西科斯基（Igor Sikorsky）公司设计了单引擎直升机——西科斯基VS-300，VS-300是所有现代单旋翼直升机的模板；第二次世界大战期间，伊戈尔·西科斯基公司生产军用直升机XR-4；第二次世界大战期间，德国批量生产了弗莱特纳蜂鸟（Flettner Kolibri）直升机；1951年，卡曼飞机公司（Kaman）的HTK-1采用了喷气发动机技术。

美国商用直升机年销售额：2.14亿美元。

通用航空直升机数量：全世界近3.1万架。

顶级民用直升机制造商：空中客车直升机公司（Airbus Helicopter）、意大利莱昂纳多-芬梅卡尼卡集团直升机公司（Leonardo-Finmeccanica Helicopters）、贝尔公司（Bell）、俄罗斯直升机公司（Russian Helicopters）、伊戈尔·西科斯基公司（Sikorsky）。

垂直飞行

直升机被认为是旋翼飞机，因为它们的机翼（旋翼叶片）在一个轴（或称机动轴）上旋转。旋转机翼通常称为主旋翼或简称旋翼。不像更为常见的固定翼飞机，直升机能够垂直起飞与降落，也可以在空中悬停。这些特性使直升机在某些飞行空间受限或需要进行悬停作业的领域成为十分必要且理想的工具。

目前，直升机的用途极为广泛。它们是喷洒农药、施肥，运送人员到达交通不便的偏远地区进行环境保护工作抑或是给海上钻井平台运送给养的最佳工具。同时他们还用在拍照、摄影，以及无法通过其他运输方式到达的地点（比如山地和水域中央）对受困人员施救等方面。直升机可以快速转运遇险者至医院，以及协助扑灭大火来挽救生命。政府使用直升机进行情报搜集与军事行动。

直升机起源

许多科学家和发明家为直升机的理念和发展做出了贡献。关于直升机的想法似乎来自于仿生学——即对自然界生物及其法则进行的模仿。有关直升机方面的设计灵感可能来自于随风飘落旋转的双翼枫树叶种子。比如，仿造枫树豆荚所制造的"旋转玩具"（竹蜻蜓），在中国和中世纪的欧洲都很流行。

15世纪期间，著名的意大利画家、雕刻家、建筑家和工程师莱昂纳多·达·芬奇，可能在这种旋转玩具的基础上绘制了直升机的草图。而下一幅现存的直升机早期蓝图可以追溯到19世纪初，当时英国科学家乔治·凯利（George Cayley）爵士在他的笔记本上画了一架双旋翼飞机。

早期的飞行尝试

法国人保罗·科努（Paul Cornu）在20世纪初成功使用早期直升机将自己升离地面几秒钟。短暂的几秒钟后，因为动力原因科努掉下来了，而这个问题困扰了所有早期直升机设计者长达几十年的时间。也就是这期间没有人发明出可以提供持续强劲垂直升力的发动机，该发动机可以让直升机和它的搭载物（包括乘客）长时间离开地面。

直升机的想法似乎来自于对枫树双翼种子垂直飞行的观察。

历史证据表明，有关直升机的想法已在人类脑海中存在了数千年。早在公元前400年，一种中国风筝就有了可以旋转的翅膀，而在15世纪著名艺术家莱昂纳多·达·芬奇的笔记中也发现了早期直升机的草图。

俄国工程师伊戈尔·西科斯基（Igor Sikorsky）在1909年制造了他的第一架直升机。1910年他又造了第二架直升机，可都不成功。因此西科斯基决定，在没有更先进的材料和充裕的资金情况下，他不再制造直升机，于是他转向了制造固定翼飞机。

在第一次世界大战期间，匈牙利工程师西奥多·冯·卡曼（Theodore von Kármán）造了一架可以长时间悬停的直升机。

几年后，西班牙人胡安·德·拉·西尔瓦（Juan de la Cierva）开发了一种旋翼机，以纠正传统飞机在着陆时失去引擎动力并引发坠毁的问题。西尔瓦认为，如果他能设计出一种升力和推力分离的飞机就能克服这个问题。他最终发明的旋翼机包含了直升机和飞机的特征。

旋翼机有一个类似于风车的水平旋转翼。一旦在地面上缓慢启动，旋转翼就会产生额外的升力。然而，旋翼机主要由传统飞机发动机提供动力。为了避免着陆问题，发动机在降落时被关闭，借助旋翼叶片，飞行器轻轻降至地面，旋翼叶片在飞行器落地时逐渐停止旋转。旋翼机在20世纪20年代和30年代非常流行，在直升机发展起来后就消失了。

伊戈尔·西科斯基最终制造出了真正的直升机。自西科斯基的第一次努力以来，人类空气动力学和结构材料学方面取得了巨大进展。1939年，他成功地试飞了自己的第一架直升机。两年后，经过一系列改进，他的直升机可以在空中停留一个半小时，创造了直升机不间断飞行的世界纪录。

直升机在可以量产后几乎立即投入军事用途。发生在朝鲜山地和越南丛林的复杂地形环境下的冲突使得直升机得到了广泛应用。从那时起，直升机被不断改进和进行技术提升，从而使它成为军事行动的宝贝疙瘩。

私营企业的需求可能是直升机使用增长的最主要原因。许多公司已经开始用直升机运送人员。此外，直升机也顺利运行在主要城市之间的航线上。尽管如此，在日常旅行者中，直升机仍然以医疗、营救和救援工作而闻名。

直升机的工作原理

直升机的动力来自发动机，发动机带动转轴连着叶片转动。当一架标准型直升机向前飞行时，通过推动机翼后面的空气来产生推力，而直升机的旋翼在旋转时通过向下推动机翼下方的空气来产生升力。升力与空气动量（空气质量乘以空气速度）的变化有关：动量越大，升力越大。

直升机旋翼系统由连接到中心毂的两个到六个叶片组成。叶片通常又长又窄，叶片转动得很慢，因为这样可以最大限度地减少（达到和保持升力所必需的）发动机输出功率。低速也使得控制直升机更加容易。轻型通用直升机通常有一个双叶主旋翼，较重的直升机可采用四叶旋翼或两个独立的主旋翼来处理重负荷。

要驾驶直升机，飞行员必须调整桨叶的桨距或角度，这里有三种设置方式：在集控系统中，附着在转轴上的所有叶片的桨距是相同的；在周期系统中，每片叶片的桨距被设计成随着转轴旋转而改变；第三个系统结合了前两个系统。若要使直升机改变飞行方向，飞行员可移动控制杆调整总桨距或调整周期桨距；同时可能还需要增加或降低直升机的速度。

固定翼飞机设计的目的是消除额外的体积和突出物，因为这些突出物会使飞机下坠（或增大飞机下坠的趋势），并干扰飞机周围的气流。而直升机不可避免地遇到很高的"阻力"。这表明它们的很多部分都是从奇怪的角度伸出来，在飞行过程中"拖动"空气，使其减速。

一般来说，直升机的起落架比飞机的起落架简单得多。飞机需要长跑道滑行来降低前进速度。直升机只需要减少垂直升力，在着陆前悬停即可。因此，它们甚至不需要减震器：它们的着陆装置通常只由滑橇（制动器或转轮的一种）或车轮（尤其是大型直升机）组成，或者两者兼有。车轮使大型直升机在地面上更容易滑行或重新定位。尽管空气动力的增益（收起起落架可以减少飞行过程中的空气阻力）对直升机来说没有那么重要，一些直升机还是作成像飞机一样可伸缩的起落架。

与直升机旋翼叶片有关的一个问题是，直升机飞行过程中沿着每个叶片的气流差异很大。这意味着在旋翼旋转过程中，每个桨叶的升力和阻力都会发生变化，导致直升机的飞行不稳定。当直升机向前移动时，首先进入气流的叶片下方的升力很高，而转轴另一侧叶片下方的升力较低，这时就会出现与其相关的导致直升机飞行不稳定的问题。制造商设计使用铰链连接到转轴上，通过灵活的叶片来弥补这些不可预测的升力和阻力的变化。这种设计允许每个叶片向上或向下移动，以适应升力和阻力的变化。

　　扭矩是与旋转机翼相关的另一个问题。扭矩会导致直升机机身与水平旋翼呈相反方向的旋转，特别是当直升机在低速飞行或悬停时。为了消除这种影响，许多直升机使用尾桨——一个外露的叶片安装在其长尾的末端。另一种纠正扭矩的方法是安装两个水平旋转翼，它们连接在同一个发动机上，但旋转方向相反。更节省空间的设计是，反向旋转的双翼组装在一起，就像打蛋器一样。下面简单介绍几种无尾旋翼的设计以供探究。

　　倾转旋翼机的设计模糊了飞机和直升机之间的区别。这些飞机像直升机一样垂直起飞，但随着速度的增加，它们的双翼会逐渐向前倾斜，直到它们基本上像飞机的螺旋桨一样运转。另一种垂直起降（VTOL）飞机是全动机翼，顾名思义是整个机翼一起倾斜，而不仅仅是旋翼。

直升机材料

　　直升机的机架或基本结构可以由金属或有机复合材料，或两者的某种组合制成。在设计重载直升机时，制造商会选择特别坚固但相对较轻的材料。其中一些材料是环氧树脂增强玻璃、芳纶（一种强而柔韧的尼龙纤维）或碳纤维。通常，这些材料由许多层树脂组成，添加纤维增强强度。这些材料连接或胶合在一起形成一个光滑的面板。

　　直升机的管状和片状金属部件通常由铝制成，在更高应力或高温区域有时使用不锈钢或钛。在制造过程中，为了减轻弯曲，金属管内通常充满熔融的硅酸钠（也称为"水玻璃"，一种加热到熔融状态的玻璃状混合物）。直升机的旋翼桨叶通常是由纤维增强树脂制成的，叶片外侧夹上一层金属板来保护机翼的边缘。直升机的挡风玻璃和窗户是由聚碳酸酯薄膜制成的，这是一种耐高冲击力的塑料。

制造过程

机架：制备油管

1. 每一个单独的管子是由一个管材切割机切割，该机器可以快速设置生产不同的管子，包括精确的长度和数量。通过更换不同直径和尺寸的模具，弯管机可以把油管弯曲成合适的角度。

2. 对于主要的弯管，管内充满了熔融的硅酸钠，硅酸钠冷却变硬可以消除管子弯曲时的扭结。就像实心棒在弯管机上弯曲一样。然后，将弯曲的管子放入沸水中，使内部材料融化，再将其排出。必须弯曲以匹配舱室形状的油管还要安在拉伸成型机上，该成型机可以将管子拉伸成合适的形状。

3. 接下来，把管子运送到机加工车间，在那里用夹具夹住它们，将管子的末端加工成所需的角度和形状。然后将管子除去毛刺（在此过程中，任何残留的突起或斑点都要磨掉），并检查是否有裂缝。

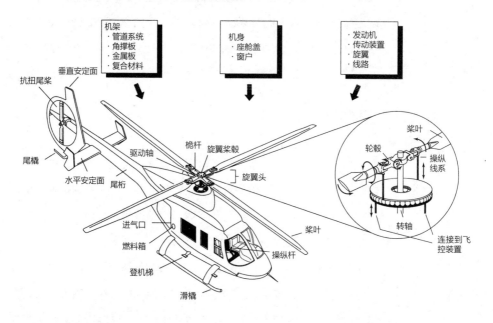

图 1　直升机上的大部分关键部件都是由金属制成的，并采用标准的金属成形工艺：剪切、冲裁、锻造、切割、镂铣和铸造。聚碳酸酯挡风玻璃和车窗的制作方法是将板料放在模具上，加热，然后在空气压力的作用下成型。通常称这一过程为"自由吹制"（freeb lowing），吹制时不能有工具接触被吹部件。

4. 金属加强件是用机器来完成的，如镂铣、剪切、毛坯冲压、锯割。一些复杂的细节可以锻造（加热并成形）或铸造，取出它们并冷却后再次除去毛刺。

5. 管子用强力化学品清洗并焊接到位。焊接完成后，对装配件进行应力释放——低温加热，使金属能够恢复在成型过程中失去的弹性。最后，检查焊缝是否有缺陷。

成形钣金细部

6. 构成机架其他部分的金属板首先被切成毛坯。铝坯经过热处理退火（使金属坚硬但可弯曲）。然后将坯料冷藏，直到放入模具中压成合适的形状。成形后，板材的细部经过时效处理，达到最大强度，并修整至其最终形状和尺寸。

7. 钣金件在上螺栓或胶合前要清洗干净。铝部件和焊接部件可以进行阳极氧化处理（以增加铝表面的保护氧化膜的厚度），从而提高耐腐蚀性。所有的金属部件都经过化学清洗和喷漆，大多数都是用环氧树脂或其他耐用涂层喷涂完成的。

制作复合组件的芯层

8. 芯层，直升机的中部由诺美克斯（Nomex）材料制造的——诺美克斯是杜邦（DuPont）公司生产的酰胺基尼龙纤维，也有用铝蜂窝（honeycomb）制造的，用带锯或刀把它们切割成一定的尺寸。如果有必要的话，可以用类似于比萨刀或切肉刀的机床将芯部件的边缘修剪成一定角度。

9. 每个组件是由称作半固化片的芯板开始构建。半固化片是用树脂加强的纤维层。按照设计师的图纸要求，工人们小心翼翼地对面板进行所谓的"蒙皮"操作，在黏结模具工具上装单独的板层，并按照指引在附加板层之间夹芯。

10. 预浸材料——半固化片胶粘到模具上通常称为完成的"上篮"操作，然后再将它送到高压釜中进行固化。高压釜是一种设备，通过将塑料层暴露在加压蒸汽中来粘接它们，而"固化"是在高压釜中树脂层"烹煮"时发生的硬化。

11. 将这些面板画上装饰线。边缘多余的部分通过电锯割除。大型面板可以通过射流水磨机器人进行修整。检查合格后，用常规喷涂方法对镶板等复合材料零件进行清洁和喷涂。表面必须用油漆密封好，以防止金属腐蚀或吸水。

制作机身

12. 顶部、挡风玻璃和乘客舱的窗户通常是由聚碳酸酯薄膜制作的。受到鸟击或其他撞击的前面板可由两张薄板叠合而成，以增加厚度和强度。所有这些部件都是用夹具夹住毛坯，加热，然后在空气压力的作用下，经过自由吹制形成所需的弯曲形状。在这种方法中，为了避免缺陷，没有工具接触这些部件的表面。

安装发动机、传动装置和旋翼

13. 现代直升机的发动机是从发动机供应商那里购买的。直升机制造商可以购买或生产将动力转移到旋翼组件的传动组件。变速箱由铝或镁合金制造。

14. 与前两者一样，主旋翼和尾旋翼组件是由某些高强度金属通过机器制造的。主旋翼叶片上可以有一层金属板层，以保护边缘。

控制系统

15. 连接直升机系统的电线必须用一种保护性覆盖物包裹起来。这里叫它们为"线束"。它们是将所需的电线敷设在特殊的板上制成的，这些板可以作为模板来确定连接器的长度和路径。机织或针织的保护套放在电线束上，而且购买的连接器是通过手工焊接到位的。管材可由工匠手工切割成一定长度的管子，也可由弯管机测量、成型、切割。管材端部呈喇叭形，安装时要检查管子尺寸的大小及有没有裂缝。液压泵和执行机构、仪器仪表和电子设备通常是从专业公司定制，然后由直升机制造商购买安装。

总装

16. 完成和检查过的机架部件，包括钣金、配管、机加工和焊接的部件、已交货的固定连接部件、就位的部件夹具。主要部件位于每个夹具中，或用螺栓拧上连接，或用电钻钻孔铆接。为了使金属板或蒙皮板的气动平滑，孔是凹的，这样平头螺钉的顶部就不会凸出来。所有的孔都要去毛刺并插铆钉。当铆钉插入每个孔时，通常使用密封剂。有些制造商每道工序都使用半自动机器；工人则从一个孔的位置移动到另一个孔的位置，钻孔、密封和安装铆钉。

17. 每个组件经过检验员检查后，通常会移动到另一个夹具，与其他小部件和细部（如支架）进一步组合。检查过的"顶级"部件交付到最终的组装夹具，在那里建造整个直升机结构。

18. 结构完成后，安装发动机部件、布线和进行液压安装、测试，然后添加机舱盖、窗户、门、仪器和内部元件来完成安装。在此过程中，完成涂装和修剪。

19. 在对所有系统进行最终检查后，还要对每个飞机的材料、过程、检查和返工工作的完整记录进行检查和归档，以备将来参考。然后对直升机推进系统进行检查，并对飞机进行飞行测试。

质量控制

一旦管状构件成型，就要检查它们是否有裂缝。为了发现缺陷，工人们用荧光液处理这些管子，荧光液渗入裂缝和其他表面缺陷。在清除多余的荧光液后，他们用一种与液体相互作用的细粉末——显示粉撒在涂过荧光液的管件上，渗入缺陷的荧光液因毛细管作用而被显示粉吸出，在暗室中荧光灯照射下，管件的缺陷呈亮白色，十分突出。

管状构件焊接后，用x射线和（或）荧光探伤方法进行探伤，以发现缺陷。完成后，对钣金细部曲线与样板进行比对，并用手工打造一致。在热压处理（见步骤10）和修整后，对复合材料面板进行检查，以确定任何可能的层板断裂或其他导致结构失效的缺陷。

在安装前，要仔细检查发动机和变速箱组件。特殊的测试设备，为每个应用项目定制设计，用于检查布线系统。所有其他部件在装配前也要进行测试，完成的直升机除了接受全面检查外还要进行飞行测试。

未来的直升机

直升机的军事需求通常比民用大得多。美国陆军正在开发设计新的直升机，可以飞得更远、更快、更高。贝尔公司设计的一种先进的倾转旋翼直升机，装有两个可动的大旋翼，可以在某个位置上升和悬停，或者更像固定翼飞机一样前倾飞行。西科斯基—波音公司设计的一款直升机使用一对反向旋转的主旋翼和后面装有一个较小的螺旋桨推进器。

让直升机飞得更快更远的愿望并不仅限于军方。空客公司正在进行一项新的设计，它有一个大的主旋翼和两个较小的后向式旋翼推进器，安装在箱形机翼上。更轻的重量、更好的空气动力学布局和一个特殊的"生态模式"有望提高燃油效率。

为了降低生产成本和使用更多的新材料，必须改进生产工艺，提升生产技术。自动化和数字化可以进一步提高产品质量和降低劳动力成本。改进设计、设计变更以及对每架直升机创建、使用和存储的文档方面的工作可大量地使用计算机来完成。

此外，使用机器人来缠绕长丝、缠绕胶带和放置纤维将会使制造机舱结构使用更少的材料。先进的、高强度的热塑性树脂比目前使用的材料具有更好的抗冲击性和可维修性。新型金属复合材料在保持金属耐热性优势的同时，还有望在关键部件（如变速箱）上实现更高的强度–重量比。

警用直升机

警用巡逻直升机已经飞上了天空。许多执法人员发现直升机可以方便地执行各种紧急任务。与巡逻车相比，直升机能覆盖更大的区域，并能更快地响应求助请求。直升机巡逻警察可以监视逃跑的罪犯，或者发现人群中开始出现的麻烦，然后通过无线电向地面上的警察发送信息。

汽车

发明人：尼古劳斯·奥古斯特·奥托（Nikolaus August Otto），德国机械工程师，1876年发明了燃气发动机；卡尔·本茨（Karl Benz），汽车发明的鼻祖，1885年制造了世界上第一台实用的内燃机汽车；约翰·兰伯特（John Lambert），1891年发明了以汽油为动力的汽车；鲁道夫·迪塞尔（Rudolf Diesel），1897年发明了柴油动力汽车；查尔斯·富兰克林（Charles Franklin），1915年发明了汽车电子点火系统。

2016年美国汽车年销售量：1755万辆。

发展史

艾蒂安·勒努瓦（Etienne Lenoir），比利时机械工程师，于1860年发明了第一台实用内燃机。接下来的数十年间，发明家们集中精力制造出使用不同类型发动机的汽车。随着汽车市场供不应求，现有的汽车产能根本满足不了市场的需要，这个时候众多的发明家，尤其是亨利·福特（Henry Ford），展现了他在汽车制造业上的才华，开发了世界上第一条装配生产流水线，简化了汽车生产流程，大幅度地提高了汽车的产量。

福特极其伟大的创意

1903年，福特于A型车上第一次尝试汽车装配。他根据需要派人给固定的装配台送来各种零部件，然后（通常由一个人）在装配台上将整车组装起来。

1896年，亨利·福特制造了第一台试验车——四轮车（福特T型车）。

福特T型车的革命性创举是使用了装配流水线。福特公司使用装配流水线制造的T型汽车，其一周的产量竟比其他汽车公司使用老工艺流程一年的产能还要多。

德国曼恩集团的鲁道夫·迪塞尔（Rudolf Diesel）热衷于研究发动机。他发明了世界上第一台柴油发动机，甚至还发明了太阳能空气发动机。他于1894年申请了柴油发动机的专利，但他几乎没能活着看到自己的发明成果。当他的实验引擎爆炸时，他差点被炸死。然而，他发明的引擎证明了燃料没有火花可以点燃。

后来，经过数次建模，福特自主研制了T型车。T型车设计巧妙，需要更少的零件和更少的熟练工人，这使它在竞争中具有巨大的优势。福特的T型车使用了多个装配平台。因此，工人们可以从一个平台走到另一个平台，每个平台都执行一项特定的任务。在此过程中，因为每个工人只需要学习一种装配技能，完成一项特定的任务，也就把每个任务的装配时间从原来的8.5小时减少到仅仅2.5分钟。

福特很快意识到，从一个平台走到另一个平台还是很消耗时间的，因为速度较快的工人挤在速度较慢的工人后面，造成了人员拥堵。1913年，在密歇根州底特律市，福特公司安装的第一条流水生产线解决了这个问题。汽车零部件通过传送带传送到每个工作平台旁的工人身边，无须工人在工作台间来回走动。通过这种方式，福特公司将工人的每个任务装配时间从2.5分钟缩短为不到2分钟。

第一条流水线由金属带组成，车轮放在金属带上传送到每一个工位。这些金属带固定在皮带上，由皮带组成的传送线根据车间长度翻转——转向地板，然后由终点回到起点，往复循环。到20世纪20年代，福特公司每10秒就能生产一辆T型汽车，每天产量超过800辆，T型车产能激增。

装配汽车所需时间和人力成本的急剧减少引起了全世界制造商的兴趣。福特公司的大规模生产方法主导了汽车工业几十年，并最终为几乎所有的其他制造业同行所采用。虽然现代科技水平已经使许多改进成为可能，但是在今天的汽车工厂，第一条流水线的基本概念依然没变。零件仍然由固定的装配工安装，而车辆则沿着一条长长的、蜿蜒的生产线路输送。可喜的是，现在机器人系统已经取代了许多人工。

钢与轻质材料比较

大部分汽车零件都是由钢制成的，钢材一直是汽车的主要材料，即使在轻量化要求加大的今天，这一格局也仍未发生变化。这里的钢材更多指的是高强度钢，先进的高强度钢（AHSS）具有比传统钢更复杂的内部结构，比传统钢更能减轻车身重量。随着轻量化概念地持续升温，传统材料将会面临大范围的被轻质材料更新及替换。而轻质材料之间也将掀起新一轮的激烈竞争。在轻量化趋势的影响下，各种新型材料，如塑料、钛、铝、碳纤维等复合轻质材料将越来越多地应用于现代汽车。采用轻质材料的汽车重量减轻了30%。随着燃油价格持续上涨，汽车驾驶员们选择购买更轻、更省油的汽车，混合动力和纯电动汽车的选择或将成为大势所趋。

设计过程

推出一款新车一般需要三到五年的规划和测试。新车型的设计理念源于设计师对公众需求和偏好的预测。试图预测人们未来五年内需要什么样、想要什么样的车型可不是件容易的事。然而汽车公司依然能够成功地设计出迎合消费者喜好的汽车。

运用计算机辅助设计，汽车概念设计师绘制基本概念图，描绘所设计的车辆的外观。然后他们根据设计图制作黏土模型，由造型专家进行评估。设计工程师根据模型，研究气流分布并确定如何设计，接下来进行必要的碰撞试验。一旦模型评审通过，模具设计师就开始设计模具来制造新模型的零件。

制造过程

零部件

1. 汽车装配厂是汽车制造过程中的最后阶段。正是在这里，由4 000多家外部供应商供应的零部件汇集在一起进行装配。比如，发动机和变速箱通常在不同的设施中制造，而不是在车身制造和车辆组装的地方。

冲压车间

2. 冲压是所有工序的第一步，先是用切割机把钢板切割成合适的大小，经简单的冲孔、切边之后，在5 000吨的冲压机上将它们压成最终的形状。冲压成形是由冲压机床和模具实现的，每一个工件都有一个模具，只要把各种各样的模具放到冲压机床上，就可以冲出各种各样的工件。汽车零件就是这样由成千上万套不同的模具冲压出来的。

车身车间

3. 汽车车身由数百个零件组成。机械手操纵已经压制成形的钢质车身到工位进行焊接。大部分焊接工作是由机器人完成的。工作人员进行质量控制，执行系统操作，实施维护任务。

4. 车身底盘由多个部件焊接在一起，包括前轮部分和后轮部分。车体底盘焊接好后，就移到下一道工序进行车身装配。

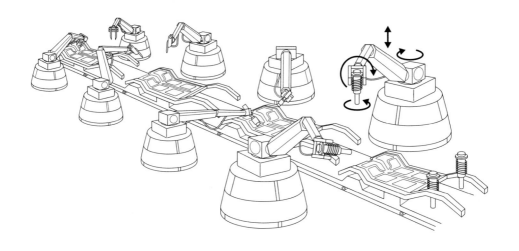

图 1　汽车装配线上的大部分工作现在都是由机器人完成的。在汽车制造的第一阶段，机器人将车身底部的各个部件焊接在一起，然后将车身的各个部分拼装起来。

白车身

汽车设计师和制造商所说的"白车身"是指汽车在涂装和最终装配之前的车身。这个词的起源有些模糊，但有人说它可以追溯到汽车制造业的早期，甚至可以追溯到马车。这些车辆的车身通常是由专门的客车制造商制造的，他们将车身涂上白色底漆，用螺栓固定在车架上。

5. 首先，将垂直的室内部件焊接在汽车底板上，如发动机室和乘客区之间的四分之一垂直隔板和防火墙，它们必须与底板对齐、固定、夹紧后进行焊接。接下来，是将汽车的前后、左右外部车身面板焊接到底盘上。再移动白色车身到另一个工位，然后将工位上方的车顶小心放下并焊接在车框上。

6. 门、引擎盖和后备箱已经在各自的装配线上完成焊接。将它们放到合适的位置后，用螺栓固定在车架上，螺栓全部按说明书技术规范要求设定的扭矩力紧固。这是车身车间唯一使用螺栓固定代替焊接的阶段。

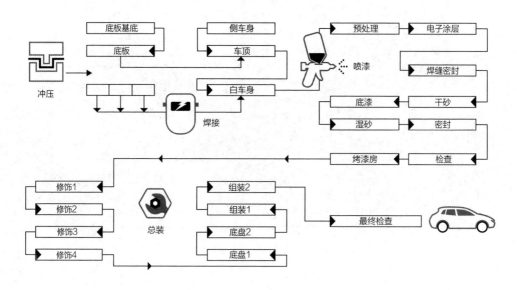

图 2　自动装配过程

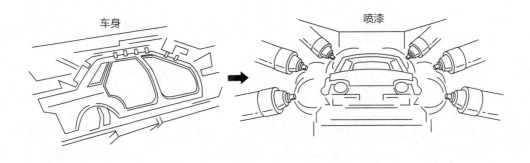

图 3　车身各部件完成焊接、固定后，通过一条架空输送线转移到复杂的涂装刷漆工序。主要有以下工序：漆前检查、清洗、磷化防腐、电子涂层浸渍、干燥、底部密封、面漆喷涂和烘烤等。

7. 这时已经焊接、固定完成的车身必须经过严格的检查过程。车身穿过一个灯火通明的通道，检查人员用浸泡过高光油的抹布将车身彻底擦干净。在灯光下，这种油可以让检查人员看到金属车身面板上的任何缺陷。钢板的弯折、凹陷和一些其他缺陷都由熟练的车身工人在生产线上进行修复。在对车身进行全面检查和修复后，装配传送带将其通过一个清洗站，在那里通过浸泡，清洗掉油渍、污垢和污染物。随后，车身传送到喷漆车间。

骨架式车身和壳体式车身

汽车车身根据其结构一般分为骨架式、半骨架式、壳体式。

多年前，大多数的汽车都是通过"骨架上的车身"制造，车身结构具有完整的骨架，在这种骨架上制造出一种叫作底盘的机构车架，然后再加上非结构的车身。如今，大多数汽车都是通过"一体化成形"制造，车身由单独的冲压金属部件组装成一个整体。卡车和一些越野车仍然使用"骨架式"车身，轿车一般是壳体式车身。

喷漆车间

8. 车身清洗后经过一个干燥室干燥，然后用磷酸磷化处理，通过化学反应使金属表面附着一层磷酸盐，可使金属与底漆结合得更加牢固。同时酸与钢板表面的金属锌发生化学反应，形成一层耐腐蚀的膜，便于下一涂层的黏结。

9. 电泳是涂装金属工件最有效的方法之一。车身浸泡在含有树脂、黏合剂和颜料浆料（称为"电子涂层"）混合而成的涂料槽中。涂料作一电极，车身充当另一电极，这些混合物通过流经涂料槽的电流均匀黏附在车身表面，构成一层新的涂层。

10. 经过电泳工序后，车身再次被冲洗、烘干，此时车身表面形成一层坚固、柔韧的聚合物层，有利于底漆黏附。接着对底板进行密封处理，确保车底外侧不会

最初汽车只有黑色的。黑色是最受欢迎的颜色，因为它的化学成分——它的干燥速度比其他颜色快得多。1924年，人们发明了一种新的快干油漆，叫作杜克漆（duco lacquer），随后出现了五颜六色的汽车。

漏水。

11. 接下来，对车身进行最后的喷漆操作。汽车车身是由机器人自动喷涂的。这些经过编程的机器人，能够在设定的时间内，将准确数量的油漆喷涂到规定的地方（见图3）。通过大量的探索并对机器人进行仿真编程，使机器人在喷漆方面更符合动力学要求，从而确保喷漆效果达到消费者所期待的闪亮光滑的外观。机器人油漆工的使用是福特T型车生产工艺的一大改进，这款车过去是由人工刷漆的。

12. 外壳被一层或多层底漆和一层透明面漆完全覆盖后，传送带将车身传送到烘房，在烘房中油漆固化温度超过275华氏度（135摄氏度）以上。车身离开喷漆区域后，就可以进行最终装配。

总装

13. 汽车工厂实行"准时化"生产，也就是精益生产，零部件通过供应链到达工厂，刚好满足需求。附在车身上的一张纸，即订购的产品清单，工人们就知道需要在车身安装哪些部件。

14. 车身是倾斜的，这样工人就可以在车身底部安装部件，而不必弯腰或爬到车下。然后车身再次垂直旋转，以便工人安装其他部件。

15. 同一工位点处安装了玻璃、外密封垫、镜子、安全气囊、喇叭、手柄、装饰件和其他部件。门被移开并悬挂在传送带上输送到另一个区域等待装配。在更远的装配线上，车门与同一辆车重新组合，用螺栓把车门固定到车身上。

16. 电线及线束连接起车辆的所有电气系统。电线连接前，车身内温度首先加热到100华氏度（38摄氏度），一捆捆的电线在38摄氏度的工作环境里具备了足够的柔韧性，戴着防护手套的工人能够很方便地在汽车的整个车内铺设电线，将电线就位、固定。

17. 前面的仪表板、控制台和座椅组件，这些是在不同的生产线上生产的，现在由工人把它们安装到车上。仪表板和其他电气设备用电线互相连接起来，工人将这些组件固定到位。接下来外部的灯具和其他的零部件也是由工人负责安装、调整完成的。

18. 带有吸盘的机械手吸住前后车窗，另一个机器人在车窗边缘涂抹密封胶。打好密封胶，机器人安装好车窗。

19. 动力系统包括发动机、变速器、排气系统及前后轴。它们在各自独立的区域组装，再集中传送至同一层面合并组装到汽车上。在这个工位，车身降低，动力系统部件提升，机器人用螺栓将二者固定连接起来，同时完成发动机的线束连接。

20. 借助悬挂的龙门（一种支撑起起重机或其他工具的架空结构）来承受车轮的重量，工人们把车轮放在抬起的车辆上，用螺栓紧固好车轮。

21. 车辆下降到地面进入流体填充区，在那儿给车辆加满燃料、冷却液、发动机油、刹车液、动力转向液。这些燃料里添加了特殊的添加剂和清洁剂，有助于发动机的首次启动。

终端测试

22. 在此阶段发动机是第一次启动，车辆是进行一系列的测试。自动化的检测线可以测量汽车的速度、转向、刹车、发动机马力、车轮定位等参数，甚至可以测试汽车的喇叭、车辆前灯的性能。任何必要的调整都是为了使汽车性能达到设计规范的要求。

23. 使用摄像机捕捉车辆内部和外部的任何缺陷。

24. 室内检测合格的汽车，尤其是轿车，还需要在室外专门的跑道上进行路试，进一步检查验证汽车的出厂质量，保证所有参数符合设计规范要求。最后进行目视检查和清洗。至此，当一切都合格后便大功告成，汽车就可以运输出厂进行销售。

质量控制

汽车所有的零部件都是在不同的地方分开生产的。这意味着汽车中的数千个机械零部件必须经过制造、测试、包装，然后运往组装厂，这数千个零部件往往需要在同一天使用上。这就需要工作人员编制大量的计划，合理布置任务。为了实现这一目标，大多数汽车制造商都要求供应商对其零部件进行与汽车厂相同的严格测试和检验。通过这种方式，装配厂期望其他制造商提供的都是没有任何瑕疵的合格产品。

每辆新车在装配线的起点都会被分配一个车辆识别代码（VIN），且该识别代码是唯一不变的，就好比它的身份证一样，能清楚地知道它是谁——即使看上去一模一样，也可以分辨清楚。车辆识别代码有17位数字，生产控制专家通过它能够追溯车辆及其组件的来源。在整个装配过程中的不同阶段都设置了检测站，详细记录了车辆相关零部件的测试数据等的重要信息。

这个质量控制方法来自长期以来质量控制的变化发展。以前质量管理被视为最终检查，只有在车辆装配完成后才检查是否有缺陷。相比之下，今天的质量控制已然成为汽车设计和装配过程中的一个重要环节。这使得装配操作人员在发现缺陷零部件的时候能够当即停止继续往下道工序输送，及时地调整修复，或进一步追查所供应的同一批次产品是否仍有不合格品。

汽车召回成本高昂，因而，制造商们会尽一切可能确保其产品以零缺陷出厂。

在装配线的末端，所有的质量检测都得经过验证。最后的测试是为了发现其他方面的缺陷，比如发出了"吱吱"声、不正常的响动，以及面板不平整，或者存在电器故障等外在的瑕疵。在许多装配厂，车辆定期从生产线上拉下来后，都会进行全面的功能测试，尽一切努力保证汽车的质量和可靠性。

发展前景

汽车使用量不断增长，相对应的是道路维护的难度和费用支出与日俱增，使得公路系统拥挤不堪，不合现实之需。自20世纪80年代以来，一些大学和制造商一直在实验自动驾驶汽车，现在多家公司已经在我们正常行驶的路面上测试这些汽车了。将传感器技术和计算机视觉技术集成应用到汽车中有可能减少事故，改善交通流量，为老年人和残疾人士的出行带来方便。汽车预装的"驾驶员助手"辅助功能可以帮助车辆保持在行车道行驶，并在紧急情况下及时刹车，这是启用自动化手段的最初功能。自动驾驶汽车的生产将紧随其后变为可能。

油电混合动力汽车和纯电动汽车（EV）已经上市。混合动力汽车通过使用电动马达来节省燃料，先让汽车的电池充满电，然后运行汽油发动机来延长汽车的行驶距离。无论是在家里还是公共充电站，纯电动汽车都需要插入外部充电器充电。有些混合动力车也可以从充电桩充电。随着电池技术的进步，越来越多的充电桩投入使用，我们可能会看到更多的电动车上路。

通过移动数据网络进行通讯、接入互联网或订阅道路救援的汽车已经问世。我们生活在一个无处不在又无法摆脱的通信世界，让汽车以新的方式进行通信是不可避免的。自动驾驶汽车选择性地驶入高速公路、通过网络优化交通流量、自动绕过交通拥堵和事故多发路段，这一切皆有可能，它们也许会出现在不远的将来。

特斯拉（Tesla）推动电动车创新

特斯拉是一家专注于能源创新的独立汽车制造商。2008年，特斯拉推出第一款纯电动跑车，这款跑车可以在3.7秒内从0千米/小时加速到约97千米/小时。2012年，特斯拉推出Model S，是一款面向高端奢华客户市场的四门电动车。2014年，特斯拉推出了两款S型四轮驱动车型。2018年交付使用的Model X是一款具有跑车性能的运动型多功能车。Model 3是一款五人座轿车，是该公司迄今为止价格最便宜的汽车。

邮轮

第一艘游轮：1900年，维多利亚·路易斯公主号（The Prinzessin Victoria Luise）是第一艘专为游客建造的游轮。

最大的游轮：皇家加勒比海的绿洲号（Oasisclass）是目前海上最大的邮轮，重达22.5万吨，可容纳5000多名乘客。

造船创新史

今天的邮轮是多年造船工程创新的成果。

对于长途旅行来说，速度一直是关键因素，这是由航运公司之间的竞争所驱使的。完全靠风力的帆船，横渡大西洋可能需要几个星期或几个月的时间。1819年，一艘美国帆船萨凡纳号（SS Savannah）被改装成混合动力的帆船和侧轮汽船，在不到30天的时间里横渡了大西洋。直到1838年，两艘英国船只——天狼星号（SS Sirius）和大西部号（SS Great Western）才在蒸汽动力驱动下横渡大西洋，分别用了18天和15天。

另一个创新驱动因素是对大型船舶的需求，大型船舶可以运输更多的货物和乘客。船只的长度与船身速度成正比。波浪对较长的船只产生较小的阻力，而且速度更快。建于1838年的大西部号是当时最大的客船，长达72米。它是第一艘专为横渡大西洋而设计的蒸汽船。大西部号的木质船体内部用铁栅栏加固，使船体硬度足以抵挡大西洋上的巨浪。此后于1881年下水的塞尔维亚号（SS Servia）船长157米，它是第一艘全钢船体的大型远洋客轮。

从1839年的阿基米德号（SS Archimedes）开始，明轮蒸汽船最终被更高效的螺旋桨驱动所取代。伊萨姆巴德·布鲁内尔（Isambard Brunel）先是研制出大西部号，接着设计了大不列颠号（SS Great Britain）。大不列颠号是第一艘采用螺旋桨驱动的铁壳船身的船只，船长98米，于1839年下水，是当时建造的最大的船只。

巨浪会导致船体左右摇摆，引起人体各种不适。1931年，意大利的塞沃亚号（SS Conte Savoia）客轮首次采用"主动稳定控制系统"。该系统使用三个巨大的陀螺仪来抵消船舶的横摇。1925年，在日本长崎三菱工作的信太郎·莫托拉博士（Dr. Shintaro Motora）开发了一种新的"主动稳定控制系统"，在船体左右两侧各安装一个稳定翼，可以自动调整他们的俯仰控制船的摇摆。从伊丽莎白女王号（Queen Elizabeth）到今天最大的邮轮，许多客轮都设有两个稳定翼作为克服航行颠簸的解决方案。

提高效率意味着以更小的动力达到更高的速度。1929年，两艘德国远洋客轮不来梅号（SS Bremen）和欧罗巴号（SS Europa）采用了一种新颖的球形船体设计，在船头吃水线下方设计了一个呈球形状的突出体，其球形部分俗称"球鼻"，因在船首部位，称为"球鼻艏"（bulbous bow）。船舶航行时，正常首波的波峰和球鼻艏产生的波浪的波谷抵消，船体所承受的波浪阻力减小，增强了船的平稳性。1934年下水的玛丽皇后号（Queen Mary's），船体长度被设计成船头波浪的波峰与船尾波浪的波谷相结合，以类似的方式抵消它们。由于减少了阻力，这两种方法都大大提高了速度。球鼻艏现在是以高速或接近最高速度航行的邮轮和大型船只的标准配置。

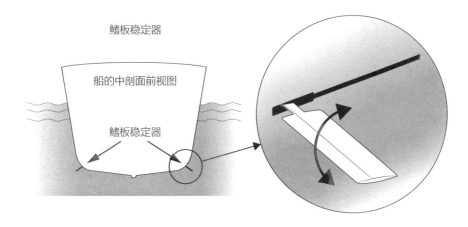

图 1 当需要控制船舶的横摇时，可以配置鳍板稳定器。

"邮轮的上下边界"能压多低?

2009年海洋绿洲号（Oasis of the Seas）首次航行时，从造船厂到佛罗里达州的母港，必须经过丹麦的大贝尔特桥（Great Bell Bridge）下方，该桥距水面净高65米。然而，海洋绿洲号高出水线72米。该船上被设计了一个可伸缩的漏斗，以让船通过桥下。当船在浅水中高速行驶时，会在船体下形成一个低压区域，有效地将船吸入水中。船长利用这种被称为"蹲下"的水动力效应，使船再下沉30厘米。因此，船以接近它的最高速度接近大桥时，与桥底面间的间距大约为61厘米，从而保证船安全地从大桥下通过。

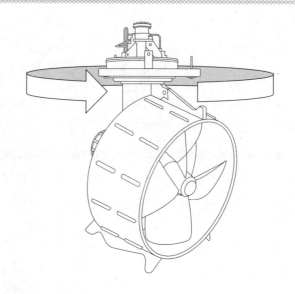

图 2　方位推进器可以360度旋转，使大型船舶具有前所未有的机动性。

　　传统的螺旋桨和舵的机动性有限，使大型船舶难以在小港口航行。早在1839年，英国工程师弗朗西斯·罗纳德（Francis Ronalds）就构想出一种舵和螺旋桨相结合的组合系统，该组合系统可以围绕垂直轴转动。因此，他设计了一个360度旋转电机吊舱和前面的螺旋桨组合在一起，形成被称为"方位推进器"的机构。1998年，嘉年华欢乐号（Carnival's Elation）是第一艘使用方位推进器的邮轮。方位推进器与船首推进器结合将水从船的一侧推到靠近船头的另一侧，方位推进器使大型船只能够快速转动，甚至原地旋转。当今许多巨型邮轮都是采用这种推进方式。

随着船只越来越大、越来越先进，船只在结构上也取得了许多进步。1932年，远洋客轮诺曼底号（SS Normandie）力图成为奢华的象征。诺曼底的设计者们设计了巨大的室内空间，包括一流的餐厅。整个室内空间长93米，宽14米，距天花板的高度是8.5米。人们对巨大的内部空间的需求给设计师带来一个问题，因为烟囱通道通常会直接穿过室内中心位置而占据了室内空间。因此，作为改进方案，发动机排出的废气必须分成管道沿着船的每一侧排放，然后再回到船的烟囱处。

设计一艘大型邮轮可能需要近两年的时间，而建造她还需要两年的时间。

多年来大型客轮的建造发生了巨大变化。在21世纪初，玛丽皇后2号（Queen Mary 2）的设计初衷是取代定于2008年退役的伊丽莎白女王2号（Queen Elizabeth 2）横渡大西洋。伊丽莎白女王2号船长345米，而玛丽皇后2号比伊丽莎白女王2号几乎长52米，重量是伊丽莎白女王2号的两倍多。玛丽皇后2号的船体是由94块预焊钢块构造而成，每块重达数百吨。从那时起，造船公司就将这项技术广泛应用于其他大型客轮。相比而言，这种建造方式更快、更经济。

 ## 船体材料

钢材是邮轮船体的首选材料。伊丽莎白女王2号上层甲板的上部结构使用了大量的铝材以达到降低船体重心的目的。然而多年后，伊丽莎白女王2号遭遇了维修问题，因为部分铝材受到腐蚀不得不更换掉，它的继任者玛丽皇后2号船体材料全部是由钢铁构成的。

多年来用于大型船舶的钢材已有所改进。如今的钢材能更好地抵御低温条件而不变脆，并且更能抵抗海水的腐蚀。

邮轮的设计者规定了用于船体所有部分的舱壁和甲板的钢材厚度和等级。玛丽皇后2号钢板的厚度从6毫米到30毫米不等，根据用途的不同，订购的钢板有不同的等级。

邮轮的各个分段在安装之前就已经预装了水管、电缆和通风口。2002年，法国大西洋造船厂（Chantiers de l'Atlantique）首次使用这种技术为英国的丘纳德公司（Cunard Line's）制造了玛丽皇后2号邮轮。

许多造船厂有个传统，那就是把切割的第一块钢板做成船舶的微型轮廓。

制造过程

造船厂

1. 供应商提供的钢板预先通过一组轧辊加工来确保其平整度，并消除热轧和冷轧过程中遗留的任何残余应力。通过火焰处理或喷丸处理去除磨屑（铁锈），然后在钢板上涂上底漆以防止生锈。

2. 为了最有效地利用钢材，所需的形状由计算机设计出来，这就是所谓的"套料图"。然后用计算机控制的方法切割钢板，这种方法可以是机械剪切、氧乙炔切割，甚至是强力激光切割方法。这些钢板可达30米见方，厚度可超过3厘米。

3. 为了满足船体设计形状的要求，分切下的板块有些必须做成一定的弯曲弧度或角度的板材。造船厂有多种工艺方法弯曲这些板材。板材可采用液压机冷加工弯曲，或在一组轧辊之间冷加工辗轧卷曲。板材也可以采取热加工弯曲，沿直线加热，然后沿着加热区域折弯。

4. 接下来首先完成部件焊接，然后将部件与部件焊接成"段"，直至构成船体。大量的焊接工作是由机器人自动完成的，但有些焊接仍然是手工完成的。在部件焊装和分段焊装时，管道、泵和其他设备也安装到位。装配可能需要龙门起重机翻转，这样管道安装工和其他工人就不需要在高处工作了。完工的分段焊装件可能重达181吨，下一步是运到造船船坞装配。

龙骨仪式

传统的造船过程是从铺设龙骨开始的，这仍然被认为是建造大型船舶的一个重要里程碑。在龙骨铺设的过程中，通常会为邮轮举办一个仪式，即在船体第一部分的里面或下面放置硬币，仪式场面非常隆重。

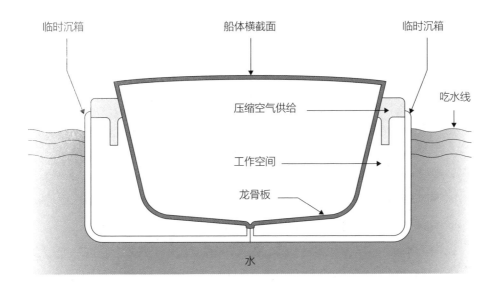

图 3　当造船和修理工作在吃水线以下作业时，必须使用的水密舱称为沉箱。

造船船坞

5. 段与段之间按照设计图纸布置，利用液压式千斤顶吊起来精确对齐后分段焊接。因为段与段之间是焊接式连接，因此装配工可以在每段焊接之前预先在每段内部安装好管道。

6. 有一些设备如本章前面描述的方位推进器和船首推进器，在造船船坞安装，因为它们位于吃水线以下。其他设备可在船舶出水的下一建造阶段进行装备。

7. 对于巨型邮轮来说，有的时候造船船坞不够大，容纳不下整艘船只。因此，巨型邮轮是在多个船坞分段建造，然后将分段建造的部分浮出并连接起来。要做到这一点，需要将段与段仔细对齐，增加一个临时沉箱（水密室），以便吃水线以下的区域可以焊接操作（见图3）。

8. 根据造船厂设施的不同，造船船坞可能会被淹没，完工的船体用拖船拖出，或者从一个叫作"滑道"的斜坡滑到水中。至此，船便驻停在码头上，以便完成其余的舾装工作。

舾装

9. 现代造船工业中大部分设备的装配是在船体建造时进行的。分段船体上预装设备后与其他分船体段焊接，也可以段与段焊接之后再安装设备。舾装泛指各个制造阶段的安装工程，涵盖船上的锅炉、管道、电缆、通风管道、座椅等所有部件。

10. 客舱和其他套间通常是在场外预先组装好运到造船厂的。在这儿它们通过船体侧面的临时孔用吊车装载到船上，一旦装载完毕即被安装固定到船体模块上，同时与其相关的电气线路和水管管路进行铺设。

11. 还有更多的细节有待完成，从装载电子系统到抛光甲板。成千上万的工人在船上四处走动完成他们特定的任务。一旦完成所有的这些工作，这艘船就可以进行海上试航，以确保所有的工作都按照规范进行。

质量控制

海上试航

与任何大型、复杂的制造系统一样，邮轮建造过程中也有许多质量控制措施。船体结构所用的钢材是工厂根据规定标准生产的。每个子系统从客舱到舰桥，都必须符合他们的设计规范，只有这样才能保证所有的设备协同工作正常运转。

然而对于游船或大型船舶来说，最受关注的质量控制也许是海上试航。海上试航是在开阔水域进行的一系列试验，目的是校验船舶在风浪中航行情况，并确保其结构和机械正常工作。这是建造邮轮的最后阶段。海上试航合格后，这艘船将从造船公司移交给新船东。

对大型船舶来说，海上试验是相当全面的。"玛丽女王2号"（QM2）进行了大约40种不同的测试，检查轮船的机动性、速度和发动机性能，以及测试锚、救援艇、通讯系统、系统警报，还有许多其他项目的测试。

危机一刻

"玛丽女王2号"邮轮在2003年的海上试航中，船首推进器的一扇门在推进器工作时意外关闭，并且被吹离了船只。如果从制造这扇门的公司订购一扇新门，则要花太长的时间。因此，在时间紧迫的情况下，造船厂在进行速度测试试航前，不得不设法就地重造一扇新门。幸运的是新的门工作得很好，"玛丽女王2号"度过了此次"坠门危机"，如期通过了海上试航。

对环境的影响

邮轮行业因其对环境的影响而受到批评。由于邮轮大多在人口稠密的沿海地区航行，它们对环境的影响可能比远洋船只更大，或者说它们对环境的影响更显而易见。

像任何大型船只一样，邮轮的发动机也会产生大量的废水和废气。最近的法规要求船舶在近海作业时要燃烧比在远海航行的时候更清洁的燃料。未来的法规可能会要求使用更清洁的燃料或者升级污染控制系统来减少有害排放。

所有的船只都倾向于在船的最底部，即在舱底收集水。舱底水被来自发动机设备的油和其他化学物质污染，因此对环境有害。船舶使用油分离器将含油量排放限制在不超过百万分之15（ppm）。

邮轮上有大量的乘客，意味着他们会产生更多的废物，尽管这通常不是邮轮污染环境的主要因素。这些废物包括黑水、灰水和固体废料。

黑水（black water）是污水，污水中可能含有细菌、病原体、疾病、病毒、肠道寄生虫等有害物质。邮轮不允许在海岸附近倾倒污水。在海上，污水要经过处理之后才可以排入大海。更讲究环保的邮轮公司已经为船只配备了先进的污水处理系统，而有些公司依然使用着最低效率的系统。

灰水（gray water）是来自水槽、淋浴和其他水源的废物，这些水源可能含有细菌、清洁剂、油脂、油、食物和医疗废物。有些邮轮将它们的灰色水加入到它们的黑色水中，并通过同样的处理系统处理。另外一些邮轮把灰水储存在船上，到达远海后直接排放掉，这是完全符合国际法的。

邮轮也产生相当多的固体废物，其中一些被焚化、碾碎或在船上打成浆状在海上排放。可回收材料如玻璃和铝，通常是储存起来到陆地时再回收循环利用。

皇家加勒比拥有有史以来最大的三艘"绿洲号"邮轮。2018年他们将推出一艘新邮轮"海洋交响曲号"（Symphony of the Seas），它将取代其姐妹们的地位成为目前世界上最大的邮轮。另外一艘海洋绿洲号邮轮，目前尚未命名，计划在2021年下水。

未来的邮轮

纵观客船和邮轮的历史，随着时间的推移，船只变得越来越大、越来越快、越来越豪华。

虽然邮轮可能会越来越大，但是也有局限性。巨型船只进出港口受限，有些港口限制巨型船只的进出。因为太大而无法通过巴拿马运河等障碍的船只只好绕过"好望角"（Cape Horn）才能从大西洋到达太平洋。同样，船的高度也会受到它可以通过的桥梁的限制，同样也会减少它可以访问的港口。大型邮轮的尺寸已经达到极限了吗？只有时间能证明一切。

显而易见，邮轮上的豪华食宿和无限娱乐会一直持续。现如今许多邮轮上娱乐游玩项目众多，有滑水道、攀岩墙、多个游泳池、溜冰场、赌场、剧院、优雅的餐厅，甚至还有碰碰车。

邮轮还可能提高能源效率，减少对环境的影响。

能源效率范例

皇家加勒比的"海洋和谐号"（Hamony of the Seas）比早期的两艘"绿洲号"（OASIS—class）船只节能20%。燃料效率提高了大约7%，这得益于它光滑的船体设计和使用独特的系统减少了阻力，该系统是沿着龙骨制作一个小气幕。其他船舶也采用了这种气幕系统，这也有助于降低螺旋桨的噪音。更节能的LED灯和荧光灯取代了传统的白炽灯。发动机也得到改进，增加了余热回收系统。现在许多邮轮上使用的方位推进器是将螺旋桨置于发动机吊舱的前部，这样水就被吸入螺旋桨而不会受到推进器结构的干扰。

安全气囊

发明人：艾伦·博瑞德（Allen Breed）
1968年全球年销售额：100亿美元
全球年销售数量：3.5亿个
最大经销商：奥托立夫公司

首个专利

早期的气囊系统不仅体积庞大，而且使用过程中还会产生一些有害的物质。如，用火药加热氟利昂气体的系统会产生剧毒烟气。

气囊是一种可充气的尼龙垫子，用于保护乘客在汽车遭遇碰撞时不受严重伤害。前气囊能将正面碰撞造成的伤害事故减少到20%至25%。正确地与其他安全防护装置（安全带、皮带预紧器、负荷限制器）配合使用，前气囊可以将正面碰撞伤害减少75%。侧气囊可以保护头部，将侧面撞击造成的伤害减少50%。

1953年，汽车安全气囊的首批专利之一被授予美国工程师约翰·赫特里克（John Hetrick）。他的设计是，在引擎盖下面放置一罐压缩空气，在整个车辆相应位置放置一些充气袋，碰撞的力量将推动一个滑锤向前输送空气到气囊。1968年，美国化学家约翰·皮兹（John Pietz）发明泰利防御系统，成为采用三氮化钠和金属氧化物作为固体推进剂的先驱。泰利防御系统是第一个采用固体推进剂产生氮气的安全气囊保护系统，很快就取代了旧的系统。

气囊工作原理

假设一辆汽车在湿滑的路上以每小时40千米的速度行驶。突然，车子方向失去控制，撞到了树上。汽车撞到树的那一刻，气囊立即充气放气。工作过程是这样的：车辆周围分布的碰撞传感器检测到速度的突然下降，并向控制单元发送电子信号。控制单元激活引发剂，这是一根细电极，一旦激活就会发热点火。激活的引发剂在充气装置内引起快速的化学反应，产生无害的氮气，使气囊膨胀。当车里的人撞到袋子时，氮气从袋子后面的安全阀口逸出，并排出气体。最初的充气装置使用了三氮化钠作为固体推进剂，但是现在许多制造商使用其他产生较少有害物的化学品。

请注意膨胀的氮气在不到二十分之一秒的时间内就使前气囊膨胀，侧气囊的膨胀速度是前气囊的三倍以上，也就是不到六十分之一秒侧气囊就充满了氮气。气囊保持完全膨胀的时间只有十分之一秒，在撞击之后它几乎以十分之三秒的速度放气缩小。这一系列事件发生得如此之快，以至于大多数人都不记得看到过气囊膨胀。安全气囊是一次性产品，在引爆后必须回到授权的经销商或维修厂家重新更换一个新的安全气囊。

设计

气囊在检测到碰撞后，会以每小时209~322千米的速度膨胀，膨胀为一个充满气体的大枕头，以缓冲乘客所受到的冲击力。

典型的驾驶座保护气囊系统包括充气器、气囊、碰撞传感器、电子控制单元、方向盘连接线圈和指示灯（见图1）。这些部件通过线束相互连接，由车辆的电池供电。控制单元配有备用电源，一旦与汽车电池失去连接时，可迅速切换至备用电源供电。安全气囊系统在蓄电池断电后，点火开关闭合切换至备用电源，由备用电源供电，其持续供电时间在1秒到10分钟之间。

气囊模块位于驾驶座的方向盘上，以及副驾驶座的储物柜上方。侧气囊通常在座位的靠背上。帘式气囊保护头部减免来自侧面碰撞带来的伤害，安装在车门的顶部正上方。一些汽车配有膝盖安全气囊和后排乘客安全气囊，甚至配备了安全带安全气囊。位于汽车前部和侧面的碰撞传感器检测到汽车突然减速，并向控制单元发出信号，相关控制系统根据撞击程度判断是否触发电极激活充气装置使气囊膨胀。这些传感器也被设计来防止气囊在意外情况下膨胀，如汽车遇到颠簸或一个小碰撞的情况。控制单元在每次启动时执行内部"自我测试"，以确保系统正常工作。指示灯通常位于仪表板上，在自我测试期间发光，测试结束时关闭。

警告：气囊膨胀

大多数与气囊有关的伤害被认为是轻微的，包括头部、面部、颈部或上身的擦伤、瘀伤和割伤。

研究表明，配备安全气囊的车辆使发生正面碰撞事故时的死亡人数下降了23%。然而，由于气囊膨胀得极快，力量非常大，会导致没有系安全带的驾驶员或乘客头部严重受伤甚至死亡。因此，为了避免充气气囊造成的伤害，专家建议车上乘客系上安全带，至少要远离气囊外壳20厘米远，保持双手和手臂远离气囊的充气路径。专家还警告人们，不要在装有侧气囊的副驾驶座上放置后向婴儿座椅。如果放置在那里，快速充气的气囊就有可能将婴儿座椅弹到正常座椅的后面，这会严重伤害甚至杀死孩子。

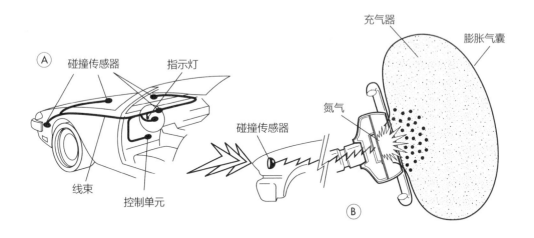

图 1 （A）碰撞传感器可以安装在汽车的前部和侧面的几个位置。这些传感器通过线束连接到安全气囊控制单元。控制单元每次启动汽车都要进行系统测试，点亮仪表板上的指示灯。（B）碰撞时碰撞传感器向充气装置发出电火花，引发化学反应，产生氮气，氮气扩散膨胀气囊。

安全气囊材料

　　如前所述，气囊系统是由许多部件组成的，本节和下一节都将集中讨论驾驶座气囊模块，并作为所有安全气囊的示例。驾驶座安全气囊模块包含气囊、充气器和推进剂。

　　气囊是用尼龙或聚酯纤维编织而成，并涂有隔热层以防止在使用过程中被烧焦。织物表层还涂以滑石粉或玉米淀粉，以确保气囊储存时保持柔韧和润滑，不会粘在一起，以便于组装。

　　充气器本体由冲压不锈钢或铸铝制成，充气器有一个过滤器总成，由中间夹有陶瓷材料的不锈钢网组成。装配充气器时，过滤器组件表面附着一层金属箔片以防止推进剂的污染。金属滤网安放在充气器的内表面，过滤化学反应后燃烧产生的渣粒。

　　固态推进剂是一种能产生氮气的化学氧化剂，通常放置在过滤器组件和引发器之间的充气罐内。安全气囊中使用的推进剂种类因制造商而异。

安全气囊系统在点火开关关闭或蓄电池断开后保持备用充电状态。不同型号的气囊，备用电源持续使用时间基本上在1秒到10分钟之间。

制造过程

通常，推进剂、充气器和气囊等在一起构成安全气囊模块。然而，有些制造商购买现成的零部件，如安全气囊或引发器，然后将它们组装成安全气囊模块。下面将重点描述第一个安全气囊模块的制造过程。

推进剂

1. 安全气囊中使用的推进剂种类因制造商而异。一种常见的早期推进剂是三氮化钠和一种氧化助剂的混合物。三氮化钠和助剂从化学品经销商处购买，分别检验，单独储存。

2. 使用计算机控制工艺将化学原料进行混合，然后压制成磁盘状或颗粒状储存起来。

充气器总成

充气器组件诸如金属罐、过滤器组件——内嵌陶瓷的不锈钢网和引发器（或点火器）。这些组件是从外部供应商处采购，收货前严格验收。然后将这些组件在高度自动化的生产线上组装为一个成型的充气器。

3. 充气器部件与推进剂和点火器结合构成充气器（见图2）。不锈钢充气组件采用激光焊接，惯性摩擦焊工艺是将两种金属互相摩擦加热直至表面相互熔化在一起，惯性摩擦焊主要用于铝质充气器部件的焊接。

4. 对充气器进行缺陷测试。

气囊

5. 气囊的原料尼龙或聚酯纤维布料由外部供应商供货，入库前验收检查是否有任何缺陷，然后按照设计图裁剪到合适的形状缝合、铆接，将两边正确地连接起来（见图3）。

6. 之后气囊充气时，检查接缝是否有漏气等缺陷。

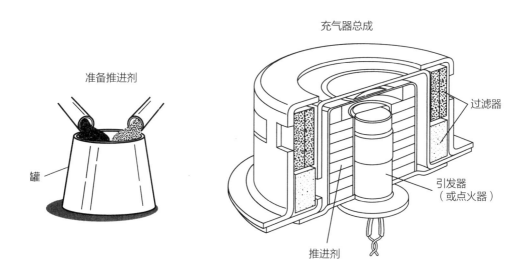

准备推进剂

罐

充气器总成

过滤器

引发器
（或点火器）

推进剂

图 2　推进剂的配制涉及化学原料的混合和再压制——再压制成磁盘状或颗粒状后，添加到金属罐和过滤器中，它们是构成充气装置的一部分。

气囊模块的最终装配

7. 将安全气囊总成安装到测试过的充气机总成上。接下来将安全气囊折叠，并安装一个分离的塑料喇叭垫盖。

8. 完成后的安全气囊模块经过检验和测试后，包装在一个盒子里就可运往客户。

 质量控制

显而易见，安全气囊产品的质量控制是非常重要的一个环节，许许多多乘客的生命安全依赖于气囊产品的安全特性。在生产过程中的每个阶段都要不停地进行自动检查，以剔除瑕疵和不合格品。然而质量控制至关重要的两个部分是：（1）点火或推进剂试验；（2）气囊和充气器的静动态试验。

　　推进剂在装入充气器之前首先要进行弹道测试以预测它们的爆炸结果。从生产线上拉出的一些充气器也要进行测试检查。安全气囊要检查织物本身和缝合线等是否有外观瑕疵，然后再进行气密性测试，检查是否有泄漏。

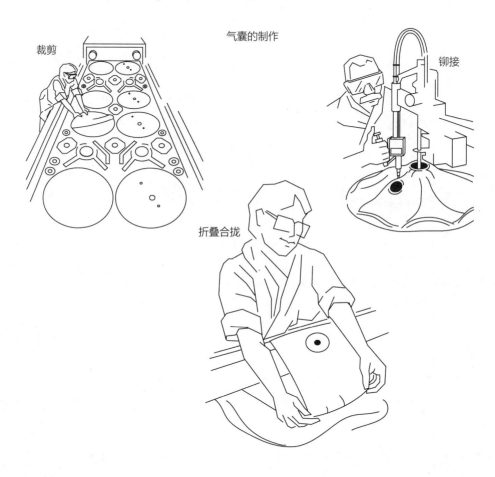

图 3　气囊部件采用尼龙织物，按照设计图样裁剪、铆接、缝合起来，然后将制作好的气囊仔细折叠，放入塑料模盖内。

未来安全气囊

安全气囊和安全带是一种被动的安全性保护系统，可以为乘客提供有效的防撞保护，如今已经与雷达和自动刹车系统等主动安全系统集成运用在车辆上。未来的安全气囊很可能是一个综合安全系统的组成部分，该系统可以监控车辆周围的环境，并在需要安全气囊打开之前尽可能地防止事故发生。

安全气囊的未来看起来非常有希望，除了汽车市场，还有许多其他应用场所，比如飞机座椅、摩托车手的头盔和夹克防护气囊。随着制造业技术的提高和新材料的运用，安全气囊的成本会更低，价格越来越便宜，重量越来越轻。我们将看到体积更小、集成度更高的安全气囊系统、性能大有改进的传感器，等等。

安全气囊技术在全球范围内的应用也在不断增加，尤其是在亚洲，各国不断建立和健全安全性法规，从而使驾驶员和乘客的人身安全得到更好的保障。在已经普遍使用安全气囊的北美地区，侧帘气囊、头帘气囊、膝部安全气囊、后排座椅安全气囊被引入汽车构件中，推动了安全气囊的发展。

许多制造商现在都使用混合充气器，这种充气器将氩气等惰性气体加压，与少量烟火材料结合在一起，这种充气方式的性能和安全性都优于纯粹的烟火充气。涂层的改进有助于延长安全气囊的使用寿命，并确保安全气囊在储存多年后能够可靠地打开。随着时间的推移，技术的完善将不断地提高安全气囊的可靠性、稳定性和安全性。

先进的智能传感器将根据具体的情况控制安全气囊的展开与否。智能传感器能够感知到驾驶员或乘客的身材大小和体重、座位是否有人乘坐（特别是在乘客座无人的情况下则无须打开乘客侧的安全气囊）。智能传感器能感知车上人员是否系好安全带，以及驾驶员与方向盘之间的距离。改进后的传感器能够防止不必要的安全气囊的开启动作，以便更好地保护车上人员的生命安全，防止气囊给车上人员造成二次伤害。

在美国，每年汽车上有7.5万个安全气囊被偷窃。

安全气囊热销

由于撞击事故而打开的安全气囊只能使用一次，所以气囊及其部件包括一个新模块必须按时更换，只是更换部件的费用和人工成本高达数千美元。因为成本太高，安全气囊和模块已经成为小偷们偷窃的热门物品。在黑市上，一个偷来的安全气囊的售价只是新气囊价格的一小部分。信誉不佳的修理店安装盗来的安全气囊可能会向车主或保险公司收取全新气囊的费用。避免被欺骗的一种方法是，要求维修店提供零件收据或产品来自授权经销商的证明。

喷气发动机

发明人：1937年，恩斯特·海因克尔（Ernst Heinkel）教授、汉斯·冯·奥安（Hans von Ohain）博士，以及弗兰克·惠特尔（Frank Whittle）爵士相继发明了喷气式发动机。

主要制造商：通用航空公司、普惠发动机公司、劳斯莱斯航空发动机公司、赛峰集团。

美国航空业年销售额：680亿美元。

喷气发动机是当今喷气飞机的动力装置，不仅产生驱动飞机的动力，而且还为飞机的其他系统提供能量。商用喷气发动机直径可达3.3米，长度可达3.7米，重量可达4 540千克，推力可达45 400千克。

你见过绑着喷气发动机的米老鼠在天空上翱翔吗？见过装上喷气发动机飞行的土狼觅食吗？这一切已不再是卡通里的画面。人类也尝试把自己绑在喷气发动机上飞翔，他们幻想着在单座赛车、小型汽车、飞行平台以及摩托车上装上喷气发动机。

首个专利

1930年，英国皇家空军中尉弗兰克·惠特尔（Frank Whittle）获得了第一项喷气式发动机专利。虽然惠特尔的引擎测试始于1937年，但直到1941年才成功运行。二战前，德国也开始了类似但全然不同的工作，德国工程师汉斯·冯·奥安

（Hans von Ohain）于1935年获得了一项喷气发动机专利。冯·奥安与当地一位名叫马克斯·哈恩（Max Hahn）的天才汽车技师合作，制作了一个发动机的工作模型。后来他得到了飞机制造商恩斯特·海因克尔的支持，恩斯特·海因克尔雇用了冯·奥安和哈恩来开发引擎。四年后，也就是1939年8月27日，飞行员埃里希·瓦西茨（Erich Warsitz）驾驶着装着奥安喷气发动机的He-178飞机从罗斯托克-马里奈赫（Rostock-Marienehe）机场起飞。这是人类历史上第一架喷气式飞机。

当惠特尔发动机在1941年取得成功后，英国立即向其盟友美国运送了一架原型机。在美国，通用电气（GE）公司立即开始生产复制品。1942年末，通用电气公司生产的美国第一台喷气发动机安装在贝尔公司设计的飞机上并成功实现飞机起飞。然而，喷气式飞机的真正飞行是在第二次世界大战后。

喷气发动机的工作原理

牛顿第三运动定律是由英国数学家和科学家艾萨克·牛顿（Isaac Newton）爵士（1642—1727）提出的，即相互作用力大小相等，方向相反。喷气发动机就是根据这个原理工作的。首先，进气风扇吸入空气，并将一部分空气送至压缩机进行压缩，而其余的空气则冷却发动机。然后压缩空气流入燃烧室，与燃料混合，点燃，燃烧。一部分燃烧产生的气体驱动涡轮机（一组风扇用于压缩机轴），另一部分以相当高的速度从排气系统喷出推动飞机向前（见图1）。这个过程中发动机向后喷气，并产生大小相等、方向相反的反作用力向前推动飞机。而且飞机前进的速度等于排出气体的速度。

冲压式喷气发动机与另一种发动机（通常是涡轮式喷气发动机）一起使用。只有当飞机的速度稳定地超过音速而且在海平面以上以高

发动机前部的进气风扇必须非常坚固，以便在大型鸟类或其他残骸被吸入叶片时不会坏掉。

今天的商用喷气发动机可以重达4 540千克，产生超过45 400千克的推力。

于音速并超过每小时1 223千米的速度飞行时，它才会启动。正因为如此，冲压式喷气发动机通常被用来推进导弹。著名的SR-71黑鸟侦察机使用了所谓的涡轮冲压组合式喷气发动机，当飞行器速度达到两马赫时，组合式发动机会将工作状态从原先的涡轮式转换为冲压式。

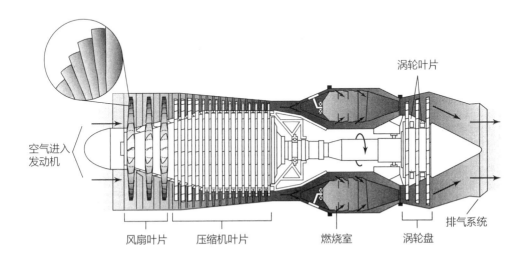

图 1 典型的燃气涡轮喷气发动机的工作原理是通过进气风扇吸入空气，并对其进行压缩，然后与燃料混合，加热点火燃烧。再通过排气系统高速排出燃烧所产生的气体。而对于涡扇喷气发动机（本图未显示）来说，涡轮驱动的大型管道风扇有助于推力的提升。

涡轮式喷气发动机是第一种为飞机提供动力的喷气发动机。大多数其他喷气发动机都是基于它的理念设计的。基本上，空气被吸入，压缩，然后被加热，在燃烧室中被点燃。膨胀的气体驱动涡轮，然后再将气体喷出排气系统，推动飞机前进。

涡扇发动机是商用飞机上最常用的发动机。它的工作原理类似于涡轮喷气发动机，但是除了涡轮发动机的风扇本身，它的前面还有一个大风扇用于吸入更多的空气，这减少了发动机的噪音，并在使用相同的燃料量时提供了额外的更大的推力。

涡轮螺旋桨发动机使用涡轮喷气发动机来驱动螺旋桨，为螺旋桨提供的动力占发动机的输出动力的绝大部分。这种发动机在低速状态下运转最好，主要用于小型商用飞机。

喷气发动机

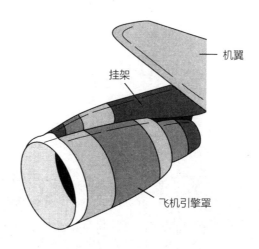

机翼

挂架

飞机引擎罩

图 2 飞机的机翼上装有一个喷气发动机。

音速

在海平面上的音速与在更高的高度或海拔上的音速是不同的。在海平面上，音速约为1 191千米/小时。在1 219米的高空，音速约为1 062千米/每小时。另一个准确的音速术语是"1马赫*"，它是以奥地利科学家恩斯特·马赫（Ernst Mach）的名字命名的。以此类推，2马赫是两倍音速，3马赫是三倍音速。查克·耶格尔是第一个突破音障的人。1974年，他驾驶贝尔X-1火箭动力飞机做到了这一点，这架飞机现在正在华盛顿特区的史密森学会展出。

*译注：马赫数为飞行器的飞行速度与飞行器前方或附近未受扰动的空气中的音速的比值。

排气系统

排气系统由外风道和狭窄的内风道组成。外风道输送经过燃烧室外部的冷却空气，较窄的内风道给燃烧室输送燃烧气体。在这两个风道之间是一个推力反向器，关闭外风道这个机制可以防止未经加热的空气通过排气系统离开发动机。当飞行员想让飞机减速时，他们就会使用反向推力装置。

设计

喷气发动机安装在飞机的机翼上并装在引擎罩中，引擎罩是一个可以向外打开的外壳——这样便于检查和维修发动机。每台发动机（一架波音747飞机有4台发动机）上都有一个挂架，这是一个金属臂，用以将发动机和飞机的机翼连接起来（见图2）。电线和管道也装在挂架中，将发动机产生的电力和液压动力输送回飞机。

大多数商用飞机装配的是涡扇发动机，它因具有高涵道流量比（即绕过压缩机的空气流量与通过压缩机的空气流量之差）的特性而运行效率最高。高涵道比需要更大的风扇用于输入空气，但更大的风扇意味着更大的重量和更低的效率。由此设计师们开始使用复合材料来减轻喷气发动机的重量。

喷气发动机材料

发动机部件必须非常坚固，重量轻、耐腐蚀、热稳定性好（能够承受高温或低温）。因此，一些特定的材料已经被开发出来，用于满足上述这些特性。钛往往被用于制造最关键的发动机部件。虽然它很难被塑形，但是它极高的硬度和熔点使它在高温下也很坚固。为了改善它的可塑性，钛经常和其他轻金属混合在一起使用，比如镍和铝。

发动机前部进气风扇采用钛合金材料，中间压缩机采用铝合金材料。燃烧室和靠近

在全功率状态下，喷气发动机每秒可以吸入超过一吨的空气。

波音（Boeing）787梦想飞机（787 Dreamliner）上安装的是罗尔斯·罗伊斯（Rolls-Royce）公司的Trent 1000涡扇发动机，它包含3万个部件，可制造和装配这台发动机仅需20天。

通用航空公司为GE90发动机制造的涡扇叶片采用复合碳纤维材料，而不是钛，但大多数发动机仍然使用钛叶片。

发动机一般被安装在飞机的尾部，型架前端和水平机翼垂直的地方，便于操作者进行维护工作。

燃烧室的高温高压段的部分由镍钛合金构成，而涡轮叶片必须承受发动机最大的高温，由镍钛铝合金构成。排气系统的内部管道是由钛制成的，而外部排气管道是由凯夫拉纤维制成的，凯夫拉纤维是一种强度高、重量轻的合成材料。推力反向器由钛合金组成。

自20世纪90年代中期以来，制造商一直在增加喷气发动机中复合材料的使用比例，即拥有两种或两种以上具有不同化学性能的材料合成的材料。引擎罩、外壳、风管、柔性连接臂、风扇罩，甚至一些发动机的风扇叶片都使用复合材料。复合材料占一些发动机重量的10%~35%。

制造过程

设计和测试每一种型号的喷气发动机可能需要长达五年的时间。构建所有组件大约需要两年时间。供应商制造零部件的各个部分，并交付给喷气发动机制造商；然后组装在一起形成整个引擎。光是组装就需要一到三个星期。

风扇叶片

1. 每个风扇叶片位于发动机前部，由熔融钛热压成型制作两瓣叶片外皮（见图3）。取出后，将这两瓣叶片外皮焊接在一起，在中心留下一个空心腔。为了增加最终产品的强度，在腔内填充了蜂窝钛。

制造风扇叶片

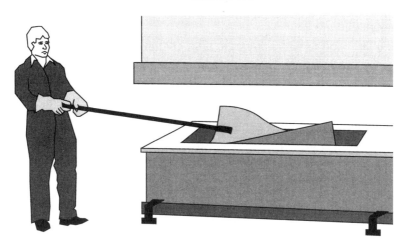

图 3　风机叶片是将熔融的钛在热压机上成形，将两瓣叶片外皮焊接在一起，再用蜂窝钛填充空心腔而成。

压缩机盘

2. 压缩机盘是压缩机叶片附着的固体核心，类似于一个大的、有缺口的轮子。制造圆盘的过程利用了粉末冶金学，即将熔化的金属倒入快速旋转的转盘上将其打碎成数百万微小的液滴。离开转盘时，液滴由于温度迅速下降（从大约1 200℃，在0.5秒时间内迅速下降）而固化，并形成一个高纯度、极细的金属粉末。

3. 接下来，将粉末真空包装在一个容器里并在高压下密封和加热。通过加热和加压将金属微粒熔合成一个圆盘。然后在一台大型切割机上对圆盘进行加工成形，并用螺栓将风扇叶片固定在其上。

压缩机叶片

4. 压缩机叶片是用铸件铸造而成的。在这个过程中，用来制造叶片的合金被倒入陶瓷模具中，在熔炉中加热，然后冷却。接着打破模具，取出叶片进行机加工——切割或成型，变成最终的叶片（见图4）。

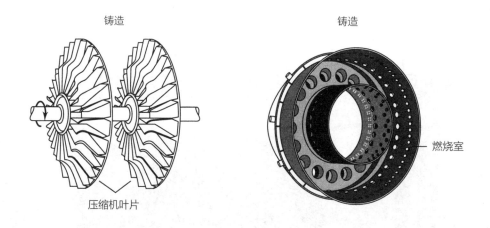

铸造　　　　　　　　　　　　　铸造

燃烧室

压缩机叶片

图 4　压气机叶片和燃烧室均为铸造而成。

燃烧室

5. 燃烧室必须在小空间内混合空气和燃料，并在极端高温下长时间工作。为此，燃烧室由钛合金制成。该合金首先加热，然后倒入几个复杂的分段模具。这些部件从模具中取出，冷却后焊接在一起，然后安装到发动机上。

涡轮圆盘和叶片

6. 涡轮圆盘是由制造压缩机圆盘所用的粉末冶金工艺形成的。（见图5）

7. 涡轮叶片紧贴在燃烧室的后方并在其产生的高温环境下工作，因此涡轮叶片采用的生产方法与最终的结构与压缩机叶片有所不同：耐高温陶瓷外壳内铸有高温镍铝合金。叶片的结构中还包含复杂的冷却管道；否则，高温依然可能将它们熔化。

8. 首先，将蜡倒入金属模具中形成叶片的复刻品（见图5）。一旦蜡的形状定型，就从模具中取出并覆盖陶瓷涂层。然后加热每一簇叶片，使陶瓷变硬并熔化蜡。

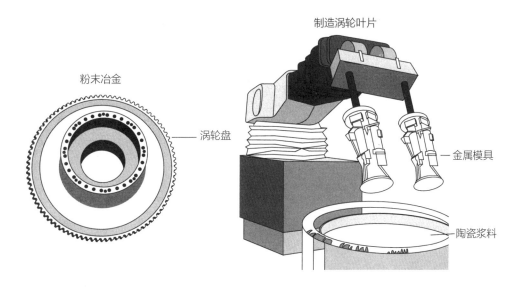

粉末冶金

涡轮盘

制造涡轮叶片

金属模具

陶瓷浆料

图 5 涡轮圆盘是用粉末冶金工艺制造的。涡轮叶片是用蜡制作叶片的复制品，并在其表面涂上陶瓷，加热每一个叶片使陶瓷变硬并熔化蜡。然后，将熔化的金属倒入熔化的蜡留下的空心区域，并以单晶结构生长。

9. 熔化的金属被倒进熔化的蜡留下的空心区域。每个叶片内部的风冷管道也是在这个生产阶段形成的。在模具的底部，螺旋结构连接到一个水冷的盘子上。填充的模具慢慢地从熔炉中抽出，进入冷却室。金属开始在较冷的盘子上凝固，晶体开始沿直线长成螺旋结构，此时模具正在取出。晶体的螺旋结构只允许增长最快的晶体在模具的主要部分生长。随着模具被慢慢地抽出，晶体继续生长到空间的其余部分。这种单晶工艺确保了金属结构中没有晶界，而晶界是潜在的机械损伤区域。

10. 制造涡轮叶片的下一个和最后一个阶段是机器整形和激光钻孔或火花刻蚀。首先，通过锉削将叶片加工成所需的最终形状；其次，为了满足内部冷却通道的需要，在每个叶片上打上平行的小孔，这些孔要么是由一束小激光束刻蚀形成的，要么是小心控制火花在叶片上烧出洞来，也就是所谓的火花刻蚀。

排气系统

11. 内部管道和加力燃烧器（附在发动机上的排气管上）由钛铸成，外部管道和发动机舱（发动机外壳）由凯夫拉纤维制成。这三个部件焊接成一个子部件后，整个发动机就可以组装起来了。

总装

12. 发动机基本是由人工安装各种组件和配件的。组装首先是用螺栓将高压涡轮固定在低压涡轮上。接下来，将燃烧室固定在涡轮机上。制造平衡涡轮总成的工艺是利用CNC（计算机数控）工业机器人来完成的，该机器人能够选择、分析涡轮叶片并将其连接到轮毂上。

13. 将涡轮机和燃烧室组装好，高压和低压压缩机也连接起来。风扇和由最前端的组件组成的机架再连接起来。主传动轴连接低压涡轮与低压压缩机，然后安装风扇，至此完成发动机核心组装。

14. 在连接排气系统（最后的组件）后，发动机被运送到飞机制造厂。在那里，管道、电线、配件和飞机的气动外壳将被组装在一起。

作为新设计制造的第一个引擎，一直是用于质量测试，永远不会投入商业使用。

质量控制

当新设计的发动机开始生产后，第一台被制造的新型号被指定作为质量检测对象（性能测试机）。在此过程中，工作人员对发动机进行各项测试以模拟其在各种环境下的工作状态，以及对不利因素的反应。这些影响包括极端天气、空中的异物（如鸟类）或碎片的撞击、长时间飞行和反复启动。

在制造发动机的整个过程中，要对零部件和装配件的尺寸精度、工艺可靠性和零部件质量进行检验。尺寸检查有许多不同的方法。一种方法是使用坐标测量机（CMM），它将检查零件的关键特征，并将其与设计尺寸进行比较。另一种方法是在零件的整个表面涂上荧光液体。当液体渗入任何裂缝或痕迹后，多余的部分就被去除。使用紫外线将会显示任何可能导致发动机过早故障的表面缺陷。

所有旋转组件必须精确平衡，以确保安全延长运行周期。在总装之前，要确保所有旋转部件都是动态平衡的。这个平衡过程很像汽车轮胎的旋转平衡。旋转部件和已安装的发动机核心部分是由计算机对其进行"旋转动量"调整，以确保他们正确旋转。

成品发动机的功能测试分为三个阶段：静态测试、静态运行测试和飞行测试。静态测试检查系统，如电气和冷却，发动机不运行。发动机安装在机架上运行时，都经过了静态运行试验。飞行测试需要在各种不同的条件和环境中对所有系统进行全面的检查，无论之前是否测试过。每台发动机在其使用寿命中都将持续受到监控。

未来的喷气发动机

随着对更大、更高效飞机的需求增加，要求改进喷气发动机的愿望与日俱增。如今，喷气发动机设计师花了很多时间来研究如何使发动机性能更好、飞行距离更远、油耗更低、噪音更小。

在商用飞机上使用的大型涡扇发动机设计中，有一个巨大的多叶片前风扇，大大提高了发动机的进气量，而其中一小部分空气流入内部管道，与喷气燃料混合燃烧。材料和设计的改进将使这些发动机能够运行更长时间、消耗更少的燃料。采用碳纤维复合风机叶片是减轻风机重量的主要因素。

通用航空公司正在大力投资叠加制造技术，采用直接金属激光熔炼（DMLM）技术。该技术是使用一种高功率激光将钴铬金属粉末逐层熔炼在一起（三维打印的一种形式）。这使得生产复杂结构部件比直接使用机械制造要省不少材料。美国联邦航空局（FAA）批准的第一个使用这种叠加材料技术制造的部件是LEAP发动机内部传感器的外壳，由CFM（国际发动机公司，通用航空公司和赛峰飞机发动机公司合资的企业）制造。通用航空公司也在为其发动机研发三维打印燃料喷嘴和其他部件。

陶瓷基复合材料（CMCs）是一种相对较新的材料技术，它可以生产与金属一样坚固的部件，但重量更轻，耐热性更强。LEAP发动机的涡轮罩由陶瓷基体中的碳化硅陶瓷纤维制成，并覆盖一层绝热层。通用航空公司也在测试涡轮叶片和其他由陶瓷基复合材料制造的元件。

普惠公司生产了一种齿轮传动涡扇发动机，该发动机使用速比3∶1的变速箱，这使得发动机的每个旋转部分都以最佳速度旋转。低压压缩机叶片的转速是风扇的三倍。这种设计提高了发动机的工作效率。

随着这些创新和越来越多的改进，可以想见未来喷气发动机会更轻、更省油、更安静、更容易维护。

轮胎

发明人：查尔斯·固特异（Charles Goodyea）于1839年发明了橡胶硫化工艺；爱尔兰兽医约翰·博伊德·邓禄普（John Boyd Dunlop）于1888年发明了充气轮胎；纽约商人和科学家亚历山大·施特劳斯（Alexander Strauss）于1894年发明了织物——在一个方向上拉伸，而在另一个方向上不变；安德烈·米其林（André Michelin）于1895年发明了汽车充气轮胎；固特异轮胎公司的保罗·W.利奇菲尔德（Paul W.Litchfield）于1903年发明了无内胎轮胎；弗兰克·塞伯林（Frank Seiberling）于1908年发明了一种在硬质表面切割细槽以提供抓地力的机器；百路驰公司（B.F.Goodrich Company）于1910年发明了把碳加入橡胶的技术以减少轮胎的磨损；亚历山大（Alexander）的儿子菲利普·施特劳斯（Philip Strauss）于1911年发明了成套的内外胎，用织物加固的硬橡胶外胎，里面装上充气内胎；固特异轮胎和橡胶公司于1937年发明了石油基的合成橡胶轮胎；古德里奇公司（B.F.Goodrich Company）于1947年发明了第一个无内胎汽车轮胎。

 ## 轮胎发展史

　　早期的车轮是实心的木头或铁制成，减轻了人类的体力负荷，是个省时而便利的革命性的发明。但是人们发现这样的车轮行走过程中极不平稳。几千年后，由橡胶和空气组合而成的舒适轮胎将人们从颠簸中拯救出来。

　　轮胎是附着在轮辋上的一种牢固而有弹性的橡胶外套。轮胎能够支承车身、缓解外界冲击、实现与路面的接触并提供抓地力保证车辆的行驶性能。轮胎应用范围很广，自行车、婴儿车、购物车、轮椅、摩托车、汽车、卡车、公共汽车、飞机、拖拉机和工业车辆都有轮胎。

大多数车辆的轮胎都是充气轮胎，也就是说充满了压缩空气。在20世纪50年代中期之前，充气轮胎有一个内胎来保持气压，但现在的轮胎大多已经设计成与车轮轮辋形成一个整体的压力密封体。

起源

苏格兰发明家罗伯特·汤姆森（Robert Thomson）在1845年发明了内胎充气式轮胎。不幸的是，他的发明远远超前于时代，几乎没有引起人们的兴趣。19世纪80年代，另一位苏格兰人约翰·博伊德·邓禄普（John Boyd Dunlop）对充气轮胎进行了彻底改造，并迅速赢得了骑车人的喜爱。

天然橡胶是制造轮胎的主要原料，虽然合成橡胶也被使用。然而，为了提高橡胶的强度、弹性和耐磨性，橡胶必须经过各种化学处理后加热硫化。

1839年，美国发明家查尔斯·固特异（Charles Goodyea）偶然发现了强化橡胶的方法，这种方法被称为橡胶的硫化。他从1830年起就开始用橡胶做实验，但一直未能开发出一种合适的固化工艺。在一次用印度橡胶和硫磺的混合物做实验时，固特异把混合物扔到一个热炉子上。奇迹发生了，橡胶和硫磺的混合物发生了化学反应，非但没有熔化，反而形成了一个硬块。他继续实验，直到能稳定地产生连续的橡胶薄片。

今天，大型高效率的工厂，配备熟练工人，每年在全球生产超过10亿个新轮胎。尽管自动化规程指导了制造过程中的许多步骤，但仍然需要熟练的工人组装轮胎的部件。

 ## 轮胎材料

橡胶是制造轮胎的主要原料，天然橡胶和合成橡胶都有使用。天然橡胶是以乳状液体的形式存在于橡胶树的树皮中。为了生产用于轮胎制造的生橡胶，人们将液态胶乳（橡胶树的乳状树汁）与酸混合，生成固体橡胶。压力机挤出多余的水分，把橡胶压成薄片。然后，这些薄片在高高的熏制室里干燥，压成大捆，运送到世界各地的轮胎工厂。合成橡胶是由原油中的聚合物制成的。

轮胎橡胶的另一个主要成分是炭黑。炭黑是一种细而软的粉末，当原油或天然气在有限的氧气中燃烧时产生大量的细煤烟，即碳黑。制造轮胎需要大量的碳黑，通过铁路线运输，将碳黑储存在轮胎厂巨大的筒仓内，以备生产上的需要。

轮胎中也使用硫磺和其他一些化学品。特定的化学品，当与橡胶混合加热后，就产生相应用途的轮胎产品的特性，如适用于高摩擦低里程的赛车轮胎，或高里程低摩擦的轿车轮胎等。一些化学品使橡胶在被加工成轮胎时具有较好的弹性，而有些化学品则可以保护橡胶免受阳光下的紫外线辐射。

轮胎设计

轿车轮胎的主要部分是胎面、胎体、胎侧和胎圈。胎面是与路面接触的凸起的花纹。胎体支撑胎面并赋予轮胎形状。胎圈是用橡胶包裹的金属丝束，起固定轮胎作用。

复杂的分析软件，以及利用多年的测试数据，使轮胎工程师可以模拟不同的花纹下胎面性能和耐久性。该软件创建为一个可能的轮胎设计的三维彩色图像，并计算不同的应力对拟设计的影响。计算机模拟为轮胎制造商节省了资金，因为在原型轮胎实际组装和测试之前，可以发现许多设计上的局限性。

除了测试胎面花纹和胎体结构，计算机还可以模拟不同种类橡胶化合物的效果。在现代客车轮胎中，多达20种不同类型的橡胶可用于轮胎的不同部位。如，一种橡胶化合物可用于胎面，使汽车在寒冷的天气里具有良好的抓地力；另一种化合物则是用来使胎侧具有更好的刚性。

当轮胎工程师对新设计的轮胎进行计算机模拟分析研究，并对结果感到满意后，制造工程师和熟练的轮胎装配工就会与设计人员一起工作，生产用于测试的原型轮胎。当设计和制造工程师共同认可新设计的轮胎后，工厂就开始大批量生产这种新轮胎。

 ## 制造过程

客车轮胎是在成型工序中制成的。首先将特殊配方的橡胶半成品，根据不同的结构、不同的部位，由轮胎装配工准确切割好材料并一层层叠加铺设在金属鼓上，制成所谓的"生胎"。一个半成品的轮胎完成了，这时移走金属鼓，装配工拆下轮胎，然后将生胎放在硫化模具中进行硫化。

混合橡胶

1. 轮胎制造过程的第一步是原材料的混合，形成橡胶化合物。铁路运输线将大量的天然橡胶、合成橡胶、碳黑、硫磺以及其他化学品和石油原料运至工厂储存起来，以备生产所需。计算机控制系统中储存了多种工艺配方，并根据产品批次自动按量配给控制特定的橡胶和化学品混合过程。巨大的搅拌器，像垂直的水泥搅拌器一样悬挂着，将橡胶和各种化学品充分搅拌在一起，每批重量可达500千克。

2. 然后，每种混合物都要混合其他的化学品经过加热后重新碾磨，分批次软化。

3. 接着在这批混合物中加入其他的化学原料，经过搅拌机再次搅拌，形成最终的混合物。在混合的三个步骤中，加热步骤和摩擦步骤使橡胶软化，使化学物质分布均匀。每个批次胶料的化学组分取决于轮胎的使用部位的特性要求。胎体使用特定的橡胶配方，胎圈使用一种配方，而胎面使用的是另外的配方。

胎体、胎圈、胎面

4. 一旦一批橡胶被混合，它就会通过强大的轧机将这批橡胶压成厚片。然后这些板片被用来制造轮胎的特定部分。例如，轮胎胎体就是由布条状的尼龙织物或聚酯织物组成轮胎的框架，这些织物的上下两面涂覆着橡胶。涂上橡胶的织物就是所谓的帘子布，每个胎体都有一层帘布层组成。一个标准的客车轮胎也许有一层或两层的挂胶帘布组成。

5. 在轮胎剖面上，我们可以看到两根高强度的钢丝圈，我们称之为胎圈。胎圈可以将轮胎牢牢地固定在汽车轮辋上，起固定轮胎作用。钢丝束是在绕线机上形成的，然后将钢丝束缠绕成钢丝圈，并用橡胶包裹住钢丝圈。

6. 用于轮胎胎面和胎侧的橡胶从"密炼机"输送到另一种称为"挤出机"的加工机器。在挤出机中，物料进一步混合和加热，通过一个模具口挤出，形成半成品的板状橡胶部件。胎侧橡胶部件上覆盖一层保护性塑料皮，然后卷起来。胎面橡胶被切成条状，装进大而平的金属托盘中，就像一本书籍似的（见图1）。

轮胎成型机

7. 胎侧橡胶卷，包含胎面橡胶的托盘和放有胎圈的架子，都被送到轮胎成型机的熟练装配工那里（见图1）。在成型机中心是一个中间柔软可折叠的旋转鼓，用它来固定组成轮胎的各部件。轮胎装配工开始制造轮胎，方法是将轮胎的橡胶布层缠绕在成型机的鼓轮上。在这些层搭接处加入胶水连接后，胎圈固定到位，将胎体折叠在胎圈上。下一步，装配工使用特殊的电动工具来塑造层的边缘。最后，将胎侧和胎面用胶水黏合到位，然后向中心挤压成型，并将组装好的轮胎从轮胎成型机上拆下。（见图2）

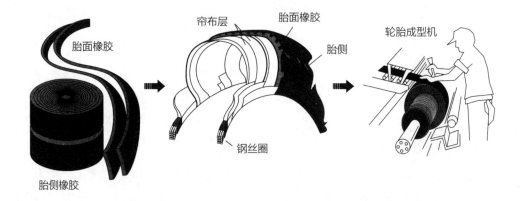

图 1 轮胎制造过程的第一步是将橡胶原料、碳黑、硫和其他材料混合，形成橡胶化合物。在橡胶准备好后，它被送到一个轮胎成型机，工人在那里建立橡胶层形成轮胎。此时的轮胎被称为生胎。

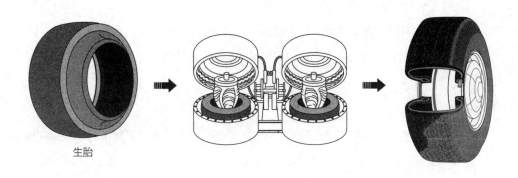

图 2 生胎制成后，放入模具中进行硫化。模具形状像一个蛤蜊，模具内包含一个大而灵活的囊状物。轮胎被放入模具内胆，关上模具翻盖。接下来将蒸汽注入内胆，囊状物膨胀，使轮胎靠着模具的内侧面成形。冷却后，给轮胎充气和测试。

硫化

8. 生胎被放置在一个大模具内进行硫化处理（见图2）。硫化模具的形状像一个巨大的金属蛤蜊，打开后露出一个大而灵活的囊状物。生胎放入模具内胆，关闭模具翻盖。硫化模具上带有所有轮胎的标记和胎面花纹。充满热水的硫化胆内，囊状物受热膨胀，把轮胎紧紧地推进模具的空穴内。模具周围的热水和蒸汽开始硫化过程。这个硫化过程把混合橡胶与钢丝，或者织物丝加固部件紧密地结合在一起。在这个化学反应中，轮胎从原来柔软而且容易变形的状态，转变成坚硬而富有弹性的状态。在硫化过程中，蒸汽将生胎加热到138℃，在模具中的硫化时间取决于轮胎所需的特性。一会儿之后，硫化过程完成了，这时候的轮胎已经具备了最终的外形和特性。

9. 硫化完成后，将轮胎从模具中取出进行冷却和测试。每个轮胎都要进行彻底的检查，检查是否有缺陷，如胎面、胎侧和轮胎内部橡胶中是否有气泡或空心点。然后，把轮胎放置在一个测试轮上，充气并旋转。测试轮中的传感器测量轮胎的平衡，并确定其是否沿直线行驶。一旦轮胎经过检查并在测试轮上运行完好，它就会被移到仓库中进行分发。

质量控制

质量控制从原材料供应商开始。轮胎制造商可以对来厂原材料进行跟踪，追溯到上游供应商对原材料进行测试的具体测试者。制造商通常会与供应商签订特别采购协议，由供应商提供原材料特性和组成的详细证明。为确保供应商的认证可靠，轮胎公司的化学家在原材料交付时对其进行随机测试。

在整个密炼过程中，抽取橡胶样品并加以测试以确定不同的性能，如抗拉强度和密度。每个轮胎装配工负责所使用的轮胎部件。代码编号和全面的计算机记录保存系统使工厂管理人员可以跟踪橡胶和特定轮胎部件的批次。

当一种新的轮胎设计的第一次实物被制造出来时，会从装配线末端取出数百个轮胎进行破坏性试验。一些轮胎被切开，以检查胎体层之间的气囊，而有些轮胎被按压在金属钉上，以确定耐刺穿性。还有一些轮胎压在金属鼓上并快速旋转，以测试里程和其他性能特性。

各种无损检测技术也被用于轮胎质量控制。X射线摄像提供了一个快速、可视的轮胎检测方法。随机选择的轮胎被带到辐射室，接受X射线的检测。技术人员在视频屏幕上查看图像，很容易发现轮胎缺陷。如果出现缺陷，制造工程师将检查轮胎部件装配的具体步骤，以确定缺陷是如何形成的。

除了内部测试，在制造过程中还会考虑消费者和轮胎经销商的反馈意见，以确定需要改进的地方。

 ## 未来的轮胎

  不断改进的橡胶化学工艺和轮胎设计正在创造令人兴奋的新轮胎，包括提供更大的里程和改善性能且在极端天气条件下使用的轮胎。制造商现在提供的一些轮胎，估计可持续使用长达14.4万千米。由计算机设计和测试的胎面，具有独特的不对称条带，提高了在潮湿或积雪道路上的牵引力和安全性。一家制造商开发了一种轮胎，这种轮胎在胎面磨损时仍能保持其性能，其原理是依靠轮胎磨损时暴露出来的合并凹槽、这种凹槽磨损时变宽。还有采用潮湿条件下增加抓地力的专用橡胶化合物制作胎面。

  漏气的轮胎真让人泄气。但轮胎设计工程师们也带来了一些好消息。他们完善了一种几乎永远不会瘪的非充气轮胎，因为它不含任何压缩空气。一个柔韧的网状辐条内部结构支持着轮胎，而不是空气。所谓的防爆轮胎，主要是加强了胎侧和自密封衬里，可以允许你继续驾驶，即使轮胎已经失去了空气压力。这样的轮胎产品已经上市，并有可能会变得更加普及。即使是那些能够监测自身气压的轮胎，如果气压低，也能够从储气罐中泵入更多的空气。一种通过安全阀释放多余压力的轮胎，也在研发之中。

  轮胎的生产和试验一直在进行，只要驾驶员需要，就会继续改进。

固特异的困难时期

令人遗憾的是，富有创新精神的查尔斯·固特异（Charles Goodyear）并没有因为他的创新而享受到几年好时光。当他用从一家制鞋公司买来生橡胶做实验时，因为无力负担投资，他被投入了债务人监狱。1839年获释后，他继续用橡胶做实验，最后制造出一种圆球形状的胶状物质，不小心把它扔到了热炉子上。因此无意中发现了硫化过程。当橡胶融化时，固特异注意到它正在硬化成他一直想要达到的稠度。

机械及数码设备

割草机

发明人：1830年英国格洛斯特兰郡的爱德温·布丁（Edwin Budding）发明了"割草机"；1868年亚玛利雅·希尔斯（Amariah Hills）取得卷筒式割草机的美国专利；1899年约翰·阿尔伯特·布尔（John Albert Burr）发明了带有旋转刀片的割草机。

美国每年在草坪养护设备、产品和服务上的支出：大约750亿美元。

主要的割草机制造商：富世华（Husqvarna）公司、约翰·迪尔公司（John Deere）、美特达（MTD）公司和托罗公司（Toro）。

割草机发展史

除割草外，许多割草机还可以对草坪进行装袋、吸除、耙地、砍削、覆盖、粉碎、回收和除去杂草。

加里·哈特（Gary Hatter）将割草机作为交通工具并于2001年取得了吉尼斯世界纪录——连续260天内走了23 483千米。

　　几个世纪以来，割草工人都是在牧场或田野里艰难跋涉，挥舞着锋利的长柄镰刀，镰刀的刀片长而弯曲。这活儿又累又慢，而且大多没什么效果——镰刀只有在草湿的时候才好用，因为草更软更重。第一台机械割草机是1830年由英国纺织工人爱德温·布丁（Edwin Budding）发明的。严格意义上说，他开发的机器起先并不是用于割草，而是用来剪掉新布上的绒毛。这种割草机是基于他的纺织机器改装而来。

布丁发明的圆柱形割草机安装在一个后滚轮上，后滚轮用链条驱动割草机前进，使用安装在圆筒上的弯曲刀片割草。他制造了两个大小不同的割草机。大割草机得由马牵引，工作时马蹄上要套上橡胶掌，以防止它们踩坏草坪。伦敦动物园的园长是第一批购买这种机器的人之一。布丁在广告中称，使用这种小型割草机"对乡绅们来说是一种有趣、实用、健康的运动"。

或许是因为布丁的割草机沉重而笨拙，说服乡绅和其他人购买割草机并不容易，机械割草机的发展缓慢。在1851年的英国国际博览会上，仅有两家割草机制造商参展。

几十年后，这种新机器突然流行起来。某种程度上是由于19世纪末英国兴起的草地网球运动，同时巴登的早期设计得到了改进，重量比第一代机器要轻得多。基于这些原因，改进后的割草机精致实用，很快出现在英国各地的潮流引领者的院子里。

最早的燃油割草机是1897年由德国奔驰公司和纽约科德威尔（Coldwell）割草机公司联合设计的。两年后，一家英国公司开发了自己的原型割草机；然而这些公司都没有大规模生产他们自己公司所设计的产品。1902年，詹姆斯·爱德华·兰瑟姆（James Edward Ransome）设计的第一台商用割草机问世并销售。尽管兰瑟姆的割草机有一个舒适的驾驶座位，但大多数早期的割草机都不是这样的，即使在今天，许多流行的割草机都是从后面用手推动的。

骑行式割草机与步进式割草机

割草机有两种基本类型：骑行式和步进式。

早期的步进式割草机是手推的，使用水平卷轴或滚筒，两端各带有几个刀片。尽管电动卷轴割草机问世，但有些人仍然喜欢无动力的卷轴割草机，因为它们简单、安静、环保，不需要太多维护，而且还能在使用的同时锻炼身体。电动卷轴割草机如今已经被带有旋转刀片的旋转式割草机所取代。

旋转式割草机比卷轴式更容易制造，因为它的基本设计更简单，而且几乎适用于所有类型的草坪。在任何一个夏日的周六时间里，人们大概率会用旋转式割草机来修理自己的草坪。旋转式割草机有一个单独的旋转刀片封闭在机壳内，由轮子支撑。马达驱动刀片每分钟旋转3 000转，刀锋尖端的线速度大约为5 800米/分钟，而刀锋的尖端是切割杂草的工作部位。

电动步进式割草机有一个甲板层，可以保护使用者不受裸露旋转刀片的伤害，还可以将割下的草料放入收集袋中、从侧卸料槽排出，或者作为覆盖物放回草坪上。后置手柄用于推动和引导割草机，也可作为割草机控制部件的安装位置。自行行走的后置割草机由连接在电机驱动轴上的链条或皮带驱动，这使得推动割草机的工作更加容易。割草机有四个轮子，由汽油机或电动马达驱动。大多数割草机使用燃油发动机，但电动割草机正变得越来越普遍（以后会更多）。

座驾型割草机是很受欢迎的手推式割草机的替代品，尤其是对于拥有较大面积草坪的用户，当然，对于园林绿化公司来说更是如此。它们的挡板下面通常有两到三个旋转刀片，这使它一次切割的面积更大。座驾型割草机有两种基本类型：牵引式和Z*式（可以原地转向）。

草地牵引机（牵引式割草机）看起来像小型农用拖拉机，在其上部有一个舒适的座位。园林牵引割草机与草坪牵引割草机基本功能相似，但园林牵引割草机可用于耕作和培育花园，有时甚至可以安装扫雪机附件。

Z式割草机与牵引式割草机的转向方式不同。驾驶员通过操控割草机两侧的大驱动轮来控制方向。这些割草机可以原地转向，非常容易操作，特别适合在有很多障碍的草坪上割草。Z式割草机要比牵引式割草机贵得多，所以还不常见。Z式割草机很受园林绿化公司的欢迎，大多是因为商业用途而制造。

---

*译注：Z代表zero-turn，即表示它的转弯半径为零，可以以自身车体的中点为轴原地转向。

电动割草机

电动割草机已经出现有一段时间，但直到最近仍然不是很受欢迎。早期的产品使用交流电（AC）发动机，需要通过一根长长的导线从家里接通电源。随着直流电池技术的进步，不用电线的电机成为可能。但是与燃油割草机相比，大多数电动割草机还是动力不足，市场份额仍然很小。

最近一些公司已经能够生产出性能可与燃油割草机媲美的电池供电电动割草机。目前它们的价格仍高于汽油驱动的同类产品，这种情况可能会随着时间的推移而改变。有些公司销售座驾型电动割草机，但市场上仍是以手推式为主。

由于比同类的燃油割草机更安静、更容易维护、重量更轻，我们可能会看到越来越多的电动割草机投入使用。

综上所述，有许多不同类型的割草机。下面的章节将主要描述使用汽油发动机的座驾型Z式割草机。

割草机部件

典型的燃油割草机由数百个单独的部件组成，包括技术先进的两冲程或四冲程发动机，各种机械制造部件，从外部承包商处购买的各种配件，以及许多标准零部件。这些部件大部分是金属的，主要包括：割草机挡板、机架、发动机和刀片。然而，有一些是由塑料制成的，如侧卸料槽、盖子和插头。

制造过程

制造Z式割草机需要精确的库存控制、零部件和人员安排，以及人员和任务的协调同步。某些生产任务是使用机器人来完成的，尤其是焊接。尽管这样，仍然需要熟练的工人来完成大部分装配工作。

部件的卸货与分配

1. 这些部件通过卡车运到工厂的装货码头，然后由叉车或架空小车运到其他生产中心进行成型、加工、喷漆，如果在运抵后不需要再加工就可以直接进行组装。

冲压成型

2. 钢板自动切割成合适的形状，形成割草机面板、前格栅、座椅平台等部件。机器人将每个切割件运送到液压机中，液压机中装有相应的模具组对这些切割件进行模压成型。

3. 液压机施加大约1 000吨的压力将薄板塑成所需的形状。再用另一台液压机把新成形的加工件的毛边剪掉。

4. 割草机甲板等部件被转移到另一组冲床上，冲床为刀片主轴和其他附件接点冲孔。

5. 完成的零件被堆放在一起，然后运送到油漆车间。

喷漆

6. 割草机甲板、格栅、座椅平台和其他车身部件堆放在一起，然后用一种防锈化学品清洗。

7. 这些部件被吊在一个龙门架上，然后通过在电解槽中浸泡来上漆。这一过程是把直流电流加在工件和电解槽电解液上，带电的涂料离子在电流的作用下附着在工件表面，工件本身充当电极之一。

零部件

8. 主要零部件是在不同的工厂车间使用已成型、已加工或购买的材料和标准件生产的。从外部供应商购买的零部件，包括按制造商制定的标准规格制造的发动机、轮胎、换挡机构、安全带和轴承。注塑成型的塑料部件用于侧出料槽、盖子和插头。注塑是将熔化的塑料注入模具，然后冷却的过程。当它冷却时，塑料即呈现出模具的形状。

9. 漆过的割草机甲板降到两个或三个刀片主轴（取决于割草机的型号）的位置，然后主轴与甲板之间用螺栓固定。刀片主轴是在另一条生产线上组装的，此时刀片已经安装在主轴上了。

10. 每个主轴的末端安装一个滑轮，另外一个张紧轮通过螺栓固定到位。工人用一条长长的橡胶传动带套在两个滑轮上。

11. 轨距轮的设计是为了将割草机甲板提升到不平的草坪表面的高度以上。它们被安装在割草机甲板上，能将甲板从地面提升6~13毫米。

12. 接下来，在甲板上安装塑料模塑件。这包括给暴露的驱动皮带上安装一个保护套，以及安装侧出料槽。

组装割草机框架

13. 割草机机架的钢轨与前轮的安装环一起夹在旋转焊接台上。然后，焊接台转到机器人焊接站，在那里，前轮安装环被焊接到钢轨上。

14. 接下来，在一个密封室里对焊接机架进行底漆和粉末喷涂。粉末喷涂包括用化学物质彻底清洗和漂洗零件，以密封表面（与空气隔绝）。然后，这些部件被送到架空输送机上，穿过一个油漆间。喷枪喷射出细小的带有电荷的油漆颗粒（与需要喷漆部分的电荷电性相反），相反电性的油漆均匀地附着在割草机机架表面。接下来，将钢轨机架放在烤炉中烘烤，产生一种闪亮的、永久的、类似珐琅的涂层。上漆的钢轨机架可以经受腐蚀性草浆和切割过程中产生的污垢和碎片的侵蚀，保护机架颜色多年不变。

15. 紧接着，在制造工厂的另一个区域，用螺栓把发动机组件固定到机架上。转向杆、脚踏板和座椅平台也用螺栓连接到机架上，同时前格栅也用螺栓装到机架上合适的位置。

16. 割草机的前轮安装在轭架上，轭架安装在机架前部的安装环上，轭架顶部用卡环固定。较大的后轮用螺栓固定在后轴上，然后将整个机架滚到正在等待安装的割草机甲板上方，现在用螺栓把甲板固定在车架上。

17. 提升放在装配平台上的割草机，便于工人将割草机甲板上的传动带连接到发电机组件垂直传动轴的滑轮上。

测试与总装

18. 通过计算机控制对割草机的四轮进行测试定位，以确保它们转动正常。如果需要的话，调整变速箱也是可行的。

19. 同时对电气系统进行测试，并安装侧板和仪表盘。

20. 最后，将座椅安装在座椅平台上，到此割草机总装完成。

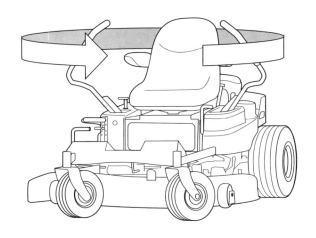

图 1　座驾型Z式割草机。

质量控制

　　检验员对整个生产过程进行监控，检查公差配合、接缝、耐久性和饰面。特别是要仔细检查油漆操作。每一个油漆部件的样品都定期从生产线上取下来进行超声波检测，这一过程是将油漆暴露在与盐浴相同的腐蚀环境下，模拟连续450小时暴露在自然室外环境中。刻划油漆过的部分，观察裸露的表面，来寻找上锈的蛛丝马迹。如果需要的话，调整油漆或清洗周期，以确保产品的高品质和耐用性。

　　最终的性能测试（装配的最后一步）向用户保证了产品的可靠性和安全性。每台发动机加少量的气（或油）混合物。技术人员用手启动发动机以检查和测量每分钟的转速。驱动元件和安全开关也被作为检查对象。根据现行《消费品安全委员会条例》的要求，割草机刀片在运行时，必须在控制手柄松开的3秒内停机。

 未来发展

电动割草机器人

割草机器人已经被用于自动修剪草坪，在西欧和亚洲部分地区主要用于商业性质。只有少数几家小型制造商和一两家大型割草机制造商在生产它们。无论如何，全球对割草机器人的需求会增长，所以不久之后你有可能会亲身体验一回。

割草机器人的设计是为了避开院子里连续边界线及树木等障碍物。基站通过埋在边界地下几厘米的电缆发送信号。当机器人检测到它已经到达边界时，它会转过身去。基站还充当机器人电池的充电器，当电池电量不足时，机器人就会回来充电。该机器人还配备了传感器来检测碰撞。

随着电动割草机（非机器人割草机）的性能与汽油割草机相当，而且价格下降，其受欢迎程度可能会继续上升。电动割草机比燃油割草机更容易维护，运行更安静，对环境更友好。将电动割草机与太阳能电池板结合起来可以进行充电，将是未来发展的自然趋势。

组合锁

发明人：1862年，小李纳斯·耶鲁（Linus Yale Jr.）。

寻找正确的组合

大多数锁通过内部机械结构匹配组合，可以产生超过5万多种密码组合的可能，因此，想偶然一次的机会就能识别出正确的代码是极不可能的。

组合锁又名密码锁，是一种不需要使用钥匙打开的锁具。通过将其内部部件精确地对准一个确定的位置，就可打开。锁的密码功能由三层或四层重叠的转向轮实现。三到四个相互重叠的按钮、圆环或圆盘固定在一个中心轴上，这些圆环或圆盘可以围着中心轴转动。开锁时手动旋转外部旋钮或转盘，旋钮和转盘旋转到预先设定的代码处停止。

三位数字密码锁开锁方法：要打开密码锁，必须经过三次将外部转盘或旋钮转动到正确的位置。首先将转盘（旋钮）顺时针旋转三圈在第一个密码数字处停止；然后逆时针旋转，转盘（旋钮）必须通过第一个密码数字后在第二个密码数字处停住；再次顺时针旋转转盘（旋钮）在第三个密码数字上停止。当密码输入正确，组合锁内部所有组合碟片上的缺口对齐成一条线时，锁栓就会松开锁槽，锁即可打开了。

还有一种手动组合锁，不是使用内部转轮，而是按键式的数字密码锁，防盗安全性更高，通常安装在公司办公场所及家庭住宅。只要按照顺序按下三个或四个数字按键，即可松开锁栓或插销，轻松开锁。这种按键式锁的工作原理和以前我们使用的挂锁运行模式相同。

挂锁是一种简单、轻便、可拆卸的锁，多被学生信赖，常见于学校的储物柜和自行车上。学生们喜欢选择这种挂锁或价格更低的密码锁，用于保护衣柜等免遭小偷和调皮者的破坏。实际生活中稍加练习，一个普通人就可以徒手打开一把锁。当锁栓上的凸起对准盘片缺口时，可以听到小小的"滴答"声。当然了，高级密码锁厂家在盘片上设计了假的啮合槽，让破解锁变得极其困难。只有专家才能区分清楚其中的缺口，哪个是真的啮合槽，哪个是假的。

发展史

最早的组合锁是中国人发明的，但历史记录没有提供更多的关于其发展的详细资料。19世纪中期，组合锁在美国得到广泛使用，以确保银行金库的安全。这些锁直接安装在保险库的门里，对窃贼来说是个不小的挑战。西方电影以其丰富多彩的抢劫银行案场景而闻名，在这些场景中，坏人试图闯入金库，偷走赃物，开锁场面紧张刺激。

1873年，詹姆斯·萨金特（James Sargent）发明了堪称完美的时间锁，将许多图谋不轨、蓄意抢劫银行的抢劫犯挡在了门外。时间锁和密码锁搭档使用，直到控制锁的时钟到达设置的时间才能打开密码锁，通常一天开一次。

组合锁材料

一个典型的组合挂锁大约有20个零部件（见图1）。它们通常是由不锈钢或表面经过电镀处理可以防腐、防锈的冷轧钢板制成。

除了钢之外，还有另外两种材料对组合锁来说是必不可少的，即尼龙和锌合金。尼龙是用来分隔盘片的垫片，使盘片能够独立地转动；锌合金常用于制造各种锁具的零部件。

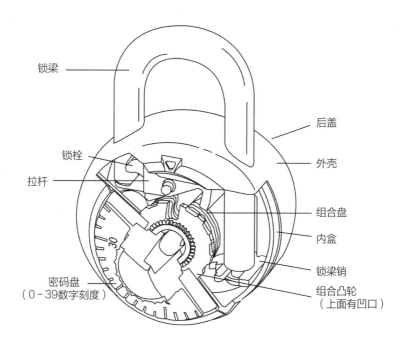

图 1 完整构造的组合锁

锁梁

后盖

外壳

锁栓

拉杆

组合盘

内盒

锁梁销

组合凸轮
（上面有凹口）

密码盘
（0－39数字刻度）

30

设计

如今的锁具制造商小心翼翼地保护着他们的"组合设置程序"。

　　组合锁分为内外两大部分（见图1）。内部的锁闭机构包括一个拉杆及其支撑杆柱、外加一根中心盘轴组成。中心盘轴与中心旋钮相连，从外部锁面上旋转中心旋钮时，会带动盘片垫和组合盘片一起转动。两个、三个或四个组合盘片是锁闭机构的关键精密元件，而一个有缺口的组合凸轮储存了组合锁能否解开的代码。该凸轮与外部的密码盘相连接，当用户旋转外部转盘或旋钮时，凸轮随着外部转盘的转动而转动。盘片弹簧的拉力可以保持组合盘片拨码时的平衡。

锁梁是锁闭机构的主要元件之一，是当锁打开时一端可从锁壳中分离出来的U形件，锁梁穿过锁洞固定在锁壳上。锁梁的长脚端用销固定，锁梁在销的控制下任意转动。锁梁的短脚头部开有舌槽，舌槽是锁梁闭锁能否牢固的关键部位，精度要求较高。锁栓勾住舌槽即闭锁，锁栓脱离舌槽即可开锁。所以锁梁的功能结构决定了锁梁一部分在锁壳内部，另一部分在锁壳外面。最后把所有的内部零件装入内盒固定保护起来。

锁的外部元件包括外壳、锁梁、后盖和组合密码盘。

组合锁经久耐用，零部件无需修理或更换。

制造过程

典型的组合锁大约有20个零部件构成，这20个零部件是在各种机器上加工成形的。经过一系列的手动或自动操作，诸如机器拉伸、切割、冲压、模压成形等。

制造内部零件

1. 拉杆、锁栓和盘轴都是浇铸成型的，将熔化的锌合金液体倒入模具中，继续加热受压直至凝固成型（见图2）。

2. 拉杆柱加工虽然不需加热，室温即可，但它需要施加高压才能成型。组合盘片和凸轮是由冷轧平带钢（见图2）制成的，这意味着它们是在不加热的情况下通过巨大的轧辊碾压的。然后把钢放入冲裁模——一个精细的曲奇形切割器，它可以切割出形状合适的零件。

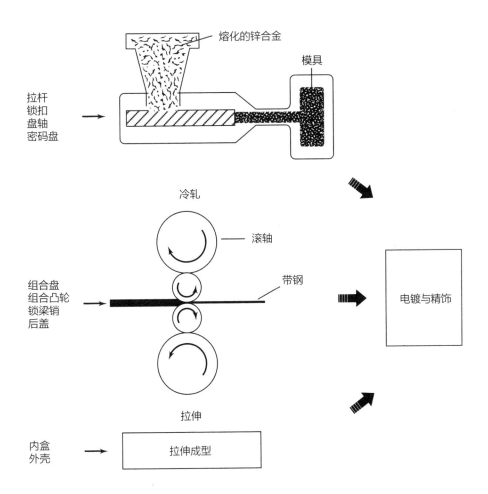

图 2 组合锁中的零件以多种方式制造。有些零件，如合金材质的是浇铸成型。其他组成部分，如组合凸轮和组合碟片，均为冷轧工艺。还有一些零件是用机器拉伸或用模压成合适的形状。大部分零件被镀上一层保护膜以防止腐蚀。

3. 内部的盘片弹簧是由圆形的不锈钢线材制成，这种不锈钢线材通过弹簧绕线机自动绕线做成传统意义上的螺旋弹簧。

4. 锁梁就像组合盘片和组合凸轮一样，是由冷轧板、平带钢通过冲裁模机械剪切或冲裁而成的。内盒是用扁钢带拉伸成杯子状（见图2）。这个过程需要很大的压力，由冲裁模具冲裁成型。

制造外部零件

5. 外壳的制造和内盒非常相似，但它是由不锈钢板而不是钢带制成的。后盖也是不锈钢材质的，由冲裁模设备切割而成。

6. 经久耐用的锁梁是在螺杆机上用圆棒料制成的，加工成U形，锁环的一头开有V型切口可以抵住锁栓，完成上锁功能。锁梁经历高温加热然后浸入冷水淬火冷却，以增强材质的硬度和刚度，抵抗锯齿和刀具的损伤。

7. 锌合金材料浇铸成型后，就是密码盘表面镀铬防腐。这一过程包括在高铬盐浴中加热密码盘，钢材吸收铬，铬在快速冷却时在表面变硬。然后把密码盘涂成黑色，数字涂成白色——这使得数字在黑色的密码盘上更加突出明显。

电镀零件

8. 以下几种电镀工艺和抛光工艺可以有效保护组合锁的零部件免受腐蚀。拉杆、盘轴、组合凸轮和密码盘全部镀铬防腐，内盒、锁销和拉杆柱全部镀镉防止生锈。锁梁和锁栓镀铬或者镀镍。外壳是不锈钢的，经过机械抛光到光亮可鉴。

装配锁具

9. 锁件装配精密。底板、盘轴、组合凸轮和垫片组成一个子组件，构成组合锁主要锁闭机构的"底座"。外壳和内盒铆接在一起，再在锁梁插入处打两个穿通孔，以便锁梁穿过锁洞固定在外壳上。

10. 接着将密码盘、外壳和内盒单元，以及组合凸轮紧固在一起。

11. 现在到了最后的装配了，即将以上这些部件与剩余的部件装配在一起。用成型器冲压锁壳的边缘，使其紧紧地包裹住密码盘，边缘折叠整齐，组合锁内外封闭，密封防尘。

12. 最后一步是在锁具上张贴无痕标签或铭牌。标签或铭牌上包含了组合锁所有重要的信息，其中就有组合锁的密码组合和锁的序列号等，它是由电脑随机选择的。市场上出售的组合锁一般是采用吸塑包装，即硬纸板上有凸起塑料透明罩的物品包装方式。当然也有单独出售没有任何包装的组合锁。

质量控制

任何锁具在打包之前，大多数制造商都会对锁和解锁顺序进行全面测试。在制造和装配过程中，其他的检查和测量由操作人员在各自的工位上进行。因而，组合锁以其卓越的可靠性和耐用性闻名于世。

未来的锁

玛斯特（Master）锁业发布了一款机械锁，它的刻度盘上只有上、下、左、右四个位置。但是用户可以任意设置密码。此外这些锁在安全方面也有了很大改进，改进的防盗功能可以防止使用插片绕过组合机械达到轻易开锁的目的。玛斯特锁业还开发了一款电子锁，可以让你设置主人密码，为其他用户设置客户密码，并将所有密码备份到在线"云端"。

一般来说，锁的机械公差越小，盗开就越困难。也许有人会问："组合锁的未来将是以高科技的电子产品为主，还是以改良的机械结构占先？"答案或许是两者相辅相成、相得益彰吧。

地震仪

发明人：公元132年，张衡发明了地动仪；1855年，卢伊吉·帕尔米里（Luigi Palmieri）发明了地震计；1880年，约翰·米尔恩（John Milne）发明了地震仪。

地震追踪

今天我们所熟悉的地球经历了久远年代的震动和变迁。在地表以下数英里的地方，地壳的运动造成了地表的褶皱、隆起和裂缝，慢慢构造了我们能看到的高山、峡谷、丘陵和悬崖。地表一直在改变着形状，只是我们感觉不到而已，因为下面的地基滑动和塌陷非常缓慢，但有时也会伴随着令人恐惧的、意想不到的震动，以及建筑物倒塌、山崩海啸、河流改道。自古以来，人类一直在寻找能够准确预测地震的方法，保护人类不受地震带来的伤害。

强震影响

世界上许多地区遭受灾难性的地震。有纪录以来最强的是1960年智利比奥比奥（Bío Bío）发生的里氏9.5级地震。1964年，第二强烈的地震袭击了阿拉斯加的安克雷奇，震级为里氏9.2级。2004年，苏门答腊岛北部西海岸发生里氏9.1级地震。2011年，日本本州海岸发生了里氏9.1级的地震，引发了一场巨大的海啸（由地震引起的一系列巨

里氏震级是1935年由加州理工学院的查尔斯·里希特（Charles Richter）创立的。自1900年以来，最强烈的地震发生在1960年的智利，震级高达里氏9.5级。据估计，地震及其余震已造成5 700人死亡，3 000人受伤，200万人无家可归，造成的损失超过5亿美元。

大海浪），摧毁了福岛第一核电站，导致核反应堆熔毁。1952年，俄罗斯远东地区的堪察加半岛发生了里氏9.0级地震。

在美国，从1811年12月到1812年2月，阿肯色州东北部和密苏里州新马德里附近地区发生了一系列地震，据估计震级在里氏7.0到7.5级之间（当时还没有记录仪器）。地震导致山体滑坡，密西西比河倒流，实际上改变了它的流向。地震掀翻了船只，震响了远在波士顿的教堂塔楼上的塔钟。1906年4月18日黎明前，美国最有名的地震袭击了旧金山。震级为里氏8.3级，煤气和水管破裂，引发了一场大火，摧毁了这座城市的大部分地区。

地震量化

地震仪是用来探测和测量地球内部振动的仪器，记录的内容被称为地震图。这些单词的前缀来自希腊语词汇seismos，意思是"震动"或"地震"。地震仪以研究地震最为人知晓，但它们也是研究火山、了解更多关于地球结构的信息、为结构工程师收集数据及进行油气勘探的好助手。

地震仪沿三个轴测量地震波：两个水平轴（南北和东西）和一个垂直轴（上下）。地震波有三种主要类型，纵波（P）和横波（S）穿过地球的主体（纵波和横波均属于体波），面波沿着地表传播。

纵波（初级波）在地球上传播，并沿着波的传播方向振动，产生压缩力，或挤压某物的应力。纵波传播速度最快，将是地震仪记录的第一波。当压缩力通过地面上升时，它们的运动主要在垂直轴上。

横波（二次波）也在地球上传播，但它们在垂直于传播方向的方向上来回振动，造成剪切力。它们的运动将主要出现在水平的南北轴和东西轴上。横波比纵波慢，两波到达的时间差可以用来确定地震仪到震中的距离。

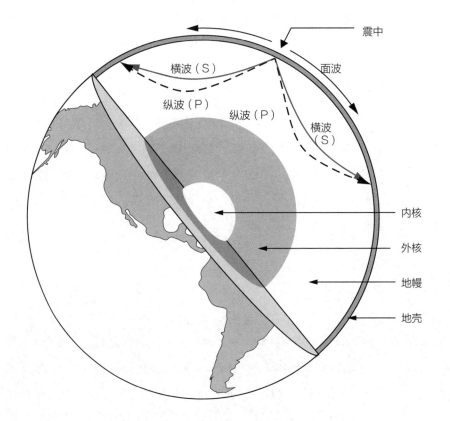

图 1　地球的这一横截面说明了不同类型的地震波。先感受快速纵波（P），传递压缩力。横波（S）速度较慢，在垂直于运动方向的振动中传播剪切力。面波沿地表传播。

地震的类型

尽管地震可能是由火山活动、地下洞穴的坍塌，甚至是一次大爆炸引起的，但最常见的类型是由构造板块（地壳的一部分）的运动引起的。正断层（构造板块相接的地方）是板块之间张力的结果，当两个相互接触的板块的上盘相对于下盘向下滑动时，地貌就会延伸。由于板块之间的挤压，导致上盘相对于下盘向上滑动，地貌就会收缩，从而导致逆向断层。当大型板块水平向相反方向滑动时，就会发生走滑型地震，导致上面的地面发生位移和震动。

第三种也是最慢的波是面波。它们以起伏波动（瑞利波）或左右运动（勒夫波）沿地表传播，并在地震仪的三个轴上都显示出来。虽然面波比体波慢，但它们的振幅非常大，往往是破坏性最强的。

首个地动仪

地震仪是从地动仪发展而来的，它可以探测震动或地震的方向，但不能确定震动的强度或模式。已知最早用来探测地震的仪器是中国学者张衡在公元132年左右发明的。详细的描述显示，这是一个出色而聪明的发明，由一个装饰华丽的铜圆柱体，八个面向外的龙头围绕在圆柱体的上边缘。在龙首正下方的下圆周上，固定着八个铜蟾蜍。每条龙嘴里都叼着一个小球，当圆柱体内部的一根杆子被地震触发时，小球就会落到蟾蜍的嘴里。捕捉到落球的蟾蜍指明了地震的大致方向。

1700多年来，对地震的研究都依赖于不那么精确的仪器，比如张衡的仪器。在过去的几个世纪里，人们建造了各种各样的地震仪，其中许多都依赖于对水池或液态水银中波纹的探测。其中一个类似于蛙龙机器的装置，其特点是当地震发生时，一个浅盘的水银会溢出到放置在它周围的小碟子里。

另一种地震仪是在18世纪发明的，它由一个悬挂在天花板上的钟摆和一个指针组成，指针拖着一盘细沙，当钟摆摆动时，指针就会移动。在19世纪，第一个地震仪被制造出来。它利用各种各样的摆锤来测量地下振动的大小。

从地动仪到地震仪

第一个真正的地震仪可能是意大利科学家路易吉·帕尔米耶里（Luigi Palmieri）在1855年设计的一个复杂的机械装置。这台机器使用充满水银的管子，并装有电触点和浮子。当震动干扰水银时，电触点使时钟停止，并触发一个记录浮子运动的装置，这个装置大致指示了地震的时间和强度。

1880年，被誉为"地震学之父"的英国地质学家约翰·米尔恩（John Milne）在日本发明了第一台精确的地震仪。米尔恩和英国科学家詹姆斯·艾尔弗雷德·尤因（James Alfred Ewing）、托马斯·格雷（Thomas Gray）一起发明了许多不同的地震仪器，其中之一就是水平摆式地震仪。这台精密的仪器由一根加重的杆组成，当受到震动的干扰时，它会移动一块有狭缝的金属板。板的运动允许反射光通过狭缝，以及通过它下面的另一个固定狭缝。落在一张光敏纸上，光就"写下"了地震的记录。今天大多数地震仪仍然依靠米尔恩和他的同事们当初的理论和设计基础，科学家们继续通过研究地球相对于钟摆的运动来评估震动。

1906年，俄罗斯王子鲍里斯·戈利钦（Boris Golitsyn）发明了第一台电磁地震仪。他采用了英国物理学家迈克尔·法拉第（Michael Faraday）在19世纪发现的电磁感应原理。法拉第电磁感应定律表明，磁场强度的变化可以用来产生电流。基于这个想法，戈利钦制造了一台机器，通过震动使线圈在磁场中移动，产生的电流被输入振镜，振镜是一种测量和引导电流的装置。然后电流移动一面镜子，这面镜子与米尔恩机器（Milne）中引导光线的镜子类似。这种电子系统的优点是，记录仪可以设置在一个方便的地方，如科学实验室，而地震仪本身可以安装在地震可能发生的偏远地区。

在20世纪，核试验探测计划使现代地震学成为可能。尽管地震对人民和财产造成了真正的危险，但地震学家并没有大量使用地震仪，直到1960年地下核爆炸的威胁促使世界标准地震仪网络（WWSSN）得以建立，该网络在60个国家装配了120个地震仪。

第二次世界大战后发展起来的"普雷斯–尤因地震仪"使研究人员能够记录长周期地震波——以相对较慢的速度传播很长距离的振动。这台地震仪使用了一个类似米尔恩模型的摆锤，但是用一根弹性导线代替了支撑杆的支点，以减少摩擦。战后的其他改进包括原子钟，它使计时更准确，数字读数可以输入计算机进行编译。

模拟地震仪由安装在支座上的摆锤组成。老式模拟地震仪的钟摆直接连接到记录器上，比如墨水笔。较新的模拟地震仪输出的电信号可以转换成数字并记录下来。当地面震动时，钟摆保持静止，而记录仪移动，从而生成地震的记录。然而，今天的大多数地震仪都是数字化的。

现代最重要的发展是将地震仪阵列集成到监测网络中，监测网络可以在本地、区域或全球级别进行地震仪数据报告。这些网络中有些由数百个地震仪支持，连接到一个中央数据中心。通过比较不同台站产生的单个地震图，研究人员可以确定地震的震中，并提供早期预警检测和警报。

现代地震仪

标准的地震仪有三个轴：一个轴记录垂直运动，两个轴记录水平运动。地震仪具有一定的灵敏度，可以探测到最大地震的最小震动。它们通常分为短周期、长周期和宽频仪器。周期是地震波完成一次完整振荡或来回摆动所需的时间长度。

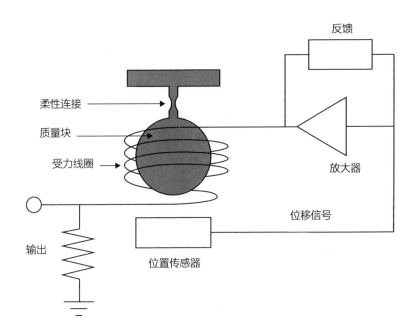

图 2　力平衡加速度计的概念图。质量块由柔性铰链悬挂。受力线圈产生的磁场使质量块保持在中心。传感器检测质量块的位移，并向反馈电路发送校正信号，反馈电路调整受力线圈中的电流。施加在质量块上的力越强，放大器需要向受力线圈输出的电流就越大，从而在输出端产生一个与质量块所受到的加速度成正比的电压信号。

短周期地震仪用来研究移动速度最快一次和二次的地震波的振动。长周期地震仪用来测量沿主次波移动的慢波。今天最常用的宽频仪器，既能处理高频率，也能处理低频率，而且振幅范围广。

　　大多数数字地震仪使用一组三个力平衡加速度计来探测垂直和水平运动，并将这些信息转换成数字数据。这些地震仪中的力平衡加速度计由一个悬挂在连接到电子反馈机构的电线圈之间的质量块组成。当一个力作用在物体上时，反馈电路试图阻止物体移动，需要的电流与力成正比，然后将当前读取的数据转换为数字数据进行传输。

 地震仪材料

　　大多数宽频地震仪使用力平衡传感器来检测加速度（方向或速度的变化）。在加速度计内部，由一个弹簧（一个可以弯曲的部件）、一个绷紧的金属带或一对轴承悬浮起来一个由高磁导率（在磁场中导通磁力线的能力）材料制成的"验证质量块"。一个受力线圈产生一个磁场，使验证质量块居中。当外力（比如地球的地震活动）试图移动物体时，传感器装置就会检测到物体的位移，并产生与所施加的力成比例的信号。这个位移信号被输入放大器和反馈电路，反馈电路调节进入受力线圈的电流。这个结果可以通过在取样电阻上的电压读出。外力越大，输出的电压就越大。因为质量块所受到的加速度与所施加的力成正比，所以这个输出电压表示加速度的幅值。

　　数字化电路将加速度计的模拟电压输出转换成数字信号，该数字信号可在本地记录还可以传输到地震探测网络的一个远程站点。

地震仪设计

　　地震仪设备是由少数几家公司生产的，其产品满足了地震探测、地壳研究、工程、石油化工勘探等方面的具体需要。虽然基本组件是相似的，但用途不同，使用的传感器类型、数据采集（记录）和通信需要也不一样。例如，有人可能需要一个非常灵敏的仪器来研究几千英里以外的地震事件。另一个地震学家可能会选择一种摆幅只有几秒钟的仪器来观察地震的早期震动。对于水下研究，必须使用防水地震仪。

　　传统的地震仪测量位移或速度，而今天许多都是加速度计传感器。一旦转换成数字，就可以很容易地将不同类型仪器的数据转换成所需的输出。

今天的地震仪通常在一个仪器中包含两个或三个轴的传感器，但在某些场合，有时只需要一个或两个轴的传感器。

制造过程

1. 某个地点可能会引起地震学家的兴趣，原因有很多。最明显的可能因素是，该地区是地震多发地，也可能是因为它很靠近地壳的断层或裂缝。这些断层或裂缝的挤压碰撞导致附近的板块向断层的高处、低处或水平方向移动，使该地区更容易发生进一步的不稳定。还可以对目前没有地震仪的地区进行安装，以便地震学家能够收集更多的数据，做到更全面地了解该地区的情况

地点选择

2. 虽然有些地震仪为了教育的目的被安放在大学或博物馆的地下室里，但地震研究的理想地点应该是一个非常安静、不那么繁忙的地方。为了更准确地记录地球的地震运动，地震仪应该放置在交通和其他震动最小的地方。在某些情况下，地震仪安装在未使用的隧道或天然地下洞穴中。如果在需要地震仪的地方不存在其他地下洞，地震学家甚至会选择挖一口井，把仪器放在井里。地面安装地震仪必须在坚实的岩石基础之上。

组装地震仪

3. 地震仪的工作部件是在专门的工厂组装好后装运的。加速度计（进行测量的部分）可以是一个单独的单元，也可以集成到数字地震仪中。一个或多个加速度计可以与多通道数字仪和记录仪相连。地震仪可以通过各种通信网络传输数据。全球定位系统（GPS）接收器通常集成用以提供精确的时间跟踪。

地震仪的安装

4. 用于教育目的的地震仪可以用螺栓固定在地下室的混凝土地板上，但研究性地震

仪最好远离建筑物，因为建筑物不可避免地会发生震动。为了获取高精度数据，它们要么直接安装在基岩上，要么安装在混凝土床上。这两种情况下，都要清除掉泥土并平整地面。在第二种方法中，浇注一层混凝土并使其凝固。

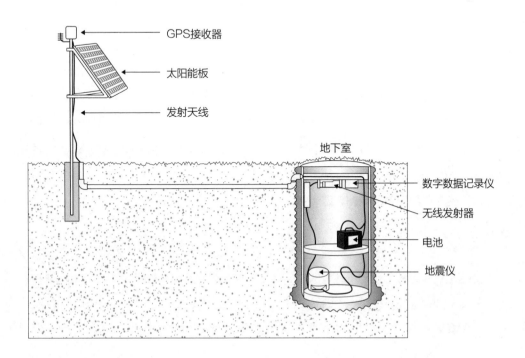

图 3 一个典型的地震台站将包括连接到数字化仪/记录仪的多个地震仪、一个GPS，以及一种或多种途径从多个台站收集的数据传输到中央处理中心。

5. 在底座准备好后，将地震计装置用螺栓固定到位。在某些情况下，如果需要很高的灵敏度，它将被安置在一个控制温度和湿度的地下室中。地震检波器通常安装在选定的场地、岩洞或地下室，而放大器、滤波器和记录设备则分开安装。

6. 现代地震学中，一般将几个地震仪单元之间按一定距离安装。每个地震仪单元向管理中心位置发送信号，在管理中心数据可以被数字化处理和记录。信号可以通过互联网、专线通信、无线电，甚至卫星传送。

质量控制

地震仪的参数设计要能够承受其周围的气候和地理环境。要求防水防尘，而且根据安装地点的不同，许多都可以在极端的温度和高湿度下工作。地震仪的灵敏度和防护要求很高，而且使用寿命很长。据了解，许多地震仪已经使用至少30年。

工厂的质量控制人员对设计和最终产品进行检查，以确保满足客户的要求。检查所有部件的公差和适应性，并对地震仪进行测试，以确定其是否正常工作。此外，大多数地震仪都有内置的测试设备，因此可以在安装后和使用前进行测试。合格的程序员还会在发货前测试软件的漏洞或其他问题。

虽然灵敏度和准确性很重要，但时间设定也很关键，尤其是在地震预测中。大多数现代地震仪都与GPS相连，因此确保了世界各地研究人员都能读懂高度准确的信息。

质量控制的另一个关键因素是尽量减少人为失误。地震仪研究人员和工作人员通常都是训练有素的专家。他们必须学习如何运行和维护地震仪以及使用计算机和其他辅助设备。

未来的地震仪

地震学，最著名的是它在地震研究中的应用。重点不是研究地球内部结构，而是预测地震，以及减少地震易发地区由地震带来的危险和破坏。对地球内部的研究主要是寻找石油沉积物，在建造前也用于测试地面不稳定性，以及追踪地下核爆炸。

然而地震预测是最重要的。如果研究人员能够事先确定地震将会发生，预防措施——比如增加医院和急救人员——就可以提前做好。但地震预测仍处于探索阶段。美国政府发布的第一次官方地震预报是在1985年。

日本位于地震活跃地区，在2011年的地震及其引发的海啸之后，地震学家和地球物理学家加倍努力于预测地震，包括研究数百年前海啸的地质证据。他们的研究表明，与2011年地震类似震级的地震可能每600年到1 000年发生一次。地震学家越来越重视研究高风险断层（尤其是靠近人类），并整合不同类型的数据（不仅仅是地震数据）来开发概率模型。这些数据在预测人口稠密地区的大地震时非常有用，有望指导震前的预防准备工作。

地震仪其他方面的发展是希望制造出更灵敏和更耐用的地震仪、可以记录长周期和短周期波的地震仪。

地震学家不断提高他们的知识和预测地震的能力，不过，在想要拥有一个真正可靠的预测地震系统之前，我们还有很长的路要走。

未来的地震

一位地球科学家认为可以建立地震预警系统。这样一个系统将需要地震仪来捕捉震动，电脑将用来对可能发生的地震进行预警，一个通讯系统用来及时警告应急人员。一些专家设想在地震多发地区设置大量的地震仪，每个地震仪所有者可以收集数据并将其传送给地震学家。

伯克利地震学实验室（加州大学伯克利分校的一部分）正致力于通过创建一个应用程序来建立一个全球地震台网， 智能手机用户从手机的内置加速计上捕获并上报数据，目的是发现即将来临的地震迹象， 然后通知应急服务部门做好准备。

到底是谁的错？

加利福尼亚是地震多发区，因为该州的地壳上布满了纵横交错的断层。最大的断层被命名为圣安德烈亚斯（San Andreas）断层，从旧金山一直延伸到洛杉矶，绵延1287千米。圣安德烈亚斯断层将两个巨大的地球板块分开，一个是太平洋板块，它正缓慢地向北移动（每年大约5厘米）；另一个是北美板块，它正缓慢地向南移动。大多数情况下，断层的粗糙边缘会相互咬合，紧紧地咬合，所以没有真正的移动。当它们之间的压力足够大时，就会破裂或松脱，相互滑动，并在上面引起地震或震颤。

智能手机

第一部原型手机: 1973年由摩托罗拉公司的约翰·米切尔（John F.Mitchell）和马丁·库珀（Martin Cooper）开发。

第一个具有移动电话功能的商业掌上电脑: 1994年，由IBM公司的西蒙（Simon）开发出来。

智能手机用户：据皮尤（Pew）研究中心的报告显示，到2016年，美国77%的成年人拥有智能手机。

 手机历史

看我的，贝尔实验室

1973年，马丁·库珀（Martin Cooper）发明了第一个手持电话。他选择打电话给他在美国电报电话公司（AT&T）的主要竞争对手乔尔·S.恩格尔（Joel S. Engel）博士，吹嘘摩托罗拉公司击败了美国电报电话公司。

　　智能手机已经成为一种普遍存在。从小孩到老人，每个人都随身携带着这种神奇的电子通讯设备。那么，它们从何而来呢？

　　很难准确地定义今天的智能手机来自哪里，但可以肯定地说，有些元素来自手持手机和个人掌上电脑（PDA）。

　　早在1946年，美国电报电话公司就在汽车上推出了移动电话，但第一部手持移动电话几十年后才问世。美国电话电报公司继续把精力集中在汽车电话和使它们能够通信的无线蜂窝网络上。20世纪70年代初，摩托罗拉公司的约翰·米切尔和马丁·库珀率先提出了一项计划，即开发一款手持移动电话，同时打破美国电报电话公司在无线蜂窝网络运营方面的垄断。

1973年，米切尔和库珀在纽约向媒体和公众展示了摩托罗拉公司将其命名为DynaTAC的手机原型，他们的努力取得了众所周知的成功，但走向市场还是需要一些时间。直到1984年，第一款手持式手机DynaTAC 8000X才上市。它很重，让使用者联想到砖头，因此有了"砖头手机"的绰号。

尽管如此，米切尔和库珀使手持电话成为现实，打破了美国电报电话公司对蜂窝网络的控制。

掌上电脑（PDA）：短暂的市场领导

国际数据公司（IDC）报告称，三星在全球智能手机市场占有最大份额，2016年第三季度的市场份额为21%。

从1984年塞班（Psion）公司推出的Psion Organiser掌上电脑开始，到2009年奔迈（Palm）公司Palm Pilot掌上电脑生产结束，随着智能手机的广泛使用，PDA的市场份额逐渐下降。

1984年，当赛班组织者（Psion Organiser）电脑推出时，赛班公司（Psion）宣传它是"世界上第一台实用的袖珍电脑"。这可以说是第一台个人数字助理（PDA），尽管当时还没有PDA这个名字。1992年，苹果公司首席执行官约翰·斯卡利（John Scully）发明了"PDA"（掌上电脑）一词，用来描述该公司的产品"苹果牛顿"（Apple Newton）。1996年从Palm Pilot这款掌上电脑开始，奔迈电脑公司（Palm Computing）推出了一系列PDA。

直到1994年，PDA和移动电话一直是独立的，当时IBM公司首次使用IBM Simon将移动电话功能集成到PDA中。两年后的1996年，诺基亚推出的"9000沟通者"，同样把两个功能集成到一起。这些事件开启了智能手机时代，但PDA并没有消亡。

制造商花了几年时间才放弃了没有集成手机通讯功能的专用PDA的想法。然而，到2009年，全球领先的PDA制造商之一的赛班公司（Palm）推出了其首款组合PDA/手机Treo，关闭了传统PDA生产线，可以认为这是PDA时代的终结。

自智能手机市场起步以来，许多制造商都进入了这个市场。如今大多数制造商的智能手机都是基于安卓（Android）操作系统，苹果iPhone的iOS操作系统占据了第二大市场份额，黑莓（BlackBerry）和Windows Phone等其他专有操作系统几乎已经消失。

由于安卓（Android）拥有最大的市场份额，下面我们将重点介绍这个平台。

原材料

电子设备

智能手机中的所有电子元件都集成在印刷电路板（PCB）上。通常包括芯片（SoC）集成电路（IC）上的系统，其中包含中央处理器（CPU），以及用于应用程序、通信、图形、内存等的处理器。

手机外壳

智能手机外壳是由各种材料制成的，包括镁合金、硬塑料［如丙烯腈丁二烯苯乙烯（ABS）或聚碳酸酯］和玻璃。它们通常被涂上一层阻燃化学物质，最常用的为溴。镍有时也用于外壳，以减少电子干扰。

手机屏

智能手机的显示是我们与它互动的主要方式，手机设计师努力不断改进屏幕技术，以获得竞争优势。随着时间的推移，屏幕变得更大、更薄、更轻、更节能。

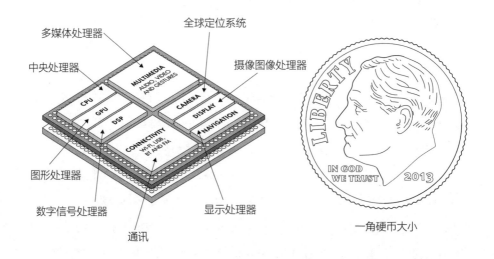

多媒体处理器

全球定位系统

中央处理器

摄像图像处理器

图形处理器

数字信号处理器

显示处理器

通讯

一角硬币大小

图 1　制造商将CPU、图形、多媒体处理、无线连接等功能集成到单个SoC芯片中，以减少移动应用程序的大小和功耗。

屏幕由一个硬的保护罩玻璃、触摸屏数字化仪和显示器本身组成。

康宁公司是智能手机玻璃屏幕（业内称为"盖玻璃"）的领先生产商。康宁公司的Gorilla品牌玻璃具有薄、清晰度高、耐刮擦的特点。公司仍在不断改进产品性能。这种玻璃含有硅、铝、氧、钠和钾元素。

智能手机的触摸屏界面通过数字化设备实现人机交换，该数字化设备由薄而透明的导体层构成，这些导体以网格形式附在很薄的聚对苯二甲酸乙二酯（PET）塑料片上。当像手指这样的导电体靠近它时，数字仪就能检测到电荷的变化。数字仪中使用的透明导体是由铟、锡和氧化物制成的。

有多种不同的显示技术，并不断取得新的进展。原来的液晶显示器（LCDs）需要背光，而在较新的有机发光二极管（OLED）显示器中，像素本身会发光。许多智能手机现在都使用有源矩阵OLED（AMOLED）显示屏，这种显示屏通过将像素直接叠加在薄膜晶体管（TFT）电路矩阵上来驱动显示屏，从而改善了传统OLED显示屏的性能。而且更节能，可以支持更大的显示器。

电池

智能手机的电池几乎都是锂离子（Li-ion）电池。锂电池由锂钴氧化物正极和碳负极组成。电极被物理分离并悬浮在电解质凝胶聚合物中。锂电池通常装在一个铝制的电池盒中。电池包含一个可连接电极，印刷电路板附加保护功能，以防止因过热、过度充电、短路或强制放电而损坏或起火。

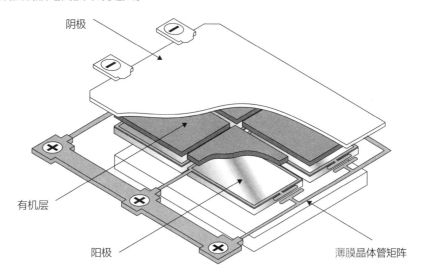

图 2 智能手机有源矩阵（AMOLED）显示屏包括带正电的阳极层、带负电的阴极层、有源矩阵层和有机LED层。图中没有显示的是触摸屏数字化器的图层。

制造过程

智能手机由许多不同的部件组成，每个部件都对应不同的制造工艺。零部件通常由不同的公司按照智能手机设计师的设计规格生产，然后组装在一起。

盖玻片

1. 盖玻片制造，开始是把固体颗粒形式的原料混合在一起。

2. 通过自动控制在超过1 000℃的温度下将混合材料熔化并混合。熔融玻璃含有铝、硅、氧，以及钠离子。

3. 接下来，熔融玻璃被送入一个狭窄的垂直槽结构中，康宁公司称之为"ISO
   管"。熔融玻璃可以从槽的两侧溢出，并从外部向下流动。顺槽而下的熔融玻璃
   沿着底部到达边缘，沿槽两侧回流到一起混合。

4. 一薄层熔融玻璃因其自身的重量从槽的底部拉出，不接触任何其他可能危及玻璃
   质量的材料。现在的玻璃质量很高，光学清晰度很高， 接下来需要做的是增加
   强度。

5. 康宁公司采用离子交换法，用较大的钾离子取代玻璃表面的钠原子。该工艺包
   括在熔融钾盐浴中将玻璃加热至约400℃，钾离子扩散到玻璃表面。当玻璃冷却
   时，较大的钾离子在表面增加一层压应力，而中心则处于张力之下。精确控制应
   力和张力的平衡玻璃可以达到最佳的强度。

6. 另外还增加了一层易于清洁的涂层，有助于防止灰尘和油附着在玻璃上。由于玻
   璃表面没有灰尘和其他残留物，所以不会对玻璃产生摩擦、产生小的划痕，以及
   降低光学清晰度。

有源矩阵有机发光二极体（AMOLED）显示屏

7. 这个行业中大多数都在向AMOLED显示屏发展。这种显示屏是通过在玻璃
   表面上应用一系列功能层来制成的。附加功能层的方法称为有机气相沉积
   （OVPD）。这些功能层是在一个低压加热室中添加的。将氮加热（通常低于
   400℃）并用于将蒸发的有机分子输送到冷却的基底上，它们在基底上凝结成
   薄膜。

8. 首先，清洁玻璃并涂上非晶硅。非晶硅经过激光退火处理后，转变为结构更为规
   整的多晶硅。该透明多晶硅层用作下一层的导电基板。

9. 对于每一个连续的层，在整个表面上涂一种光敏材料。然后通过图案掩模将光照
   射到表面，在某些区域去除感光材料，并在其他区域保留下来保护表面。不受保
   护的区域暴露在化学和电气处理的过程中，这些过程会去除一些底层的多晶硅衬
   底。然后，剩余的光敏材料被移除，基板至此被蚀刻出该层所需的图案。之后对
   每一层重复这个过程。

10. 接下来，敷上阳极层。阳极带正电，并吸引带负电的电子形成电流。

11. AMOLED中的AM代表"有源矩阵"。这一层被敷在阳极层的顶部，并提供一个薄膜晶体管（TFT）矩阵，驱动单个OLED像素。

12. 然后是一层叫作聚苯胺的有机分子导电层，接着是一层叫作聚氟的不同有机分子发射层。有机导电层和发射层是AMOLED被称为"有机"显示器的原因。

13. 最后，添加阴极或负电荷层。阴极释放出将流向阳极的电子。

触摸屏数字化仪

14. 触摸屏或数字化仪器通常夹在盖玻片和显示屏之间。许多层状材料被用来制作电容式触摸屏。

15. 一种像氧化铟锡（ITO）这样的导电材料被成排地印刷在PET塑料片的一面。在第二个步骤中，将ITO印到PET另一面，此时再在列中创建交叉贴图模式。电极触点也打印到PET塑料片的两面，以便连接到一个柔性印刷电路上。

16. 数字化仪通过光学透明黏合剂（OCA）与盖玻片和显示器相连。

17. 一些较新的智能手机采用了一种新技术，将数字化仪直接集成到手机的盖玻片或显示屏上，从而使屏幕更薄、更轻。

多层印刷电路板（PCB）

18. 智能手机内的PCB需要在很小的空间内安装大量的功能模块。一个10毫米厚的PCB可能有8到12层，导电迹线薄至76.2微米。

19. 由绝缘材料制成的覆铜板构成芯板，芯板将在成品印刷电路板内形成两层。将准备多个芯板，每个芯板都有一个用于所需电路设计的图形掩模。

20. 在显影过程中，采用一种光敏层压板覆盖在核心铜板上。光线通过一个负像掩模照射在板上。层压板的暴露区域被改变，在层压板上留下将成为所需电路的图案。使用化学方法去除层压板的未暴露区域，只留下未被遮盖的区域。

21. 接下来，在层压板未暴露保护的地方铜被蚀刻掉。

22. 最后，将剩余的层压板剥离，留下铜迹线。

23. 如前所述，一旦所有的内芯板都准备好并蚀刻完毕，就可以组装多层板。先铺上一层铜的外层，再在其上放一层叫作半固化片的绝缘层。接下来添加内核板，每个内核板与下一个内核板之间都有一层半固化片。在最后一个芯板上，再加一个半固化片，最后一层是铜。

24. 各层通过加热至约185℃并以每平方厘米14千克以上的压力压合在一起。做好的多层板经过修剪以确保边缘光滑平整。

25. 为了安装和层与层之间连接，用数控机床（CNC）在多层板上钻孔、清洁孔，然后电镀，为各层之间提供导电路径。

26. 接下来，对外层铜层进行类似于芯板的处理。有一些区别，但结果是除了需要的地方，多余的铜被蚀刻掉，电路板和迹线都处理完成了。

27. 在PCB的两边都涂有一层耐焊材料保护层。使用类似的遮蔽和显影工艺去除可焊接部件安装垫或孔上的助焊剂。在这些可焊区域通常用金或银做表面处理材料。

28. 此时，电路板可以通过丝网印刷或激光蚀刻做标记。

29. 用数控铣床完成最后的机械加工，以形成完整的印刷电路板。

30. 在进行元件焊接之前，应仔细检查电路板是否存在任何机械或电气故障。

31. 自动贴装机将电子元件填充到PCB中，然后在适当的位置进行焊接。

外壳

32. 根据设计的不同，智能手机外壳的材料和制造方法差别很大。一些智能手机在手机中央使用镁合金一体机身，机身夹在前部的塑料边框和大部分为固体的塑料后盖之间。有些外壳主要是金属的，有时外壳本身是由硬玻璃制成的。

33. 首先做出外壳的基本形状。价格较便宜的手机可能从相当薄的铝板开始，铝板在高压下冲压成型。高端手机则是使用较厚的塑料、金属或玻璃坯料制作的，通过使用数控铣床切割中间区域，为显示器和电子部件腾出空间。

34. 外壳的外缘是通过数控铣床另一系列加工过程加工的。通过采用不同形状的工具，在外壳外部磨出倒角或圆边。

35. 现在一些智能手机制造商使用纳米成型技术（NMT），将塑料直接注塑成型到金属外壳上。这使得外壳更轻、更坚固。

36. 接下来，外壳返回到数控机床上，钻出按钮和连接器（如耳机插孔和USB端口）的孔和槽。在扬声器和麦克风格栅上也钻有小孔。

37. 为了顺利完成外壳表面加工，需要数控车床额外地具有突出的铣削研磨特征和多个抛光过程，每个过程使用更精细的研磨抛光外壳表面。

38. 然后用激光雕刻机在外壳上刻上公司的标志和文字。

组装

39. 与智能手机的其他大部分生产流程（高度自动化）不同，组装通常是由工人手工完成的。当智能手机下线时，每个工人都要检查前一个工人的质量。所以，质量保证是建立在装配过程中的。

40. 首先，组装PCB。可插拔组件，如扬声器、麦克风和独立传感器，如加速度计，并连接在一起。

41. 屏幕上最小的尘埃颗粒对最终用户来说都能看得到，所以屏幕是在一个洁净的房间里组装的，通过0.5微米的过滤器过滤灰尘颗粒。灰尘保持在每立方米1 000个单位以下。工作人员组装显示器、数字化仪，并覆盖屏幕的玻璃层，以及柔性带状电缆和连接器。

42. 智能手机沿着装配线向下传递，每个工人执行一组操作，直到手机组装好，为最终的测试和包装做好准备。

包装

43. 在所有的组装和测试完成后，智能手机将进行工厂重置，以恢复其初始状态。这将删除在测试期间修改的任何数据或配置设置，以便智能手机将准备好供其所有者使用。

44. 每部手机都有一个独特的国际移动设备识别码（IMEI）。工作人员核实IMEI号码，并在手机背面贴上识别标签。有时贴纸在手机内部的电池组下，或在包装上。

45. 智能手机被净化并放置在一个保护性的包装套筒内。

46. 手机自带的所有部件（充电器、说明书等）都放在盒子里。

47. 对箱子进行称重，以确保所有零件不缺失。打印标签贴到盒子上，它们包括一个重量标签，这样分销商就可以验证盒子的内容是否完整。

48. 最后，用收缩膜包装包装盒，准备装运。

质量控制

制造商可能会对新上线的智能手机进行100%的测试，然后逐渐减少，直至很小的测试比例，因为在生产线上已经解决了出现的问题。智能手机个别部件的制造过程中也进行了许多测试。

如前所述，质量控制被集成到智能手机的组装中。组装工人测试智能手机的物理和功能缺陷，包括确保屏幕、扬声器和麦克风正常工作。测试建立整机功耗图以确保它不高于预期，否则可能存在问题。

组装后还要进行质量测试。射频（RF）测试是为了确保手机符合全球移动系统（GSM）和（或）码分多址（CDMA）规范。在这些测试中，电话从智能手机打到工厂里的一个迷你手机发射塔，以此测试通话质量。

质量测试人员还对智能手机进行了客户体验测试。这些测试包括运行手机的各种功能，以确保一切正常。工作人员检查耳机，测试USB连接线和触摸屏，播放视频，并执行许多其他测试。

在包装前的最后阶段，对智能手机进行外观检查。

副产品

智能手机含有有毒物质，包括一些重金属，如六价铬、砷、铍和镉。这些重金属很难作为废物处理，对环境有长期的有害影响。智能手机内部的PCB含有铜、铅、锌、金、铍、钶钽铁矿和其他材料。大多数国家对这些材料的使用和处置都有严格的控制。

未来的智能手机

技术变化很快，很难预测我们将在智能手机领域看到什么样的发展。如果说过去能给我们什么启示，那就是智能手机将继续获得更多的功能，对使用者来说越来越不可或缺。

如今，制造商试图继续扩充智能手机电池容量，为用户想要的所有功能供电。电池技术的进步可能会使设备充电更安全，并增加充电间隔时间。

用户希望屏幕更大、更好，但他们也希望自己的手机更紧凑。制造商已经开始使用柔性OLED材料来制造曲面而非平面的屏幕。未来，智能手机屏幕像卷轴一样展开可能会成为现实。

允许用户使用数字钱包直接从智能手机上购物的应用程序和服务已经存在。数字钱包不是到处都能接受，也不是每个人都能使用，但这种情况在未来可能会改变。随着智能手机使用率接近100%，智能手机用户和他们购买手机的公司都将受益于数字货币的广泛使用。

感烟探测器

发明人：伦道夫·史密斯（Randolph Smith）和肯尼斯·豪斯（Kenneth House）
于1969年发明了感烟探测器。
美国年销售额：约4亿美元。
顶级品牌：凯德（Kidde）和第一警报（First Alert）。

尽管美国自1951年起就有离子感烟探测器，但由于其价格昂贵，最初只在工厂、仓库和公共建筑中使用。

感烟探测器是一种能够感知建筑物中存在的烟雾，并向居住者发出警报的设备，使居住者在吸入烟雾或被烧伤之前能够逃离火灾。安装至少一个感烟探测器的家庭可以使他们在火灾中死亡的几率降低一半。在20世纪70年代早期，平价感烟探测器得到广泛使用。在此之前，美国每年因家庭火灾造成的死亡人数平均为1万人，但到了20世纪80年代初，这一数字下降到每年不到6 000人。

感烟探测器类型

目前生产的住宅型感烟探测器有两种基本类型。光电感烟探测器利用光束探测烟雾。当烟雾粒子遮挡光束时，光电管会感应到光强度减弱并发出警报。这种类型的探测器对释放大量烟雾的阴燃火灾反应最快。

第二种感烟探测器被称为离子式感烟探测器，它能更快地探测到产生少量烟雾的火灾。它利用放射性物质使离子室中的空气电离（产生带电粒子）；烟雾的存在会影响两个电极（导体）之间离子的流动，从而触发警报。

在美国，国家消防协会（NFPA）建议安装光电和离子双传感器烟雾探测器。

虽然大多数住宅型感烟探测器都是独立的单元，使用9伏电池供电，但美国部分地区的建筑规范现在要求，在新住宅中安装的感烟探测器必须与住宅线路相连，并提供应对停电的备用电池。

 ## 早期感烟探测器

1939年，瑞士物理学家恩斯特·梅里（Ernst Meili）发明了一种能够探测矿井中可燃气体的电离室装置，从而使这些类救生设备得以发展，真正的突破是梅里（Meili）发明了一种冷阴极管，它可以将探测机构产生的小电子信号放大到足以触发警报的强度。

尽管自1951年起，美国就有离子感烟探测器，但由于其价格昂贵，最初只在工厂、仓库和公共建筑中使用。直到1971年，民用离子感烟探测器才走向市场。每台探测器的价格约为125美元，每年的销量为几十万台。

从1971年及接下来的5年里应用技术取得了较大进步，感烟探测器的成本降低了80%，1976年和1977年的销量分别达到800万台和1 200万台。那时，固态电路已经取代了早期的冷阴极管，从而大大减小了探测器的尺寸和成本。更节能的警报器使人们可以使用常用尺寸的电池，电路现在可以监控电池的电压和内阻，并在需要更换电池时发出信号。新一代探测器还可以使用更少的辐射源材料，并对感测室和感烟探测器外壳进行了重新设计，以便更有效地工作。

今天的感烟探测器

与离子感烟探测器相比，更多的家庭和企业使用光电感烟探测器，但双传感器探测器正变得越来越普遍。

一些感烟探测器中还装有一氧化碳探测器。一氧化碳是由燃烧燃料产生的，如火炉、煤气烘干机和灶台上使用的燃料。一氧化碳的积聚是危险的，因为它会阻碍人体在血液中输送氧气的能力。由于它是无色无味的，建议在家里一氧化碳源附近安装探测器。但是，这是两种独立的探测器，把它们放在一个感烟探测器中可能不合适。

目前推荐使用互连警报，并且将用于所有新建住宅。制造商正在试验智能感烟探测器，它可以与用户智能手机上的自定义应用程序进行通信。

除了传统的电子喇叭外，制造商还为听力受损的人提供了频闪灯，以及录制语音警报功能。

感烟探测器的材料

离子感烟探测器的外壳由聚氯乙烯或聚苯乙烯塑料制成，它是由小型电子报警喇叭、装有各种电子元件的印刷电路板、检测室和参考室组成，每个检测室和参考室包含一对电极和放射源材料。

镅241（Am-241）是一种放射性物质，自20世纪70年代末以来一直是离子感烟探测器的首选源材料。它非常稳定，半衰期为458年，通常是和黄金一起加工，并密封在金银箔中。

应妥善处理离子感烟探测器，不允许焚烧，以免把放射性物质释放到空气中。

光电感烟探测器包含了一个光电二极管和一个红外LED的光室。

制造过程

　　生产离子感烟探测器有两个主要步骤。一个是将镅–241制成可安装在检测室和参考室中的形体（通常为箔）上。另一个是用单独部件，或从现有放射源材料制造商处购买预制检测室和参考室，然后组装成一个完整的离子感烟探测器。

　　光电感烟探测器包括一个用于容纳光电二极管和红外LED的光室、一个电路板和外壳。

　　双传感器探测器是将两组组件集成到一个装置中。

放射源（仅用于离子感烟探测器）

1. 制作过程从获得镅–241氧化物开始。这种物质与黄金充分混合，加压并在800℃以上的温度下熔化，形成一个坯块。该坯块采用银背和金或金合金前盖，经热锻密封。然后，坯块通过几步冷轧处理，以达到所需的厚度和放射性发射水平。最终的厚度约为0.2毫米，黄金覆盖层约占厚度的1%。由此产生的箔条宽约20毫米，被切割成1米长。

2. 圆形离子室源元件从箔条上冲出。每个圆盘直径约5毫米，安装在一个金属支架上。将支架上的薄金属边缘翻转以完全密封圆盘周围的切边。

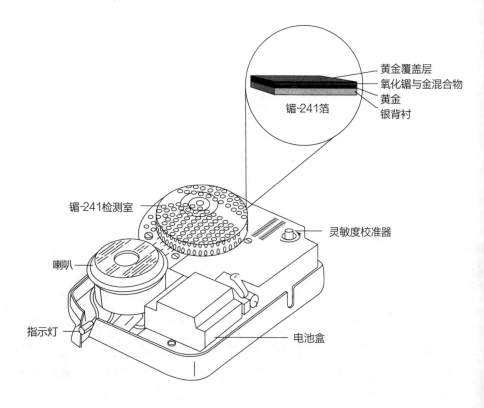

黄金覆盖层
氧化镅与金混合物
黄金
银背衬

镅-241箔

镅-241检测室

灵敏度校准器

喇叭

指示灯

电池盒

图 1　离子感烟探测器设有报警喇叭、印刷电路板和含有放射源材料的检测室、参考室。

检测室和参考室

3. 离子感烟探测器，一个放射源材料圆盘安装在检测室中，另一个圆盘安装在相邻的参考室中。电极安装在两个室中，电极通过外部引线从室底部引出。

4. 光电感烟探测器的光室系注塑成型，上面开有适合光电二极管和红外LED使用的孔。

在装配过程的几个阶段中进行测试和检查，以确保产品质量可靠。

电路板

5. 印制电路板是根据设计原理图，在板上给元件引线冲孔，并在背面敷设形成电流路径的铜线路。在装配线上，各种电子元件

（二极管、电容器、电阻等）被插入板上对应的孔中。并修剪掉延伸到板背面多余的电子元件引线。

6. 在印刷电路板上安装检测室和参考室（离子型），或光室（光电型）和报警喇叭。

7. 电路板经过波峰焊机，波峰焊机将电子元件焊接到位。

外壳

8. 塑料外壳由安装底座和盖组成。这两种材料都是通过注塑成型工艺制成的。此工艺中，粉末塑料和成型颜料混合、加热，加压压入模具，然后冷却，最终形成成品。

质量控制

总装

9. 电路板装在塑料底座上。同时装一个测试按钮，用于设备安装后的定期测试。再在底座上增加一个安装支架，装上盒盖完成组装。

10. 感烟探测器、电池和用户手册一起装在包装纸盒中。

感烟探测器未来发展

你会看到未来感烟报警器会做到更多的互联互通，它可连到家庭安全系统、住所WiFi和智能手机上。

美国国家标准与技术研究所（National Institute of Standards and Technology）与建筑消防研究实验室（Building and Fire Research Laboratory）的研究人员发现，木材、塑料和干墙等各种类型的房屋材料在快速加热过程中膨胀，会发出可识别的声音。压电

（晶体状矿物质受压引起的极化现象）换能器（电能转换成声能的装置）甚至在材料真正开始燃烧之前就能探测到这些声音。这将特别有助于在火灾发生前探测到建筑物墙壁内过热的电线。

记得换电池

记住：每年更换电池和在第一时间安装感烟探测器一样重要。根据NFPA的数据，12个家庭中有11个安装了感烟探测器，但其中三分之一是无用的，因为电池要么丢失了，要么没电了。因此，该协会建议感烟探测器的使用者最好选在每年某个纪念日同一天更换电池，像生日、周年纪念日或秋天的日光节约日。电池和感烟探测器应该每月至少检查一次，以确保它们都能正常工作。

条形码扫描仪

发明人：伯纳德·西尔沃（Bernard Silver）和诺曼·约瑟夫·伍德兰德（Norman Joseph Woodland）。

1952年7月，两位美国工程师伯纳德·西尔沃和诺曼·约瑟夫·伍德兰德，在宾夕法尼亚州的费城取得了最初的条形码专利权。

起源：条形码最初设想是为超市开发的，但是其技术最早为铁路行业所采纳使用，他们在火车车厢上贴上条形码，使火车车厢与相应的列车相匹配。

条形码扫描仪全球年销售量：120亿台。

主要制造商：康耐视（Cognex）、德立捷（Datalogic）、霍尼韦尔（Honeywell）、施克（SICK）、斑马（Zebra）。

条形码的专利权在1952年就被授予，但在专利发布了12年后才首次投入使用。1974年6月26日是扫码界历史性的一天，在俄亥俄州的特洛伊（Ttoy Ohio）收银台，收银员扫描了第一个带有条形码的产品——10只装的箭牌果味口香糖。这包口香糖目前正在史密森尼学会的美国历史国家博物馆展出。

一维（1D）和二维（2D）条码

线性条形码是一组可以用特殊扫描仪读取信息的代码。最常见的是超市里随处可见的通用产品代码（UPC），黑白条纹列成一排，条纹底部印刷一行数字。线性条形码储存一维（1D）数据，出现在杂志、麦片盒子、糖果包装纸、汽车、图书馆卡片上，包括本书的背面。一维条形码只在一个方向（一般是水平方向）表达信息，而在垂直方向不表达任何信息，其一定的高度通常是为了扫描仪的对准。

最近你可能注意到了二维（2D）快速响应（QR）代码，这种代码以小方块组成的形状出现在各种物品上。在水平和垂直方向的二维空间存储信息的条形码叫二维码。美国邮局、联合包裹服务公司（UPS）、航空公司、医疗保健供应商和许多其他地方使用了另外一种二维码——PDF417码。严格地说，二维码（2D）不是条形码，但是很多人仍然习惯这么称呼。因此，我们在本书中使用一维码和二维码这两个术语来表述。

条形码可以由激光扫描仪或成像仪来读取。激光扫描仪能非常迅速地将光线照射到条形码上，并将反射光线解码。成像仪使用相机拍下条形码的图像，然后由专门的软件解读条码信息。

这两种条形码扫描仪有各种不同样式。有固定不动的，比如超市的柜台扫描仪，购买的商品从固定不动的扫描仪下方通过即可完成扫码；或者是手持式的扫描仪；甚至是无线的，用于移动式操作。

激光扫描仪

激光扫描仪利用自身光源照射条形码，再接收反射的光线。也就是，激光扫描仪捕捉并记录下反射光和非反射光的模式（照射到白条上的光全部反射回来，照到黑条上光线几乎全被吸收，没有反射光），然后将这种模式转换成计算机可以管理的电信号。大多数激光扫描仪只能读取一条形码。

接下来说说激光扫描仪的工作原理。

要将按照一定规则编译出来的条形码转换成有意义的信息，需要经历扫描和译码两个过程。物体的颜色是由其反射光的类型决定的，白色物体能反射各种波长的可见光，黑色物体吸收各种物体的可见光，所以当条形码扫描仪光源发出的光在条形码上反射后，反射光照射到条形码扫描仪内部的光电转换器上，光电转换器根据强弱不同的反射光信号，转换成相应的电信号。电信号输出到条形码扫描仪的放大电路增强信号之后，再送到整形电路，将模拟信号转换成数字信号。白条、黑条的宽度不同，相应的电信号持续时间长短也不同。要知道条形码所包含的信息，则需根据对应的编码规则（如UPC码）将条形符号转换成相应的数字、字符信息。最后由计算机系统进行数据处理和管理，物品的详细信息便被识别了。

图 1 从左至右条形码示例：用于众多产品的UPC码、美国邮政使用的PDF417码、二维码

第一台条形码扫描仪需要人工专注操作才能进行扫描，它使用了非常简单的发光二极管光源（而不是激光）照射条形码。用一个光电二极管检测反射，将反射光转换成电信号。光笔式扫描仪是最原始的扫描方式，需要用手移动光笔，还要与条形码接触，因为它狭窄的光源只能分辨出笔尖的条形和条形之间的差异。到了20世纪70年代中期，激光扫描仪诞生了。通过一个激光二极管发出一束光线，照射到一个旋转的棱镜或来回摆动的镜子上，产生一种更强的光——一束激光。激光扫过条形码表面，无需人工移动扫描仪或移动含有条形码的物品。激光技术大大提高了扫描的速度和可靠性。

后来用全息图（被光线照射时表现得像三维物体的摄影图像）代替镜子，它的作用就像一面镜子，但重量比镜子轻并且易于机动。早期的扫描仪是通过旋转一面镜子来工作的，而全息扫描仪是通过旋转一张记录有一个或多个全息图的光盘来工作的。

1980年，全息扫描仪在零售终端上市。因为全息圆盘比镜子更容易旋转，可以通过在同一个圆盘上放置不同的全息图区域来反射不同方向的光，全息扫描成为首选。这有助于解决条码定位问题，也就是说，代码不再需要直接面对扫描窗口。

现代的条形码扫描仪读取信息的速度达到每秒数百次，有多种不同的读取信息的方法。如果你在收银台里观看激光扫描仪的表面，你会看到许多纵横交错的光线。之所以采用这种方式，是因为它可以读取任何方向的条形码。

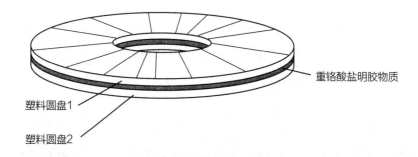

重铬酸盐明胶物质

塑料圆盘1

塑料圆盘2

图 2　旋转的全息光盘由一种化学物质组成：重铬酸盐明胶（DCG）。重铬酸盐明胶，夹在两个塑料圆盘之间。

重铬酸盐明胶是一种活性优良的全息记录材料，具有高分辨率、高信噪比、低吸收等特点，已经在全息显示、全息光学元件、全息存储方面取得较好的应用。

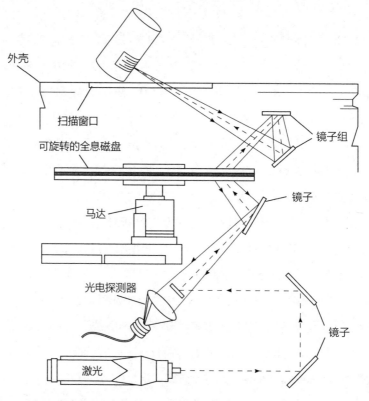

外壳

扫描窗口

可旋转的全息磁盘

马达

光电探测器

激光

镜子组

镜子

镜子

图 3　超市里用全息圆盘激光扫描仪扫描食品、杂货工作原理图。

激光扫描仪非常适合扫描一维条形码。有些甚至可以用来扫描几码（米）以外的项目，这非常方便仓库工人扫描大型项目。不过，由于应用需求越来越多，可以同时读取一维条形码和二维码的成像仪也就变得越来越普及。

区域成像仪

早期的条码成像仪是作为激光扫描仪的替代品而发展起来的，只能读取一维码。线性成像优于激光扫描仪的地方是能读取损坏的或印刷不好的一维条码，所以至今仍有应用市场。

如今成像仪堪称扫描界全能王，可以读取所有种类的条码，既可以读取一维码，又能够读取二维。因为它们比激光扫描仪更不依赖于反光，所以成像仪能够在电脑和智能手机屏幕上或者其他显示终端上读取代码，包括印在纸上或塑料上的标签（代码）。你甚至可以在你的智能手机上找到一个条形码扫描仪应用程序，然后调用手机摄像头，把你手机上的摄像头作为成像器。（请尝试安装一个APP，并读取图1中的一维和二维示例条形码。）

尽管许多激光扫描仪仍在销售中，随着技术的进步和企业对条形码扫描仪能力要求的提高，以及客户需求的旺盛，成像扫描仪的市场份额正在增加，而且很可能会继续扩大。

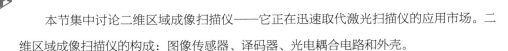

扫描仪材料

本节集中讨论二维区域成像扫描仪——它正在迅速取代激光扫描仪的应用市场。二维区域成像扫描仪的构成：图像传感器、译码器、光电耦合电路和外壳。

条形码扫描仪中，需要各种化学物质和材料来制造用于形成图像传感器的半导体。然后用这些半导体制造光电探测器（当光线照射到它们时，这些半导体可以传输电流）以及高纯度硅的图像传感器内部的支持电路。硅中加入杂质以改变其电学特性。使用耐光性和光反应性的化学品、蚀刻剂和其他化学品制作半导体电路。

使用各种染料和颜料的滤色镜把光分解成红、绿、蓝三种颜色。图像传感器包括微透镜（非常小的透镜），一般由环氧树脂或硅树脂制成。

译码器电路也由硅半导体材料构成。译码器的印刷电路板和集成电路通常含有少量的有毒有害物质，如铅、汞和镉。

条码扫描器的外壳通常是高强度的塑料，但柜台内的条码扫描器通常使用金属外壳。扫描仪外壳上的透明窗口通常是一种合成树脂，称为聚甲基丙烯酸甲酯（PMMA）或烯丙基二甘醇碳酸盐（也用作眼镜镜片的材料）。

用于照明的发光二极管是由如用于红色发光二极管的铝镓磷化铟和用于白色发光二极管的氮化铟镓等半导体制成的。手持式扫描仪的激光二极管也是由半导体制成的。

 制造过程

本节将重点介绍能够同时读取一维和二维条形码的区域成像仪。尽管这些扫描仪可以用于许多不同的需求或场所，但其基本技术是相似的：图像传感器用于捕获条形码的图像，译码器用于读取该图像。

区域成像仪

1. 图像传感器，也称感光元件，是一种将光学图像转换成电子信号的设备。它是由一个像素矩阵构成的，每个像素矩阵包含一个红色传感器、一个绿色传感器和一个蓝色传感器。就像任何其他的半导体集成电路一样，图像传感器也是由硅材料制作而成。制作过程要求洁净的室内条件和专门的工艺，原始的硅片被制作成一组光敏光电探测器。在光电探测器上方形成用于放大和数据传输的半导体层。半导体层之间用于连接的导电金属是通过所谓的淀积技术添加到每一层的。

2. 在光电探测器、晶体管和触点制作完成后，加入一组滤光片。用于制造彩色滤光片的材料因制造商而异。用染料或颜料将某种底材加工为红色、绿色和蓝色的滤光片。滤光片阵列中的每个滤光片元件只允许其特定的颜色通过它下面的光电探测器。

3. 接下来在芯片上制作微镜头，微镜头将入射光聚焦到每个单独的像素上。在滤色片上涂抹一层透明的树脂，使滤色片表面光滑。然后在滤色片上再加一层树脂，在每个滤色镜上形成单独的圆顶透镜（见图4）。

4. 完整的成像仪由像素阵列构成，如一个成像仪可能宽752像素，高480像素。

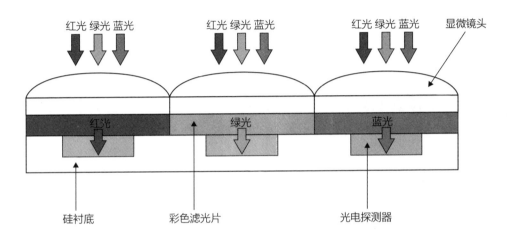

图 4　图像像素的简化视图。每个像素包括用于聚焦入射光的微透镜，滤光片将红色、绿色、蓝色的光分离开，三种颜色的光每一种都有独自的光电探测器。

译码器

5. 条形码扫描仪不仅能读取条形码的光反射，还能处理这些数据，并根据已知的一维和二维条形码的编写规则对其进行解码。为了实现这一功能，条形码扫描仪包含了微处理器、存储器和通信模块，以便将解码后的条形码信息输出到主机系统。这些功能模块集成在印刷电路板上。

6. 成像仪可以直接安装到主电路板上，也可以用电缆或连接器连接到主电路板。

其他功能

7. 条形码扫描仪还具有其他功能，如一种照亮条形码的方法。照明通常是通过合并白色和红色LED后的光线来完成的。手持单元包括一个激光器或用其他方法来瞄准扫描仪一样的东西。另一个常见的功能是，当扫描条码成功时，音频输出会发出"哔哔"声。这些功能可以集成到解码器的电路板中，或者在与主电路板接口的单独的子板上。

外壳

8. 完整的条形码扫描仪组件可以作为一个独立的单元出售给第三方，也可以包装在附件中赠送，或者它可以打包在手持扫描仪或柜台式扫描仪中，作为成品条码扫描仪解决方案出售。最终包装的大小和形状因设计而异。

有些条形码扫描仪可以固定安装，待扫描的物品在传送带上呼啸而过；有些则是在工厂或仓库中对物品进行手持扫描；有些设计具有坚固的外壳，以适应恶劣的工作环境或防止跌落到坚硬的地面上摔坏。

质量控制

质量检查会纳入生产过程的多个环节，完整的扫描仪必须经过几个工作测试才能获得行业认可。比如测试扫描仪测试代码读取的一致性和速度，以及其他标准，如特定符号在给定扫描角度下的读取距离。

现代成像仪可以以每秒60帧甚至更快的速度读取图像。这使得扫描仪可以通过多次扫码从而保证读码的准确性，或快速读取通过扫描仪的传送带上物品的代码。

还要测试扫描仪的纠错能力，即检验扫描仪能否更好地读取某种程度上稍有瑕疵的条形码，如代码含有墨迹、条码宽度不准确等，要求扫描仪必须能够容许代码打印过程中的一些错误，并且仍然能够准确地识别读取代码。

展望未来

更好的条形码正在研制中，读取条形码的扫描仪研制也必须跟上步伐。许多公司正在开发包含第三维度（3D，或蚀刻条形码 ）的条形码，或者使用颜色或灰度来增加可以在其上编码的信息量。

随着图像传感器和图像处理技术的不断完善，成像技术也在不断进步。随着科学技术的发展，未来扫描仪将变得越来越小巧，价格越来越便宜，一些扫描仪将包含多个传感器。这样可以获得更大的景深，也能够有效地扫描移动物体上的条形码。

在大多数情况下，扫描速度越快越好。为了提高检测线的速度，一种新的方法是添加数字版权信息系统。该系统使用半透明水印，可以放置在所有的包装上，而不会模糊产品标签。这可以节约收银员时间，收银员不必浪费时间在扫描前寻找条形码。

条形码扫描仪的成像技术与数码相机和智能手机的成像技术非常相似。因此它们不仅能够读取条形码，还为许多可能的应用程序打开了大门。随着条码扫描仪变得越来越智能，许多公司开始对其越来越多的产品信息进行编码。扫描仪可以用来获取客户忠诚度ID的信息，扫描优惠券，等等。可以想象，未来图像处理和信息存储应用的可能性几乎是无穷无尽的。

服饰穿戴

牛仔裤

发明人：1873年，李维·斯特劳斯（Levi Strauss）发明了牛仔裤。

全世界每年售出的牛仔裤数量：12亿条。

美国年度牛仔裤销售额：137.2亿美元。

据说克里斯托弗·哥伦布（Christopher Columbus）所乘船上的帆是牛仔布做的。

牛仔布可以预洗、预缩、石磨、酸洗、漂白、褪色、过度染色、喷砂或撕破。设计师们甚至修改了牛仔布原始的蓝色基调：如今的牛仔布有多种颜色可供选择。

休闲经典

在一个以变化无常著称的时尚世界里，一个多世纪以来，牛仔裤一直是衣橱里的基本行头。尽管服装的风格会发生变化，但粗布牛仔服仍然很受欢迎，而且每一年、每一季，甚至一代又一代都有需求，只是略有变化。牛仔布料可能会褪色，但这股时尚似乎永远不会消逝。

牛仔裤是用结实而舒适的布料制成的休闲裤。长期以来它们一直是农民、水手、矿工和牛仔们最喜欢的结实的工装裤。在20世纪50年代，埃尔维斯·普雷斯利（Elvis Presley）、马龙·白兰度（Marlon Brando）和詹姆斯·迪恩（James Dean）等好莱坞明星在影片中都穿着舒适、大方的牛仔裤。在那些大牌明星引导潮流的影响下，牛仔裤在当时成为一种时尚的标志。他们对牛仔裤的国际流行风潮起了不可低估的作用。从那时起，学生和年轻人就把牛仔裤当作非正式的制服来穿。如今，牛仔裤几乎受到所有年龄层次人的喜爱。

牛仔布历史悠久。"Denim"（牛仔布）这个名字来自于"尼姆哔叽"（serge de Nimes Dimes），产于法国尼姆，是一种结实的粗斜纹布料。最初它是由羊毛制成的。18世纪时，纺织工人们在布料中掺入棉花；后来，它只是用棉花制成。起初，坚韧的布料被用来制作船帆，后来，一些聪明的热那亚（Genovese）水手决定用这种结实的材料来缝制裤子，或者说"genes"一词就是牛仔裤"jeans"的起源。

牛仔裤是蓝色的，因为牛仔布是用靛蓝植物的蓝色染料染色的。早在公元前2500年，靛蓝就在亚洲、埃及、希腊、罗马、英国和秘鲁被用作染料。牛仔裤制造商之前一直依赖从印度进口靛蓝染料，直到20世纪人工合成靛蓝被开发出来。

众所周知，牛仔裤是1873年由德国移民李维·斯特劳斯（Levi Strauss）发明的。斯特劳斯是旧金山的一位五金店店主，他的库房里额外放置了一些蓝色牛仔布。他注意到，那些涌向加利福尼亚寻找黄金的矿工们需要穿结实的工装裤，便创立了李维斯（Levi's）品牌，设计并销售以"李维斯"命名的牛仔裤。之后的10年间，矿工、农民和牛仔们每天都穿着它们。

最初的李维斯牛仔裤在接缝处并没有安装铆钉。打铆钉是一位名叫雅各布·戴维斯（Jacob Davis）的俄罗斯移民裁缝发明的，起因于一名矿工跟他抱怨说，粗纹布料虽然比其他布料耐磨，但是牛仔裤简单的缝线还是不够结实，没法装很重的矿工工具。于是，这个聪明的裁缝在牛仔裤的承重部位打上铆钉加固。1873年，斯特劳斯以69美元的价格从雅各布·戴维斯那里买下了这个创意，这也就是美国专利申请的价格。接下来的一个世纪里，牛仔裤几乎没有出现其他的变化。

1937年，牛仔裤后袋的铆钉被藏到了里面，因为学校董事会抱怨说，学生的牛仔裤铆钉刮坏了课桌。同样的原因，牛仔们担心铆钉损坏马鞍，父母担心裸露的铆钉会损坏家具以及汽车挡泥板。20世纪60年代，铆钉彻底从后口袋里消失了，后口袋处以条棒形短线代替铆钉固定。

20世纪50年代，牛仔裤开始在青少年中流行。于1954年开始销售带拉链的李维斯牛仔裤，拉链基本上取代了纽扣，尽管至今门襟纽扣仍有一些支持者。1957年，制造商在全球销售了1.5亿条牛仔裤。十年后仅美国消费者就购买了2亿条。1977年，美国人购买了5亿条。当牛仔裤第一次流行起来时，时尚专家认为低成本是他们取得巨大成功的原因。然而在20世纪70年代，牛仔裤的价格翻了一番仍然供不应求。有时制造商为了满足需求，会出售一些不合规格的产品，就是那些有些缺陷平常不会卖的商品。

牛仔裤的需求在20世纪70年代后期实际上有所下降，但随着名牌牛仔裤进入市场，需求出现了短暂的激增。世界各地受欢迎的时装设计师们开始推销自己设计风格的牛仔裤，而且定价极其昂贵。制造商们一直设法寻求市场对牛仔裤需求旺盛的办法。他们仔细分析购买趋势，设计出足够舒适的牛仔裤，以满足各个年龄阶层的人——从婴儿到老年人的需求。令人吃惊的是，96%的美国消费者至少拥有一条牛仔裤。

牛仔裤材料

真正的牛仔裤是由100%的棉布做成的，包括缝纫线也是纯棉的。棉纤维与人造弹性纤维可以混纺，制作的弹力牛仔布肥瘦变体自如。最常使用的染料是人工合成的靛蓝，但牛仔裤也有许多其他颜色。传统的铆钉是用铜制的，但是拉链、装饰件和纽扣通常是钢制的。设计师的标牌是由布料、皮革或塑料制成，有些也会用棉线刺绣在牛仔裤上。

牛仔裤有不同的面料和颜色，下面描述的是仍然流行的100%纯棉牛仔裤生产的工艺流程。

 ## 制作过程

制备纱线

1. 刚从地里摘下来的棉花经轧花机轧好后就成了皮棉，棉花从皮棉到被制成棉线要经过多道工序：把刚送进来的包装紧密的棉包打开并进行检查，然后进入"梳棉"工序（见图1）在此过程中棉花从装有弯曲钢丝齿刷的机器中穿过。这些钢丝刷也叫梳棉刷，可以清除杂质，理顺和拉直纤维，并把棉花纤维收集到一起，此处收集的棉花纤维被称为棉条。

2. 用机器把棉条连接在一起，用力拉抻和捻搓以加强强度，此过程即所谓的"并条"工序。接着进入"纺纱"工序，把这些棉条放在纺纱机上，进一步地拉抻和捻搓纺成纱线（见图1）。

纱线染色　浆纱

3. 有些布料通常是先织造（参见步骤5）再染色，但牛仔布却不同，是先染色后织造。将大团大团的纱线，也就是所谓的经纱，反复多次浸入合成靛蓝染料中，染料是逐层渗透的（见图2），每层吸收染料的多少各不相同，这就解释了为什么牛仔裤越洗颜色会越浅。虽然染色过程中使用哪种化学原料仍然是商业秘密，但据了解，添加少量的硫磺可以使染料的上层或底层固色。

4. 染色的纱线进入"浆纱"工序，在纱线上涂抹一种淀粉类的浆料，俗称上浆，上浆使纱线变得坚韧。至此染色的纱线——经线可以和无须染色的纬纱上机编织布匹了。

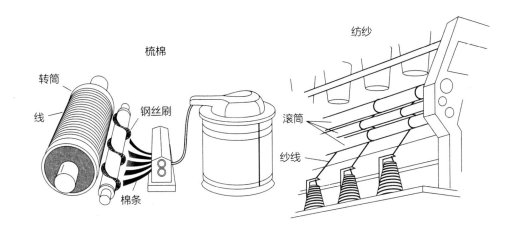

图 1   牛仔布生产的前两个步骤是梳棉和纺纱。

图中标注：纺纱、梳棉、转筒、线、钢丝刷、棉条、滚筒、纱线

织布

5. 接下来使用大型织布机将棉纱织成布匹（见图2）。牛仔布并不是100%的纯蓝色，因为它是由蓝色的线构成布匹的经线（长的、垂直的线）、白色线构成布匹的纬线（较短的、水平的线）经纬交织而成的，只不过蓝色线比白色线排列得更紧密，所以看起来是蓝色的。

6. 机械织布机与普通的手工织机使用基本相同的织造程序，但体积更大，速度更快。现代的"无梭子"织机使用一种非常小的载体代替传统的梭子把纬线织入经线当中，一周可以生产2 743米的布料。每超过914米的布料就可以卷成一大卷。

7. 以上只是完成牛仔胚布，接着就是"整理"工序了。"整理"指的是对织造后的布料进行各种处理。刷去布料表面的棉绒和线头，钉紧松散的缝线以防缠绕。布料也可以进行砂磨或预缩处理。经过三次洗涤后，砂磨处理的牛仔布的收缩率不应超过3%。

牛仔裤的制作

8. 一旦选中某个设计方案，多达100层的布料被铺在一张大桌子上进行裁剪。过去人们是从厚纸或硬纸板上剪下图案，然后依样画在布匹上，以便工人用纺织裁剪机进行裁剪。现代工厂使用程控高速裁剪机（见图3）。一个样式可能有多达80

种不同的尺寸。除了铆钉、纽扣和拉链，一条牛仔裤大约包含10到15个不同的部分，包括口袋、裤腿、腰头和裤绊。

9. 接下来是缝纫。缝纫一般都是流水线作业，由成排的缝纫工在缝纫机上进行操作。每个缝纫工被分派专门从事一种工作，如缝制牛仔裤的后口袋等。

10. 后面的口袋往往会有刺绣图案。一名工人把裁剪成口袋的牛仔布拉伸在绣环上，自动刺绣机将程序设计好的图案绣到口袋布上。

11. 一名缝纫工将口袋与裤腿缝合，另一名将两片裤腿再缝合在一起，还有一名缝上腰头—— 一条带状的布料；再装上裤绊、纽扣和拉链；最后的工序是把铆钉压在特定的接缝处并缝上有关制造商信息的标签。

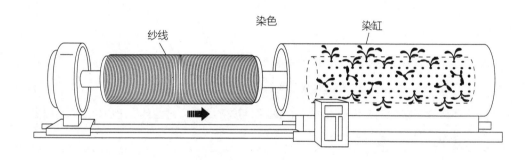

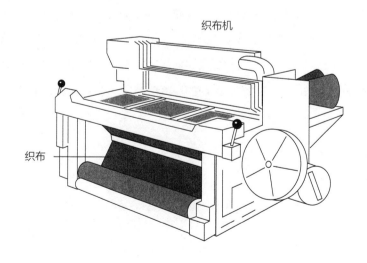

图 2 织布之前，纱线要在染缸里浸几次以便染料层层渗染。

12. 有些牛仔裤经过预洗和石磨以改变外观或质地。"预洗"是指用工业洗涤剂短时间清洗牛仔裤使其变得柔软。在洗水中加入一定大小的浮石以达到做旧和褪色效果。水洗中加入2.5厘米或更小的石头打磨使布料褪色更均匀，而10厘米的大石块用于突出接缝和口袋处不均匀的褪色和做旧效果。

13. 剩下的就是将牛仔裤熨烫，一台大型熨烫机熨烫一条完整的牛仔裤大约只需一分钟。然后打上尺码标签，再把牛仔裤折叠、堆在一起，接下来根据样式、颜色和尺寸装入盒中。成品牛仔裤储存在仓库里，直到被打包装进运输用的纸板箱，通过火车或货车送到商店销售。

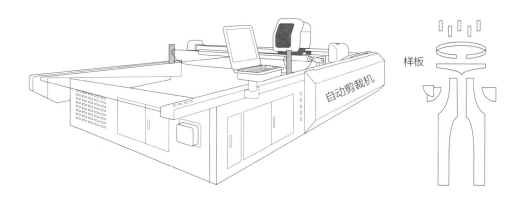

图 3 从一摞厚达100层的布堆上裁剪下牛仔裤的各个部分，拼接缝合成牛仔裤。缝纫工作是由工人操作缝纫机在流水线上完成的。

副产物

布料的制造需要用到许多化学物质。染色、砂洗等每一处理过程都会产生副产物，其中大部分是可生物降解的，对环境无害。

然而牛仔布生产过程中也有一些副产物是有害的，如淀粉和染料等。这些废物不能倾倒在溪流或湖泊中，因为它们会污染水源、损害植物、伤害动物。制造商必须依法处置这些有害物质。

质量控制

棉花是一种很受欢迎的天然纤维，因为它既结实又柔韧。牛仔布制造商检验所有棉包的颜色、纤维长度和强度。强度是通过用重力拉棉花纤维来测量的。棉纤维断裂所需重力的大小决定了棉花的强度等级。

成品牛仔布要仔细检查有无瑕疵。每一个缺陷都按照政府规定的标准进行评级。非常小的缺陷记一分，主要缺陷最多记四分。劣质布也可以贴上"破损"的标签出售。牛仔布还须测试耐久性和缩水率。为了检验样品布是否能穿，要经过多次的洗涤和干燥。

成品牛仔裤也要检查。如果发现是可以改正的问题，牛仔裤会被送回重新缝纫并再次接受检查。检查纽扣的大小是否与扣眼匹配。检查装饰片、金属纽扣和铆钉的强度和防锈性能。拉链必须足够坚固，能够承受厚重布料的压力，因此样品拉链要经历数百次的开、合测试。

未来的牛仔裤

牛仔裤从设计之初到现在基本保持原样，其广泛的通用性足以满足市场需求。现在设计师们设计出新的风格、颜色的牛仔裤，并一直使用新的混合面料。甚至你也可以高价购买定制的牛仔裤。

工厂的缝纫作业一直很难实现自动化，主要是织物的弹性难以处理。当然也有一些公司在致力于自动缝纫机的研发，随着技术的进步，相信未来会实现自动缝纫。

有机牛仔裤

科学家和有机作物农场主莎莉·福克斯（Sally Fox）自1982年以来一直在她的亚利桑那州（Arizona）农场开发和种植柔软的绿色和棕色的天然棉花。她希望有一天能培育出黄色、红色和灰色——但绝不是蓝色（棉花基因中不存在这种颜色的染色体）的棉花。通常情况下，棉花的颜色是通过染色工艺得到的。

"Foxfiber Colorganic"是她的棉花商标，这种彩色有机棉具有的另一个优势是无需漂白和染色——所以生产过程中不会产生有害的副产物，而且洗后也不会褪色。

跑鞋

美国运动鞋年销售总额：175亿美元（其中约四分之一是跑鞋）。

最大的销售商：耐克公司，全球销售额为198亿美元。

始于足下

人的每只脚有26块脆弱的骨头。每条腿含脚部共有30块骨头。通常我们两只脚大小不同，如果是这样，那建议你买一双更大的鞋，然后在另一只鞋里垫上鞋垫。

跑步者"踩到地面瞬间"落地的力量（地面的反作用力）相当于自身体重的两到三倍。为了缓解这种力量的冲击，运动鞋制造商试图在鞋底夹层加入空气、凝胶、泡沫、液体、气体、塑料，甚至是小橡胶球。

一般人希望买到的鞋子既舒适又美观。运动员则不同，他们的要求更高，他们还需要支持、保护并且提高自己的运动成绩。为提高运动成绩，制造商、医学顾问包括跑步者大家一起努力，希望制造出更好的鞋子。跑鞋在过去的30年里发生了巨大的变化，这没什么可大惊小怪的，因为越来越多的人参与比赛，或者为了娱乐和健身，他们参加各种各样的运动，像慢跑、远足、散步和跑步等。

1960年罗马奥运会上，埃塞俄比亚长跑运动员阿贝·比基拉（Abebe Bikila）在马拉松比赛中获得金牌。看到他光着脚完成这一壮举，全世界的鞋厂都感到震惊。

古希腊人早就开始了跑步这项运动，强健的体魄和健全的思想深深地扎根于他们的文明当中。在古希腊的竞技赛中，运动员光着脚，而且常常是赤身裸体地参加比赛。后来罗马人坚持让他们的使者穿着薄底凉鞋去跑步。几个世纪以来，随着制鞋技术的发展，经久耐用的皮革一直深受人们的喜爱。1852年第一双专为跑步设计的鞋问世，历史学家注意到，当时的跑步者穿着钉鞋参加了比赛。

1900年，第一款运动鞋，或称通用运动鞋被设计出来。这款运动鞋主要由帆布制成，其特点是具有舒适的橡胶镶边，这是1839年查尔斯·固特异发现硫化橡胶后才可以制成的。固特异在加热橡胶并将其与硫磺结合时，赋予这种应用范围有限的旧产品一个新的生命。这种硫化过程防止了橡胶硬化和失去弹性。在运动鞋中，橡胶鞋垫有助于缓冲在硬地面上跑步的冲击，但它持续的时间不长。橡胶不够结实，经不起跑步者的艰苦训练，所以皮革很快就成为跑鞋的首选材料。

但皮革远非理想的制鞋材料。皮鞋除了价格昂贵外，还会磨伤运动员的脚。穿跑鞋的人不得不购买麂皮或者羊皮做的鞋垫以获得更多的保护。

一个称作"老先生"的苏格兰人里金斯（Richings）想出了解决办法，他发明了一种特别定制的鞋。这种鞋有一个无缝的脚趾盒，这种脚趾保护装置只是在鞋头和鞋里衬之间插入一块材料，并用一种硬化物质处理。脚趾盒可以保护脆弱的脚趾免受摩擦。

1925年，德国鞋匠阿道夫·达斯勒（Adolf Dassler）与兄弟鲁道夫（Rudolf）合伙开了一家公司，专门制作运动鞋。达斯勒的跑鞋提供了足弓支撑和快速系带，高品质的运动鞋很快赢得了包括一些奥运选手在内的杰出运动员青睐。

达斯勒兄弟后来分开，各自成立了自己的独立公司。阿道夫创立了阿迪达斯（Adidas）公司，鲁道夫创立了彪马（Puma）公司，这两家公司至今仍是运动鞋界的两大巨头。20世纪中期，出现了另一家跑鞋制造商——新英格兰的海德体育公司，其强项是制造足球鞋。1949年对海德（Hyde's）跑鞋的描述是：袋鼠皮、沿条构型（沿条是用来连接鞋帮和鞋底的带子）、弹性三角封盖（鞋帮上的三角形皮革片）和附有皱纹橡胶的皮革鞋底。

在20世纪中期，赢得1951年波士顿马拉松赛冠军的日本选手田中茂木（Shigeki Tanaka）穿了一双不同寻常的跑鞋。这个鞋子的名字叫"老虎"，是仿照传统的日本鞋设计的，这种鞋把大脚趾和其他四个脚趾分开。

在20世纪60年代，一家名为纽巴伦（New Balance）的公司开始研究跑步对脚的实际影响。作为这项研究的成果，纽巴伦在骨骼系统研究的基础上开发了一款新的跑鞋，鞋底有波纹，后跟是楔形的，可以吸收震动。

从海滩到奥运会

虽然鞋子和防护鞋已经有几千年的历史了，但是第一双胶底鞋［众所周知的"橡胶底帆布鞋"（Plimsolls）］是由利物浦（Liverpool Rubber）橡胶公司生产的，它是一种沙滩休闲鞋。1916年，美国橡胶公司将其旗下所有的鞋类品牌合并为一个名称——"Keds"，并于1917年生产了美国第一双适用于普通大众的运动鞋。但是要想占领职业运动员和各个年龄段儿童需求的高端运动鞋市场，还有包括顶尖设计等很多的工作要做。1962年，前俄勒冈大学学院赛跑运动员菲尔·奈特（Phil Knight）加入了运动鞋行业。奈特的鞋子采用了华夫饼形状的鞋底、楔形鞋跟、有缓冲的中底，以及比帆布鞋更轻的尼龙鞋面。10年后，忙于俄勒冈州尤金（Eugene）市的奥运会选拔赛的奈特，正式推出以希腊胜利女神命名的耐克（Nike）运动鞋。

随着跑步运动越来越流行，跑步者对鞋的要求也越来越高，希望在运动中能穿上减少伤害的鞋子。很多跑步者要求运动鞋既轻便又能提供支撑。发明于第二次世界大战期间的尼龙，显然满足了这一要求，开始取代以前用来制作跑鞋的较重的皮革和帆布。

现如今，舒适的跑鞋已不单单是跑者的专享。制造商会根据不同运动特性设计出不同类别的运动鞋，如篮球、网球、棒球、足球、交叉训练、健美操等运动的运动鞋应运而生。几乎所有热爱舒适和时尚的人都穿上运动鞋，而不仅仅是运动员。即使是穿着正式的上班族也开始在上下班的路上换上跑鞋。只要不是非常正式的场合，你会发现穿着运动鞋的人们来回穿梭，而那些一天大部分时间都站着工作的人更是独爱拥有良好舒适性和支撑力的鞋子。消费者在跑鞋和其他运动鞋上花费了数十亿美元。专家指出，大多数人购买跑鞋是因为穿着舒适，而不是要参加什么运动。

品牌运动鞋制造商设计一种鞋内支架系统，可以减少或阻止脚向内或向外的扭转。支架系统有助于跑步者的脚在鞋内沿着直线和限定的范围内活动。

跟腱软组织
跟腱是一种连接脚后跟骨和小腿肌肉的坚韧软组织。它以希腊神话中的英雄阿基里斯（Achilles）的名字命名，阿基里斯唯一的弱点就是他的脚后跟。

跑鞋材料

跑鞋可能有多达20个部分，且有多种材料组合而成。下面所说的几个部分都是最基本的，每双鞋有两个最主要部分组成：鞋面，覆盖了脚的顶部和两侧；鞋底，与地面接触的部位。

鞋底有三层：内底、中底和大底（见图1）。

位于鞋内的内底也包含拱形支撑（有时称为"脚掌拱形片"）。内底是由轻质薄层缓冲材料制成的，它们通常是乙烯醋酸乙烯酯（EVA）泡沫、开孔聚氨酯泡沫或闭孔氯丁橡胶泡沫。内底也可以单独购买，然后根据运动员的具体需要添加。如在缓冲层下面增加一层更硬的塑料层来提高支撑作用。

中底是专门为减震设计的，有楔形支撑体。制造商们可能使用不同的材料制造中底。一般来说，中底是由聚氨酯（一种塑料：树脂泡沫）包裹另一种材料，如凝胶或液体硅酮，或由制造商指定特殊品牌的聚氨酯泡沫制造。在某些情况下，可能是聚氨酯包裹压缩空气或热塑性聚氨酯（TPU）胶囊。

大底可以提供牵引力和吸收冲击力。尽管制造商使用各种各样的材料来生产不同质地的大底，但大底通常是由硬的碳橡胶或软的吹制橡胶制成。

鞋表面（称为鞋面），是由合成材料如人造麂皮或尼龙织物制成的，并用塑料片或塑料板塑形，通常带有网眼。也有可能用皮革或尼龙和皮革混搭在一起制作鞋面。穿过鞋眼的鞋带是机织物。

使用不同的构式（或拉帮）技术，将鞋面和鞋底缝合或使用胶水贴合。鞋楦是一个脚鞋的立体模型，可以使鞋面贴在上面，鞋子构形技术包括滑块入楦（鞋面拉在楦头上然后贴在中底），中底板拉帮（鞋面拉在软纸板底部并贴在中底上）和缝帮入楦（鞋面车缝在一块布类中底并套楦后和中底黏合）或者有时综合使用这些技术。缝帮入楦和中底板拉帮非常相似，但中底材料更轻，更有弹性。这也是现在最常见的一种类型，中底板拉帮已经很少用于运动鞋了。滑块入楦更灵活，但提供的支撑更少。

绕着鞋子看（见图1），从前面开始，鞋面的部分是挡泥板，它覆盖了鞋的前部，直到大底的边缘。下一个是脚面，通常是一块单独的材料，形成鞋的形状和提供脚趾空间。鞋面也有附件，如鞋口，其中包含鞋眼片和系鞋带部分。在鞋口下面是鞋舌，它保护脚不直接接触鞋带。鞋面两侧还附着有补强材料。如果缝在鞋的外面，这些补强材料就叫作马鞍；如果缝在里面，就叫作弓带。在鞋子的后面是"领口"，通常在鞋领口的里面有一层跟腱保护材料。"外片"是一种可以塑造鞋子后面形状的材料。在它里面是一个塑料模型叫作后套，支撑着脚后跟。

在过去的30年里，跑鞋有了极大的改进，现在有很多款式和配色。时装鞋设计师专注于解剖学和脚的运动性能。他们通过运用摄影和电脑分析肢体运动的各种因素，包括不同地形及脚的位置对冲击的影响。如果跑步者的脚向内翻转，则称为旋前肌，反之则称为旋后肌。

设计师们把压力点、摩擦模式和冲击力信息输入电脑，电脑根据这些条件进行模拟并做出最佳调整。接下来，通过对慢跑者和专业跑步者的研究，测试并开发样品鞋，为量产定型设计做准备。

制作过程

使用鞋业及联合贸易研究会开发的检验程序对成品跑鞋进行质量测试。检查鞋子是否存在拉帮、黏合、缝合等方面的缺陷。

制鞋业需要大量熟练工人，生产的每个阶段都要技艺精湛和准确到位，靠投机取巧来降低成本只会降低鞋的质量。

由于大多数跑鞋都使用缝帮入楦的方法，这种方法将集中在制造过程中，鞋面是车缝在中底上面的一块轻量柔性材料的底部。

织物的运输和冲压

1. 首先，准备好的合成材料辊筒和染色辊筒，将剪开的和起绒面的皮革（用作鞋面的一部分）送到工厂。

2. 然后，钢模机给鞋样打上标记，用模切机切出带有各种标记样式的部件，以方便组装其他部分（见图2）。这些零件被捆扎和贴标签后，被送到工厂的另一个地方进行缝合。

装配鞋面和内底

3. 将构成鞋面的部分缝合或黏合在一起，然后打出鞋带的孔。这些部件包括鞋脚面、挡泥板、鞋口（包含鞋眼片和系鞋带部分）、鞋舌、补强（如马鞍或弓带）、领口（带有跟腱保护材料）、外片和商标。在这一点上，鞋面看起来更像一顶圆帽子，而不是鞋子，因为鞋面有一层多出的边也叫拉帮边，当它与鞋底黏合时，会在鞋的下面折叠起来。

4. 接下来，鞋内底被缝合到鞋面两侧。在鞋内底插入能使脚跟和脚趾空间变硬的物质。

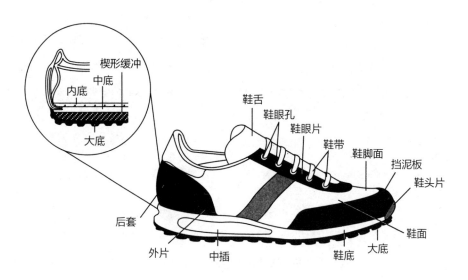

图 1 跑鞋的各部位名称。

连接鞋面和底部部件

5. 制成后的鞋面被加热并套装在鞋楦上——鞋楦是形成鞋的最终形状的塑料模具。然后由一台自动拉帮机把鞋面拉下来。

6. 最后，喷嘴在鞋面和柔性内底板之间涂上胶，机器将两块压合在一起。至此鞋面有了成品鞋的完整形状。

7. 预冲压和切割的中底和大底或楔形物是分层胶结到鞋面的。首先，大底和中底对齐并黏合在一起。接下来，大底和中底与鞋面对齐并放置在加热器加热，胶受热软化，冷却后鞋面和底部贴合起来。

8. 将鞋从鞋楦上取下并检查，刮掉任何多余的胶。

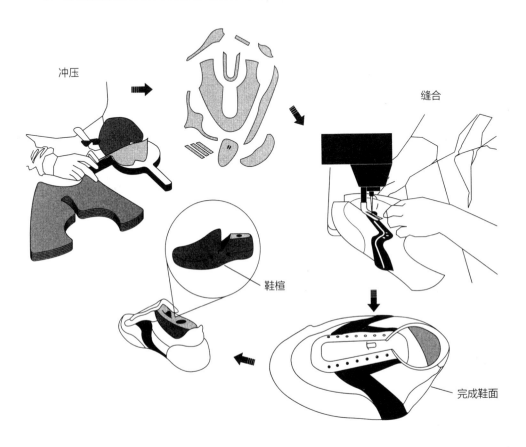

冲压

缝合

鞋楦

完成鞋面

图 2　跑鞋制造的第一步是用模切机（模切机是用于切割、成型或冲压材料的工具）模切鞋零件。接下来，将构成鞋面的部分缝合或黏合在一起。鞋面被加热并贴在一个塑料模具（称为鞋楦）上，内底、中底和大底被黏合到鞋面上。

 质量控制

　　制造商可以使用由鞋业及联合贸易研究会（SATRA）开发的程序来测试他们的材料，并通过该协会设计的设备来测试鞋子的每一种要素。鞋子完工后，检验员就会检查

鞋子是否存在拉帮、胶粘、缝合等方面的缺陷。由于跑步会对脚以及腿部的肌腱和韧带造成伤害，目前正在开发另一种测试方法来评估鞋子的减震能力。

 ## 未来的跑鞋

制造商将持续改进设计方案，使用更轻质的材料，做出提供更好的支撑和稳定性的鞋子。

改进生产工艺可以使得企业更容易根据个人消费者的需求提供定制的跑鞋，高端跑鞋制造商为高要求的运动员提供定制鞋服务成为一种趋势。

装有电子芯片鞋跟的"智能"跑鞋，可以测量跑步者的速度、距离、心率和消耗的能量。该芯片可以与电脑或智能手机通信，以便读取和分析数据。

既然有人愿意继续花费数百万美元购买跑鞋的舒适性，为了争夺这片市场，制造商考虑在生产日常鞋中加入跑鞋的设计，这对普通消费者来说是件值得庆贺的事。

手表

发明人：彼得·亨莱因（Peter Henlein）于1504发明了第一个可携带的但不是很准确的钟表；约斯特·伯基（Jost Burgi）于1577年发明了分针；法国科学家布莱士·帕斯卡（Blaise Pascal）于1642年发明了滚轮式加法器；克里斯蒂安·惠更斯（Christiaan Huygens）于1656年发明了钟摆；布莱士·帕斯卡用一根细绳把怀表系在手腕上，"手表"就这么诞生了。
全球年销售量：12亿只手表。

计时装备发展史

机械式钟表是个精密而复杂的发明，内部装满了轮子、齿轮、杠杆和弹簧。电子式的钟表内部安装的是石英晶片、电路板和微型芯片，它能非常准确地计时，提醒人们按时行事。

有历史记载了希腊人、罗马人、中国人和叙利亚人在计时装置中使用的各种前现代闹钟。在德国，闹钟可以追溯到15世纪；在英国，闹钟可以追溯到17世纪。1787年，新罕布什尔州的列维·哈钦斯（Levi Hutchins）发明了一种带有定时功能的闹钟，可以在凌晨4点叫醒他起床去上班。

有计时工具以前，人类很难做到准时。《爱丽丝梦游仙境》中的白兔也许说得最恰当："我迟到了，我迟到了，去赴一个非常重要的约会。"如何计时？他们看过太阳、听过公鸡的叫声、依靠日晷投下的阴影，以及沙漏中流逝的沙子。而精确计时装置的发明使人类没有了迟到的借口。

最古老的测定时间的方法是观察太阳在天空中的位置。当太阳在头顶上方时，时间大约是中午12点。稍后日晷的发明，人类确定时间的方法不再是完全依赖于个人的判断。白天，阳光照射放置在

钟表学是一门非常精确的测量时间或制作钟表的科学。

标准度盘中心的一根竖杆上，竖杆在度盘上投下阴影，从而产生相对准确的时间读数。

14世纪机械钟的发明是一重大进步，体积更小，计时更一致、稳定。机械钟包括了一系列复杂的轮子、齿轮和杠杆，由落锤和钟摆（或后来的发条）提供动力。这些部件协同工作移动刻度盘的指针来显示时间。之后不久，准确报时的响钟被设计出来，它们在每小时、半小时和一刻钟响起报时的鸣声。到了18世纪，封闭式或密封的小型时钟走入了家庭。

机芯零部件的做工越精细，时钟的精度就越高。从钟表的发明到20世纪中叶，钟表制造技术的发展主要集中于使机芯部件尽可能精确地工作。钟表业想持续发展，钟表科学（时间测量）必须在各种材料加工和专业技能方面有所改进。比如在金属加工技术、小型化和小零件润滑方面取得进展。制表师需要具备加工天然宝石的技能，如红宝石、蓝宝石、钻石或石榴石（以及后来的人造红宝石或蓝宝石）的加工技术。为了降低表内传动件之间的磨损，在承受压力最大的地方使用宝石制作钟表的轴承（珠宝机芯），显著提高了机芯寿命。

在19世纪末，小型怀表的直径大约是5厘米~7.5厘米。到了20世纪60年代，机械手表在美国已成为日常用品，但手表和钟表制造商所面临的核心问题依然未变：机械零件磨损、不准确和损坏。

如今的手表不仅仅是计时工具，它们还给我们带来更多的便利。许多使用石英机芯和机械机芯的模拟手表（带刻度盘长短针指示的）都有些额外功能，如附加时区、日历、月相跟踪器、深度和高度计、计时器等。电子表和智能手表可以添加更多的额外功能。

模拟式手表

机械表机芯（内部使手表滴答作响的部件）使用一系列微小的齿轮、弹簧和其他纯机械零部件。它们不需要电池提供动力，可分为自动上弦机械表和手动上弦机械表两种。手动上弦的有一个小拨盘，称为表冠，需要定期上弦。自动机械表动力是依靠机芯内的一个额外的转子捕获佩戴者移动时的机械能，用来自动给主发条上弦的。极其复杂的机械机芯必须在很小的空间内组装配合起来。

当一块石英被按压时，石英两端会产生电荷。相反，当石英接受到外部的加力电压，就会有变形及伸缩的性质，这就是众所周知的"压电效应"。如果电荷施加到石英上，它就会引起石英以精确的频率振荡。电池提供电压来激活石英晶体振荡并为微芯片中的电子电路供电。

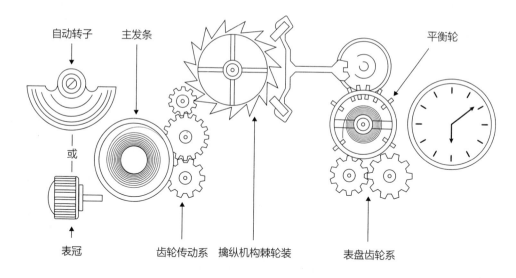

自动转子　　　主发条　　　　　　　　　　　　　　　　　　　　平衡轮

或

表冠　　　　　齿轮传动系　　擒纵机构棘轮装　　　　表盘齿轮系

图 1　机械表机芯将能量储存在主发条中，一般使用表冠给发条上弦，或者通过自动转子捕捉能量传递给发条带动机芯。发条驱动齿轮传动系统，表盘齿轮系通过擒纵机构和平衡轮机构提供动力。擒纵调速机构控制着表盘齿轮传动系的转速，它是机械表的核心。

石英晶体每秒的振动次数高达32 768次，就是说石英晶体以32 768赫兹的频率振动，微型集成电路芯片（简称"微芯片"）是手表的"大脑"，它控制着石英谐振器的振动，并起着分频器的作用。微芯片将该石英振荡频率除以2^{15}从而将振动频率降低到每秒1次。该振荡信号用于驱动步进电机，这是一种特殊类型的电机，它会根据接收到的每个信号脉冲旋转一定的角度。电机驱动一组齿轮，带动手表上的指针转动。

原子时代的计时器——原子钟

在第二次世界大战后的几年里，人们对原子物理学的兴趣导致了原子钟的发展。放射性物质以已知的稳定速率发射粒子。通过齿轮啮合和部件运动来计时的机械钟，可以用一种装置来代替，这种装置在每次放射性元素发射粒子时模仿手表的运动。原子钟通常用于实验室或通信环境中，在这些环境中需要始终保持精确的基准时间。

电子表

随着20世纪70年代、80年代微型集成电路的发展，一种新型的手表被发明出来。晶体振荡器与微型集成电路技术相结合，发明了数字式电子手表。时间可以显示在液晶显示屏（LCD）上，完全取代了传统模拟手表的运动部件。因为电子表内部没有运动的机械装置，所以不存在机械磨损或需要调整的。此外，电子表可以增加各种各样新功能，如计时器、日历和电子闹钟功能等。

随着微处理器变得更小，功能更强大，制造商开始在手表中加入更多的先进功能，智能手表就这样诞生了。智能手表通常配备液晶触摸屏，通过蓝牙、WiFi、近场通信（NFC）或移动电话进行无线通信和全球定位系统导航，当然要实现这些功能还得预装许多应用程序。智能电子表安装上"健康追踪app"，变身为智能健康跟踪器设备，实时监控佩戴者的心率、步数等。

买得起的计时器

曾几何时，手表是皇室或富人们的专属。自1969年日本精工发明了石英表后，手表价格变得便宜。直至后来数字手表的出现，不断降低的价格更加亲民，几乎任何人都买得起一块手表。虽然石英表和数字手表更准确，但还是有许多人喜欢复杂而精密的机械表。

手表材料

虽然智能手表越来越受欢迎，但大多数人仍然使用更传统的石英表或机械表。因此，本节和制造工艺部分将重点介绍具有运动机芯型的手表。

机械表机芯将能量储存在主发条中，并通过擒纵机构和平衡轮的计时机构将能量传递给一系列复杂的齿轮。机芯的齿轮、销、轮、枢轴、齿和弹簧都是由金属制成的，一般是黄铜和钢。为了使机芯运转平稳，轴承通常由合成红宝石或蓝宝石制成，降低了活动件之间的摩擦力，延长了使用寿命。

石英机芯使用人造石英作为其晶体振荡器。电子器件的微型芯片是由硅制成的。对于数字手表来说，液晶显示器由夹在玻璃片之间的液晶组成。零件之间的电接触通常是由少量的黄金（或镀金）制成，这是一种近乎理想的导电体，但使用量很少。

不管手表里面的机芯是什么，表身或表壳都可以由多种材料制成。最常见的是不锈钢，但从塑料到贵金属等各种材质的表身都有。手表表带也可以由许多不同的材料制成，金属、皮革、塑料和合成纤维都很受欢迎。手表正面的表蒙子清晰显示手表的指示值。表蒙子可以由玻璃、丙烯酸、矿物晶体（合成玻璃的一种）或蓝宝石制成，蓝宝石最防刮耐划，但价格也是最贵的。

 制造过程

如今许多手表制造商从其他制造商那里订购机芯，将其组装到自己设计的机身和表带中。还有一些手表制造商则是将手表的每一个零部件交由自家制造。

本节的前两部分描述机械机芯和石英机芯的制造过程。之后的机械表和石英表的制造工艺基本相同。

机械机芯

1. 机械表机芯可能包含成百上千个精密加工和精确组装的零件。零件的数量取决于具体的机芯设计。虽然非常高端的奢侈品手表可能完全由高超技能的工匠手工制作，但大多数机械表的零部件都是由计算机控制的铣削、切割和抛光机加工工艺完成的。

2. 在高度自动化的制造过程中，同一种零件一次可以加工成形许多个，如同拷贝。例如，根据特定齿轮的图样可以用激光切割成数百个黄铜薄片。切割后的零件再在另一台机器上打磨抛光。

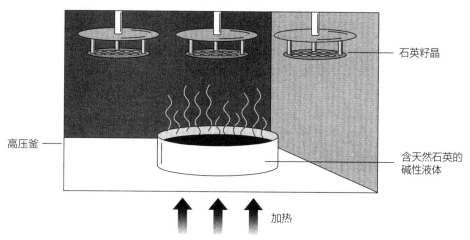

石英晶体的"生长"

石英籽晶

高压釜

含天然石英的
碱性液体

加热

图 2　在自然状态下，石英首先被装入一个大釜或高压釜中。悬挂在高压釜顶部的是理想晶体结构的籽晶或微小的石英颗粒。将含有天然石英的碱性物质泵入高压釜底部，高温加热，使石英溶解在高温碱性液体中蒸发，并沉积在籽晶上。

3. 由于机芯结构机理的微妙和复杂，大多数的机械机芯仍然需要一定程度的手工装配和调整。这是一项高技能的工作，需要训练有素的工人与非常稳定的双手在放大镜下精心的操作。

4. 一旦所有的零部件组装完毕，完整的机芯就可以装配到同一厂家生产的手表中，或运往第三方制造商那里装配到手表的机身中。

石英机芯

5. 石英表的核心是一小片石英。天然形态的石英首先被装入一个大釜或高压釜中（医生和牙医也使用同样的设备对仪器进行消毒）（见图2）。悬挂在高压釜顶部的是理想晶体结构的种子或微小的石英颗粒。将含有天然石英的碱性物质泵入高压釜底部，将高压釜加热到大约400℃的温度。天然石英溶解在热碱性液体中，蒸发并沉积在种子上。当它自我沉积时，它遵循种子的晶体结构模式。大约75天后，可以打开高压釜盖，取出新生长的石英晶体，并用金刚石锯（用于切割极其坚硬的材料）切成正确的大小比例。晶体切割过程中不同的角度和厚度可以实现符合设计要求的震荡频率和模式（类似于钟摆在两点之间来回摆动）。

6. 为了保证石英晶体最有效地工作，要将石英真空密封起来。最常见的是将石英放置在一种胶囊里，两端连接着电线，可以通过焊接或以其他方式将石英晶体连接到电路板上。

7. 和石英制造过程一样，简称"微芯片"的制造也是由手表制造商的供应商进行的。微芯片的制造是一个广泛而复杂的过程，它涉及化学或X射线蚀刻微小的电子电路（用于传导电流）到一小片二氧化硅上。印刷电路板由微芯片、振荡器、电池连接器和步进电机组成（参见图3）。

8. 印刷电路板组件与手表机芯的机械部件（步进电机、齿轮等）一起连接到机壳上。完成的机芯可以装配到同一厂家生产的手表上，或运往第三方制造商那里装配到手表的机身中。

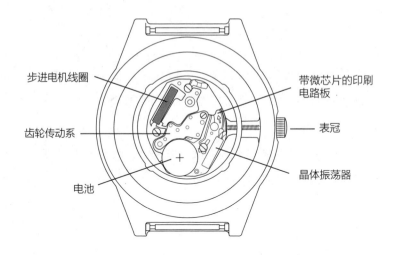

图 3　在石英表机芯中，石英晶体和微芯片放置在一块印刷电路板上。电池为石英晶体送电激发晶体振荡，同时给微芯片供电。微芯片接收来自晶体的计时信号，并驱动步进电机，步进电机通过齿轮传动机构移动手表指针。

手表额外功能所添加的零件和总装

9. 正如前面手表材料部分所讨论的，手表可以由多种材料制成。大多数手表的表身

机械手表的附加功能被称为"额外功能"。瑞士钟表制造公司"江诗丹顿"（Vacheron Constantin）声称，他们制造出了世界上最复杂的手表，其型号为57260，共有57种额外功能，2 800多个零部件。

都是不锈钢的，但高档的奢侈手表往往是用黄金或白金等贵金属制造。手表表盘和指针通常也是由金属制成，可以刷漆或保持材料基色以强调原材料的美感，如何操作选择权在于手表制造商。金属手表零件可以手工加工，也可以用自动化机械加工，这也取决于手表制造商。便宜的手表可以用成本更低的金属甚至塑料制成。

10. 保护表盘和指针较好的透明材料是水晶。天然矿物质或合成玻璃或丙烯酸通常被制成高清晰度的薄片，然后切割成小块的正方形。这些正方形可以直接加热成型，制成表蒙子，也可以研磨成凸面形。凸面水晶坯料可以被精确研磨或切割成手表表面的正确直径。接下来将边缘加工成斜面，水晶表蒙组装到表体。

11. 表带同样可以由许多不同的材料制成，从金属到皮革再到织物。大多数金属表带是一片一片模块化组装而成，因此可以分段添加或卸除，以适应不同粗细的手腕。每一块都经过精密加工。皮革和织物表带根据设计的样式裁剪后缝合，用设计好的表带扣把它们固定住。而有些表带是由塑料制成的。

12. 最后所有的零部件都组装好了。手表机芯安装在机身内，小心仔细地安装刻度盘、指针和表蒙子。表带通常用特殊的弹簧销与表壳连接。将完工的手表进行包装等待运输出货。

质量控制

手表的所有部件都是在严格的质量控制体系下制造的。例如，石英晶体在用于手表之前要进行频率测试。微芯片必须在"无尘室"环境中制造，空气必须经过特别过滤，因为即使是最微小的灰尘尘粒也会破坏它。微芯片在使用前要经过仔细检查和准确性测试。齿轮和其他机械零件是经过精密切割和抛光的，必须满足非常严格的公差要求。机械表平衡轮中的游丝必须小心仔细地调整。

手表制造出来后，在运往市场之前可能要经过再次测试。除了测试"计时性能"，手表还可能接受"跌落测试"，跌落之后如果运转正常就继续进行其他项目测试，如 "温度测试""防水测试"。通过适当的测试和验证，制表师可以声称手表在"一定深度"是"防水的"。孤立地说一块手表"防水"是不严谨的，因为没有具体的设计和解释，这种说法是毫无意义的。

有些手表公司自己制造所有的零件，以确保产品质量标准在制造过程的最早阶段就能监管到位。

未来"计时"

与外部时间源同步的手表，如无线电原子钟、GPS或Internet时间服务器，具有前所未有的精确度。苹果公司声称，它的手表不仅可以在外部同步时间，而且内部同步时间的跟踪比iPhone更精确。因此，从理论上讲，世界上每只苹果手表上的秒针都是同时移动的。

今天的石英表机芯非常精确。一些手表制造商声称，他们的石英表机芯能够使时间保持在每年不超过10秒的误差范围内。纯机械表做不到这个精度，但是精密复杂的机械表，它承载了很多额外功能，不再仅仅是个计时工具，而是作为装饰品佩戴，体现佩戴者的身份品味，等等。另外高档机械表可以保值传承下去。当然，现在一些手表与高度可靠的外部时间源同步，使它们能够非常准确地计时。

智能手表或许是手表市场中增长最快的部分，毫无疑问，制造商将继续发掘有趣的功能，把它们装进手表中。在未来，制表业可能会结合许多不同领域的技术，以满足消费者最想要的功能。富有创意的用户界面设计也许会让智能手表有朝一日取代智能手机。智能手表可以根据佩戴者的需求轻松定制，所有的客户端（APP）和功能都是佩戴者最想要的。时间不朽，创新不止。

眼镜

发明人：意大利的萨尔维诺·达尔马特（Salvino D'Armate）于1284年发明了眼镜；本杰明·富兰克林（Benjamin Franklin）于1780年发明了远视、近视两用眼镜；约翰·艾萨克·霍金斯（John Isaac Hawkins）于1827年发明了三焦距镜；阿道夫·尤金·菲克（Adolf Eugen Fick）于1888年发明了隐形眼镜。
最大的制造商：法国依视路国际（Essilor International）。

追寻远景

超过2亿美国人通过光学镜片矫正视力。人们用时尚的眼镜或几乎看不见的隐形眼镜来聚焦自己的世界。这两款产品都有适合不同审美要求的款式——素色或花式、透明或彩色。

发展史

2000年前，中国人偶然发明了眼镜。然而，他们似乎只是用眼镜来保护眼睛免受他们认为的邪恶力量的伤害。

眼镜是镶嵌在镜架内的玻璃或塑料镜片，增强或矫正佩戴者的视力。放大镜发明于13世纪早期，是第一个用于增强视力的光学透镜。这些镜片是由水晶和透明石英制成的。这项发明促成了一个重大的发现，当折射（意思是"能够弯曲光线"）曲面被磨成一定的角度时，它们可以纠正视力缺陷。

13世纪末，意大利僧侣亚历山德罗·迪·斯宾纳（Alesssandro di Spina）将眼镜介绍给大众。随着对眼镜需求的增加，玻璃镜片取代了沉重而昂贵的石英和水晶。在十八世纪发明舒适的眼镜之前，为了看清物体人们忍受着折磨，比如压迫鼻子、拉扯耳朵、绑在脑袋上等。

凸透镜是中间较厚的光学透镜，用于矫正远视眼，让人可以看清近处的物体。凹透镜是中间较薄的光学透镜，用于矫正近视眼，使人能够看清远处的物体

科学的愿景

在13世纪英国学者、方济会修士罗杰·培根（Roger Bacon）利用玻璃镜片普及了用放大镜观察天空中物体的方法。虽然到了13世纪末，他的放大镜演变成了矫正视力缺陷的眼镜，但培根却被关进了监狱，理由是：他是个魔法师。

今天的眼镜

过去眼镜商依靠单独的光学实验室生产眼镜镜片。今天有许多提供全方位服务的眼镜店，验光师现场检查、验光、配镜，客户在店内等候片刻就可以取走自己的眼镜。也有许多网上商店接受顾客订购眼镜。你只需要提供验光处方以及瞳距（两眼瞳孔之间的距离）。

眼镜店从光学实验室购买"胚料镜片"，这些"胚料镜片"——塑料的镜片已经接近比较准确的眼镜度数，工厂生产的成品镜片屈光度和直径分不同的规格范围，眼镜店针对不同的视力验光数据选用对应屈光度范围的胚料镜片加以打磨加工。

多年以来，眼镜框架的外观形状和尺寸发生了极大的变化，从令人惊艳的圆形，到学究气的正方形，再到边角尖尖的猫框眼镜。

运动员的护目镜和运动镜已经成为其他领域和场所的标准，已可以在眼镜店买到它们。最安全、坚固的产品有聚碳酸酯塑料镜片，一体化框架没有可拆卸的部件，可以毫无顾忌地驰骋于运动场上。镜片涂层能过滤有害紫外线（UV），保护眼睛免受强光的刺激。

镜片材料

如今，90%以上的眼镜是轻便的塑料镜片，它们有几种不同的类型。

虽然用于玻璃镜片的冕牌玻璃过去很常见，然而因为玻璃镜片材质较重，在一定程度上影响了其佩戴舒适性，加上玻璃镜片本身易碎的特点，使用玻璃镜片越来越少。随着塑料镜片的生产技术与工艺的提升，如今大多数人选择塑料镜片。即便如此，人们依然有多种选择。除了标准塑料之外，还有密度更高的中折射率和高折射率塑料，它可以降低高度近视群体眼镜镜片的厚度。复合材料如聚碳酸酯，为儿童和好动的成年人提供防碎镜片。另一种复合材料，也就是氨基甲酸乙酯单体的聚合物，叫作Trivex（也会以其他品牌命名），跟聚碳酸酯相比具有抗冲击性能差不多，但Trivex更清晰，并减少聚碳酸酯镜片中常见的一些光学像差。

塑料镜片和玻璃透镜都是经过连续的精细研磨、抛光和成型过程来生产的。虽然同样的工艺流程被用于制造望远镜、显微镜、双筒望远镜、照相机和各种投影仪的镜片，但这些镜片比眼镜的镜片通常更大、更厚，镜片精度和性能要求更高。

从光学实验室购买来的塑料坯料是圆形的塑料块，如聚碳酸酯——类似于飞机挡风玻璃材料的坚固塑料，大约2厘米厚，大小与眼镜框架相似但稍大一些。大多数成品的眼镜镜片厚度至少要磨到6毫米，具体厚度可能会有所不同，取决于特定的验光处方或"性能"要求。生产眼镜镜片的其他材料有胶带、含铅合金（金属混合物）的液体、金属、染料和颜料。

你知道吗？

镜片的设计可以矫正或治疗各种视力问题，满足不同的个体需求。

凹透镜矫正近视，凸透镜矫正远视。只能矫正近视或远视的眼镜称为球面镜片，每个镜片需要一个球面曲线。对于散光患者（眼球的非球形形状），镜片会被添加一个圆柱形，从而产生额外的曲线。非球面镜片是对高度近视的人来说是一个极有吸引力的选择；非球面镜比球面镜更平、更薄。最先进的高清非球面镜片采用所谓的"波前"或"自由形状"设计，由计算机精确控制镜片的形状，以解决特定的个性化视力问题。

传统上双焦点眼镜和三焦点眼镜通过组合多个镜片来矫正近视和远视，但现在许多人选择先进的镜片，一副镜片解决多种眼疾。镜片的曲线在不同焦距之间平滑过渡，没有可见的纹路。

镜片在成形之后装入镜架之前要经过多道复杂的工艺处理和色彩添加。将镜片浸入装有涂层或着色液的加热金属箱，完成镜片表面各种涂层或着色的加工。镜片表面直接涂色或在镜片制作过程中加上一些化学物，让镜片呈现色彩的太阳镜能有效阻挡紫外线，避免强光刺激眼部。镜片表面涂覆一层一定厚度的加硬液固化后增强镜片的防刮花性能。镜片加膜还可以提高眼镜的耐用性和抗冲击性。在镜片上加入垂直向的特殊涂料——偏光眼镜，它能有效抑制强光，起到防炫目的作用，最适合户外运动，比如驾驶、滑雪或钓鱼等场合。一些复合材料如高级氨基甲酸乙酯聚合物（Trivex），原料中已经含有防紫外线的成分，因而镜片加工过程无需防紫外线涂层工序。

墨镜可以防眩光、防紫外线。在阳光下或者积雪天驾驶汽车的时候，墨镜能保护眼睛不受强光的长时间刺激，可是当汽车突然由明处驶向暗处的时候，戴着墨镜反而变成了累赘。所以，更好的选择机会——"变色镜"（AKA）来了。在阳光下，变色镜是一副墨镜，镜片挡住耀眼的光芒。在光线柔和的环境，它又变得和普通的眼镜一样，无色透明。它结合了普通透明镜片和太阳镜两者的优点。这些镜片通过在白天变暗，在黑暗中变亮来适应阳光的照射量，因此，只有在需要的时候才提供防晒保护。

下面的步骤，假设镜片是在光学实验室制造的。

1. 光学实验室技师从实验室的计算机中获取一对镜片验光参数，然后用计算机打印出验光的相关资料并标记出一些特殊要求。

2. 根据这些信息，技术人员选择合适的塑料毛坯透镜。选择的毛坯镜片与顾客的眼镜架和原始订单（见图1）一起放在托盘中。在整个生产过程中，托盘将始终由技术人员保管。

3. 毛坯镜片的前部已经预磨了几种不同规格的曲度，技术人员必须根据客户验光信息选择与之相匹配的胚料镜片。其他的参数或性能要求将在镜片的后面研磨加工。

制作金属连接扣

4. 技术人员将镜片放在一个焦度计中，这是一种用来定位和标记"光学中心点"的仪器，胚料镜片的中心点应该在顾客的瞳孔中心点正上方。（见图1）下一步，在镜片的前面附上一层塑料薄膜，保护镜片前面在浇注制作金属连接扣过程中不会受损。然后，技术人员将胚料镜片放入一台"雏形锻模"机器——机器中含有一种加热的铅合金，将铅合金浇注在每个镜片的前面做成金属连接扣。金属连接扣在研磨和抛光过程中，被用来固定镜片。

研磨、抛光

5. 接下来，技术人员将镜片放入铣磨机（见图2）。铣磨机的设定参数以托盘上的验光参数为依据，自动将镜片的背面削薄变小，加工出相应的曲度。在这一步之后，镜片必须要进行"精细处理"或抛光。

6. 技术人员选择一个与即将要抛光镜片相匹配的金属模具镜片圈，两个镜片都放在精磨机中，每个镜片的背面都放在合适的圈里，接着对镜片的前面进行一系列的精细抛光操作。首先，使用软砂制成的磨砂垫打磨镜片。再用放在磨砂垫之上的光滑塑料制成的第二个精研垫进行磨光。精磨机带着精研垫转动，同时水流过镜片不断地进行打磨抛光。在初始精细抛光完成后，取出两个抛光垫并扔掉。

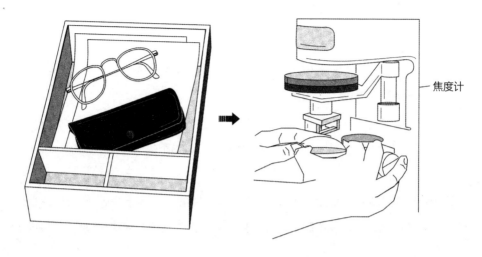

焦度计

图 1   从工厂收到毛坯透镜后，光学实验室技术员选择合适的毛坯并将其放入焦度计中。这是一种用来定位和标记"光学中心"的仪器——透镜的中心点应该和顾客瞳孔的中心点重合。

7. 接下来，从每个镜片上取下金属圈，用热水浸泡几分钟。然后将这些圈重新连接到镜片上，并放入精磨机中——这里，第三个也是最后一个精磨垫被连接在一起。当抛光混合物流过镜面时，精磨机转动精磨垫对镜片进行最后的抛光。

8. 从"精磨机"上取下镜片，用小锤子轻轻卸下先前在镜片上制作的金属连接扣。然后用手撕去镜片一侧保护膜。金属圈在下次使用前要经过消毒处理。

9. 每个镜片都用红色的油脂铅笔标注"L"或"R"，表示哪个是左镜片，哪个是右镜片。当镜片再次放入焦度计以检查和标记光学中心，并检查镜片曲度是否符合验光参数之后，在镜片的背面安装一个小小的、圆形的金属支架吸盘。

边缘和斜边加工

10. 接下来，技术人员选择与眼镜框架形状相匹配的镜片样式，把镜片插入磨边机打磨（见图2）。镜片形状和边缘斜角根据镜框切削，使镜片适合眼镜框架的安装。整个打磨过程中镜片上一直保持有水流流过。

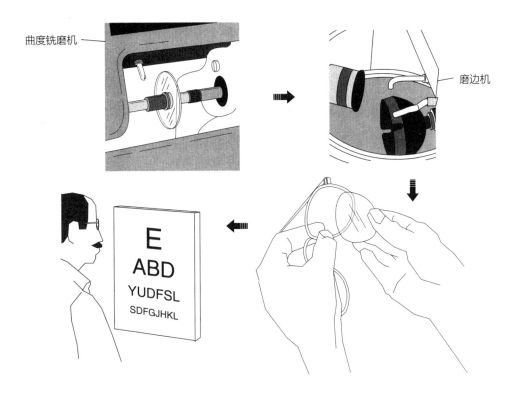

曲度铣磨机

磨边机

图 2　镜片放入曲度铣磨机，技术人员在镜片的背面打磨，加工出相应的曲度。镜片抛光后放入磨边机，磨平镜片边缘成适当的倒角，使镜片适合眼镜框架的形状便于安装。在任何必要的着色应用程序之后，镜片放入镜框中，由佩戴者进行测试。

11. 如果是金属或无框镜架，镜片需要更精确的斜面，所以镜片需要额外的研磨加工，这个过程由人力操作砂轮机手工完成。

12. 最后将镜片浸入所需的其他处理液或着色容器中处理。再将镜片干燥后装入到眼镜架上。光学实验室也可将镜片送回眼镜店，由眼镜店将镜片装入镜架中。

环境问题

制造商必须知道他们生产中使用的所有材料是否对环境有害。任何剩余的材料或化学品必须妥善处理。从这个制造过程中产生的副产物或废物，包括塑料粉尘或细屑，以及由化学物质组成的液体抛光剂，这些废料与卫生用的化学品一起放置在金属箱内48小时。

质量控制

在美国，眼镜镜片必须符合美国国家标准协会（American National Standards）和食品药品管理局（FDA）制定的严格标准。此外所有获得许可的光学实验室都属于国家光学协会（National Optical Association），该协会要求会员遵守严格的质量和安全规则。

在整个正常生产过程中，塑料镜片要进行四项基本检查。其中三种发生在实验室，另一种发生在眼镜交给客户之前的工序窗口。也可以进行其他定期检查。四项检查包括：（1）生产前对验光参数进行检查，并对镜片的光学中心位置进行验证；（2）目测检查镜片是否有划痕、缺口、毛边或其他瑕疵；（3）在镜片放入焦度计测量之前，首先阅读托盘上的验光参数；（4）测量和核查镜架规格是否符合标准。

展现自我

眼镜已成为一件装饰品，在时尚圈也有着一席之地。市场上眼镜的款式琳琅满目，不管是镜架还是镜片，选择范围越来越大。展现自我、追随潮流、引领时尚的眼镜让人目不暇接。你的镜架可以选择金属的、木质的或者塑料的；镜片和框架有各种颜色任你挑选，像钻石、亮饰和卡通等镜架配饰更能让你的眼镜炫彩夺目。

隐形眼镜

发明人：1887年，德国玻璃吹制工穆勒（F·E·Muller）设计的第一个玻璃眼罩勉强可以戴着看东西；1888年，瑞士医生，独立研究人员阿道夫·尤金·菲克（Adolf Eugen Fick）和巴黎眼镜商爱德华·卡尔特（Edouard Kalt）使用隐形眼镜矫正视力缺陷；1929年，匈牙利医生约瑟夫·达洛斯（Joseph Dallos）取自人体眼球模具，使镜片可以更接近于人体巩膜；1936年，纽约验光师威廉·费恩布鲁姆（William Feinbloom）发明了塑料镜片；1950年，美国验光师乔治·巴特菲尔德（George Butterfield）博士发明了角膜镜片，镜片的内表面与眼睛形状一致，而不是一个平面；再往后1960年，捷克化学家奥托·威特勒（Otto Wichterle）和德拉霍斯拉夫·林（Drahoslav Lim）研制出一种吸水后会变软，又能适合人体使用的柔软塑料，制作出第一副软性隐形眼镜。

全球隐形眼镜销售额：大约72亿美元，其中美国约25亿美元。

隐形眼镜的种类

美国有一半的人需要某种形式的助视，其中超过4 100万人戴着隐形眼镜。

佩戴隐形眼镜的人年龄从12岁到112岁不等。

　　隐形眼镜又称角膜接触镜，是一种戴在眼睛上用来矫正视力的装置。不过，有些爱美人士喜欢佩戴彩色的隐形眼镜来增强或改变他们的眼睛颜色。这种薄薄的塑料镜片，形状像一个小碗，漂浮在角膜上的一层泪膜上。对于一些眼部问题，隐形眼镜比传统眼镜更有效。非常多的人越来越喜欢隐形眼镜，比如爱美的人，喜欢运动的人。

　　隐形眼镜一般有两种类型：硬性隐形眼镜和软性隐形眼镜。如今几乎所有的硬性镜片都是由塑料、硅树脂或其他聚合物制成的，并且具有良好透气性，也就是说，它们允许氧气通过，即具有透氧性。不适合使用球面镜的散光者、眼镜易过敏者或其他问题的人士大多选择软性镜片。在美国4100万隐形眼镜佩戴者中，只有10％的人戴硬镜片。大约2％的人佩戴中间坚硬、边缘柔软的混合镜片。

软性镜片可设计为日戴型隐形眼镜。这些需要在夜间睡觉时取下并定期更换。那种可以戴着入睡且长时间佩戴的镜片，它们每周至少需要取下清洗一次。虽然一次性隐形眼镜无疑是最方便的，只需白天佩戴晚上取下，然后即被丢弃，但价格实在太贵。

大约四分之一的美国隐形眼镜使用者佩戴的是软性复曲面镜片。复曲面镜片用来矫正散光，但硬性镜片在矫正散光方面仍然更有效些。

在美国销售的隐形眼镜中，近20％是双焦点或多焦点的镜片。这些镜片可以纠正多种眼睛视力问题，如近视、远视和散光。它们可以是软式镜片，也可以是硬式镜片。

还有一种美容功能的镜片，俗称"美瞳"。时下，彩色隐形眼镜受到众多年轻朋友的喜爱，社会上也掀起了美瞳的潮流。即使只是为了好玩，美瞳也应该由有资质的眼科专家检查后开出处方，以确定是否适合佩戴美容镜片。许多处方镜片的颜色可以根据佩戴者的喜好着色。有些人喜欢佩戴美容镜片只是为了改变眼睛的颜色，或者是为了某种特殊的效果，比如使他们的虹膜看起来更大，犹如动漫人物的大眼睛。

如果保养不当，隐形眼镜可能会对佩戴者的眼睛造成感染或其他眼部问题。因此医生建议每天佩戴隐形眼镜的人在睡觉（包括午睡）前取下隐形眼镜；根据建议的注意事项，佩戴隐形眼镜时如果感到任何不适，请取出镜片。

 ## 早期隐形眼镜

第一个隐形眼镜是德国生理学家阿道夫·菲克（Adolf Fick）于1888年制造的。镜片是玻璃的，玻璃镜片覆盖住整个眼睛，包括巩膜和眼白部分，所以被称为"巩膜镜片"。到1912年，德国眼镜商卡尔·蔡司（Carl Zeiss）研制出了一种可以覆盖角膜的玻璃角膜镜片。1937年，西奥多·恩斯特·奥布里格（Theodore Ernst Obrig）和欧内斯特·马伦（Ernest Mullen）两位科学家发明了一种由有机玻璃制成的巩膜镜片。因为它比玻璃轻，所以有机玻璃镜片更容易佩戴。1948年，美国发明家凯文·托伊（Kevin Tuohy）制造出第一个塑料角膜镜片。

把镜片直接戴在眼睛上的想法，是意大利的列奥纳多·达·芬奇（Leonardo da Vinci）早在1508年提出的。达·芬奇想出了一个戴隐形眼镜矫正视力的主意，并把它加入到他的其他纸上谈兵的发明中，比如直升机和自动遥控飞行器。大约500年后，罗纳德·里根（Ronald Reagan）成为第一位戴隐形眼镜的美国总统。

捷克科学家奥托·威特勒（Otto Wichterle）在遭遇光学同行们的嘲笑之后，他开始在家里和妻子一起改进和完善软性隐形眼镜。功夫不负有心人，1961年，这对夫妇在自家厨房里生产了5500副隐形眼镜。

为了适应这些早期的镜片，首先对病人的眼球做一个模子，然后用模子制作出镜片。这个手术过程很不舒服，而且镜片本身也经常有以下几个问题。比如，当时的巩膜接触镜透气性差造成眼球缺氧，镜片易滑动位置从眼球脱落，取出困难等问题。托伊（Tuohy）的第一个角膜镜片直径为10.5毫米，1954年他将镜片直径进一步缩小到9.5毫米，使其更便于佩戴。大约在同一个时期，位于纽约罗切斯特市（Rochester）的博士伦（Bausch & Lomb）公司开发了一种角膜测量仪，它可以测量角膜，不再需要直接在眼球上压模的过程。

第一个成功的隐形眼镜是由捷克斯洛伐克的化学家研制出来的。1952年，布拉格技术大学（Technical University in Prague）塑料系的教授们为自己设定了一项任务：设计一种与活体组织相容的新材料。他们并没有打算制造隐形眼镜，但是到1954年，捷克科学家小组发明了一种叫作亲水凝胶或称为水凝胶的东西。这是一种适合植入眼部的塑料。科学家们立即意识到这种新型塑料作为矫正镜片的潜力，于是他们开始在动物身上进行试验。

这些努力遭到了光学领域同事的嘲笑，但其中一名科学家奥托·威特勒（Otto Wichterle）毫不气馁，在自家厨房里不断完善软性隐形眼镜。1971年，博士伦公司获得这项技术许可，推出了软性隐形眼镜。仅在第一年，博士伦公司就售出了大约10万副隐形眼镜，从那以后，软性隐形眼镜就一直很受欢迎。

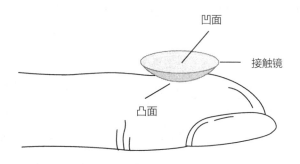

図 1　面向外的曲面（凸面）称为中央前凸面（CAC）。内侧的曲面（凹面）称为中央后凹面（CPC）。

隐形眼镜的材料

　　塑料是制作所有隐形眼镜的基本成分。然而每一种镜片都使用不同的聚合物材料。例如，早期的硬式隐形眼镜使用聚甲基丙烯酸乙酯（PMMA），但今天的透气性硬镜片加入了硅胶，大大提高了镜片的透氧性能。软性隐形眼镜是由聚羟基甲基丙烯酸乙酯（PHEMA）这样的聚合物制成的，这种材料吸水后变软，但是仍然保持其形状和光学功能。现在大多数的软性镜片都是硅酮水凝胶镜片，它比最初的水凝胶更透气，就是说透氧性更好，增加了佩戴的舒适性，克服了因镜片透气性差而导致角膜缺氧水肿的毛病。如今用于制作隐形眼镜的特殊材料却各不相同，因制造商而异。

　　研究表明，来自太阳的紫外线（UV）可能会加速白内障的形成并引起其他眼部问题。为了防止这些问题的发生，一些隐形眼镜有助于阻挡有害的紫外线。在制造过程中将无色透明的阻挡物质加入到隐形眼镜中，以起到阻挡紫外线的作用。事实上，隐形眼镜阻挡紫外线并不能提供完全的防晒保护，它们只保护眼睛被镜片遮住的部分，而不包括眼白、眼睑和眼底皮肤，所以要想真正的防晒，还得戴上太阳镜。

制造过程

　　随着价格的下降，消费者越来越喜欢一次性隐形眼镜的方便性和安全性。所以这里重点描述日戴型一次性隐形眼镜的制造过程，其他类型隐形眼镜的制造步骤也大同小异，不再多加赘述。

碗状的镜片分内外两个曲面（见图1）。面向外的曲面（凸面）称为中央前凸面（CAC）。当物体光线照射眼睛时，前凸曲面产生矫正屈光变化以达到矫正病人视力的效果。内侧的曲面（凹面）称为中央后凹面（CPC），做成凹面符合病人的眼球形状，佩戴贴合度高。

以销定产

1. 大型工厂通常采用零库存生产流程，在这个流程中，当前生产所需要的材料在需要时才开始加工。当它与医生的订单系统紧密联网时，这一过程将进一步简化。你在眼科医生那里订购的隐形眼镜可能已经出现在第二天早上供应商工厂的工作列表中，眼镜将在第二天结束前送到医生的办公室。

铸模成形工艺

2. 隐形眼镜有多种制作工艺，铸模成形工艺是其中的一种，适宜制作软性的日戴一次性眼镜。每个镜片是由一个单独的公模和母模两部分模具构成。这两个模具共同塑造了镜片的内外曲面。模具本身是由塑料粒料通过注射成型工艺形成的。在注射成型过程中，熔化的液体塑料在压力下注入模具。一旦做好隐形眼镜的公模和母模，即具备了制作隐形眼镜的条件之一。隐形眼镜铸模成形大致包含注料、铸模、固化成形、脱模四道工艺过程。

3. 用机器将液态单体溶液注入母模（见图2）。单体是聚合物的最小分子单位，多个单体相互交联形成高分子聚合物材料。单体溶液中还可以加入其他的添加剂成分，如为了防晒加入用于紫外线防护的添加剂。

4. 一台机器精确地将公模放入母模，小心地排除所有的气泡以免损坏镜片。然后将两个模具用塑料焊接在一起。

将液体单体溶液滴入凹模做成很多小模子并使其变硬，然后将这些"扣粒"切割成正确的形状。

图 2　液态单体注入母模。

固化和水化

5. 接下来将含有单体溶液的模具放入烘箱中进行固化。固化过程的温度和时间受到严格的控制。固化后单体变成了聚合物，这种聚合物不仅变硬而且易碎。

6. 至此，一台自动化机器从模具上取下镜片，并分组放入吸塑包装中，每一个镜片都是采取独立的吸塑包装。吸塑包装的吸塑包本身也是通过注塑成型工艺形成的。

7. 一台灌注机向吸塑包中加水使镜片水化，镜片吸水后变软。水化过程可能要持续几个小时。

包装和灭菌

8. 镜片水化完成后，在吸塑包中添加盐水包装溶液，再在吸塑包上热封一层箔片。

9. 将吸塑包装的隐形眼镜放置到高压灭菌器中，加热90分钟到121℃，对其进行消毒。

质量控制

对吸塑包装进行质量控制检查后，合格的产品打印出生产批号、保质期及规格型号，然后装箱，以备发运。

对于隐形眼镜来说，质量控制尤为重要，因为它们是必须定制的医疗设备。因此，在每个制造过程的最后阶段，都要在放大镜下仔细检查镜片是否有什么缺陷。

未来的超级隐形眼镜

隐形眼镜材料的进步使人们戴起来更加舒适和健康。虽然业内人士将持续专注于材料方面的研究，但这不再是唯一发展的领域。

对人类眼球的结构采用计算机建模将提高我们对镜片的认识，并使镜片的设计得到改进。镜片，可以根据佩戴者的眼睛量身定做，结果是设备更加精密、佩戴更加舒适。

智能隐形眼镜？

研究人员正在研究可以安装到隐形眼镜中的传感器。这些传感器可以监测各种生理指标，跟踪药物使用情况，甚至捕捉到某些癌症的预警信号。一位研究人员正在研究一种带有酶的生物传感器，这种酶可以对葡萄糖水平做出反应。对于糖尿病患者来说，监测和管理葡萄糖可能是至关重要的。未来可能会开发出成千上万种不同的传感器并集成到隐形眼镜中，功能犹如计算机显示屏，戴上后能轻易阅览新闻等信息，仿佛将电影《未来战士》情节搬到现实世界，但该技术仍处于初级阶段。

防弹衣

发明人：美国女化学家斯蒂芬妮·路易斯·克沃勒克（Stephanie Louise Kwolek），1966年凯夫拉（Kevlar）防弹纤维的发明者。

全球防弹衣市场：约40亿美元。

防弹衣发展史

《武备志》是中国明代（1368年—1644年）的一部军事论著，它记录了纸护甲的使用。纸护甲内里由纸和丝帛混合填制，背面缝着2.5厘米厚的棉絮。

　　几个世纪以来，不同文明的地区都研制出了在战斗中使用的盔甲。早期的原始人用一层层的动物皮毛使自己免受敌对方棍棒的攻击。大约在公元前5世纪，波斯人和希腊人使用了多达14层的亚麻；而19世纪之前，西太平洋岛屿上的密克罗尼西亚人则发现，用椰子树纤维编织的衣服非常有用。

　　早在公元前11世纪，中国人就穿着5到7层的犀牛皮做防护，而北美肖松尼印第安人则将多层犀牛皮采用胶粘或缝制到夹克里。哥伦布发现美洲大陆前，文明社会用浸过盐水的棉花和皮革制成纳缝铠甲。这种盔甲可以像金属一样抵抗长矛和箭的袭击。英国人在17世纪穿上了纳缝铠甲，直到19世纪印度才开始使用这种防护的盔甲。

　　锁子甲是由铁、钢、黄铜的连接环或金属丝制成的，早在公元前400年，乌克兰的基辅附近就有人开始研制。征服罗马帝国的士兵都穿着锁子甲。直到14世纪，锁子甲仍是欧洲的主要盔甲。同时期的日本、印度、波斯、苏丹和尼日利亚也制成了锁子甲。

大约公元前1600年直到现代，在整个东半球广泛使用着由金属、角、骨头、皮革或动物身上的鳞片（如有鳞的食蚁兽）重叠而成的鳞甲。

12世纪的欧洲人用笨重的金属板武装自己，但最好的防护是16世纪和17世纪骑士们所穿的全金属板盔甲。有些骑士甚至在出征前给马披上铠甲。

背心式和绗缝夹克式锁子甲更加灵活实用。将小小的长方形状的铁板或钢板用螺栓固定在一根根皮条上，然后皮条像屋顶瓦片一样重叠在一起，它是锁子甲的一种。大约在公元700年左右，中国人和韩国人拥有了类似的盔甲。1360年以后，在欧洲佩戴一块带盖子的胸甲成为了一种规范，后来逐渐演变成穿戴一件镶嵌着胸甲的短外套，直至1600年，胸甲才固定下来。许多人认为背心式和绗缝式锁子甲是今天防弹衣的前身。

随着火器（枪械）的引入，装甲工匠们起初试图用较厚的钢板或比较沉重的钢板加固胸甲和躯干。然而，当火器大范围用于军事用途时，笨重的防护盔甲最终遭遇冷落，被弃之不用。

研制一种更有效的防御炮火、枪弹的防弹衣一直在继续，特别是在美国南北战争、第一次世界大战、第二次世界大战期间。火器的进步使防弹衣对速度超过每秒183米的最新弹药毫无防范作用。即使是现代的盔甲也不能保证能抵御所有的弹药：据说奥地利大公弗朗茨·斐迪南（Francis Ferdinand）在被子弹击中颈部时一直穿着防弹衣，斐迪南大公遇刺身亡事件直接引发了第一次世界大战。

直到20世纪40年代的塑料革命，执法人员、军事人员和其他人员才有了真正有效的防弹衣。这种早期的防弹衣由坚固的尼龙制成，并辅以玻璃钢、陶瓷和钛板（钛由于强度高、重量轻，常用于飞机）。陶瓷和玻璃纤维的组合被证明是最有效的。

1966年，美国杜邦（Dupont）公司的化学家斯蒂芬妮·路易斯·克沃勒克（Stephanie Louise Kwolek）发明了凯夫拉（Kevlar）纤维，凯夫拉是聚对苯二甲酰对苯二胺的商标名称。凯夫拉纤维是一种液体聚合物，可以纺成纤维并织成布。这种纤维称为对位芳纶。

1964年，斯蒂芬妮·路易斯·克沃勒克在研究轮胎材料时偶然发现了一种质地轻薄的乳状液体，后经过改进使该液体成为一种强度比钢还强的纤维，也就是凯夫拉纤维。最初凯夫拉纤维用于汽车轮胎，后来用于各种各样的产品，如绳索、垫圈，以及飞机和船只的各种零部件。1971年，美国国家执法和刑事司法研究所的莱斯特·特舒宾（Lester Shubin）建议用它来取代防弹衣中笨重的尼龙。为了与凯夫拉竞争，其他公司也推出了自己的对位芳纶纤维材料。一家荷兰公司——泰津芳纶（Teijin Aramid）公司销售一种类似凯夫拉的材料，叫特威隆（Twaron），是对位芳纶中的一种。

1989年，美国联信公司（Allied Signal，现在的霍尼韦尔公司）研发了一种不同类型的防弹材料，将其商品名称命名为光谱（Spectra），它是超高分子量聚乙烯（UHMWPE）纤维。聚乙烯纤维最初用于制作帆布，现在用来制造更轻、更结实的非织造材料，与传统的芳纶一起用于防弹衣的材料。荷兰DSM公司开发了自己的超高分子聚乙烯纤维，并以迪尼玛（Dyneema）的名字推向市场。

凯夫拉、特威隆、光谱、迪尼玛等材料如今都用于生产防弹衣。

今天的防弹衣

"防弹背心"可以防弹，但它不会让你刀枪不入。

弹道防弹衣是现代轻型防弹衣，旨在保护穿戴者的重要器官免受火器伤害。

美国国家司法研究所（NIJ）为防弹衣开发了一个等级评定系统。弹道阻力、有刃武器的刺击阻力有不同的标准。也有所谓的尖刺保护，抵御来自锋利的、尖锐的刀具或临时起意随手捡起的武器，比如冰块等。本节重点讨论弹道防弹衣的分类等级。

很多制造商根据所抵御防护的威胁类型，各自独立地制定了自家防弹衣的等级。防弹衣的防弹级别有很多标准，常用的是美国NIJ标准，此标准中有六个级别，分别是Ⅰ级、ⅡA级、Ⅱ级、ⅢA级、Ⅲ级、Ⅳ级，防护能力从低到高。

美国NIJ标准—0101.06对防弹衣抗弹道能力的分类定义如下。

◆IIA型防弹衣可以提供最低限度的保护，以抵御小口径手枪的威胁。

◆ II型防弹衣可以抵御来自多种手枪的威胁：普通的手枪、带标准压力弹药的小口径手枪，以及左轮手枪。

◆ ⅢA防弹衣提供了更高级别的保护，通常可以抵御大多数口径的手枪，包括许多执法武器，以及许多大威力的左轮手枪发射的弹药。

◆ Ⅲ型和Ⅳ型防御步枪子弹的防弹衣通常只在战术情况下或者所受威胁需要这种保护时使用。

"防弹背心"的风险

美国南北战争期间，制造商向士兵出售"防弹背心"。这些背心是把金属板缝在织物上。据报道，这些"防弹背心"拦截子弹效果并不好。如果子弹真的穿过防弹背心进入身体，它有时会把背心里的材料带到伤口里，反而多了几分感染的风险。此外这种背心非常沉重，穿在身上很不舒服，因此很多的"防弹背心"被丢弃在联邦军队行军的路上。

凯夫拉纤维的强度是同等重量钢材的5倍，抗拉强度（抗拉伸断裂能力）是钢材的8倍。

原材料

防弹衣是由一块高级塑料制成的背心状薄板组成，该薄板由多层对位芳纶材料或超高分子量聚乙烯材料组成。对位芳纶材料分层编织，然后用同一种材料的线层层缝在一起。超高分子量聚乙烯材料不是机织的，相反这些纤维是平行铺设，然后涂上树脂并与之结合。由此产生的材料被旋转90度并分层，形成一个交错的图案。然后这些保护层被密封在两片聚乙烯薄膜之间。

防弹板提供了保护，但不是很舒适。防弹板放置在通常由聚酯纤维、棉混纺或尼龙制成的织物外壳内。为了使人体感觉舒适些，通常是在面朝身体的外壳面缝上一层吸水性材料，如Kumax。防弹衣也可以用尼龙衬垫来提供额外的保护。

Ⅲ型和Ⅳ型防弹衣前后通常有内置的小袋，用来加装由钢、陶瓷、聚乙烯或复合材料制成的硬板，抵御高速子弹的袭击。金属硬板有时会涂上防剥落材料，这种材料可以防止子弹击中硬板时发生危险的反弹。

虽然防弹衣的主要目的是防止子弹穿透，但子弹的冲击力仍然会携带大量的能量，对穿戴者造成钝器创伤。所以除了软装甲垫和硬钢板插入外，许多制造商还提供帮助吸收子弹能量的垫片。这些垫片可以由高密度的泡沫材料制成，但有时也包含一层非牛顿流体，在撞击时变硬，将作用力分布在更大的区域。（更多信息请参考"未来的防弹衣"。）

防弹背心的组装、连接采用各种各样的方法。有时背心两边用松紧带连接。不过通常情况下它们都是用布带或松紧带固定的，用金属扣或魔术贴封住。（见图3）

合适的盔甲

穿戴者应根据所受到的威胁选择相适应的防弹衣。监狱看守可能更喜欢用来抵御临时刺杀武器（如棍、刀）的盔甲。保镖或警察需要的防护服既要保护自己不受手枪的伤害，也要兼顾带刃利器的袭击。士兵最需要的是可以抵御高速步枪子弹的盔甲。

 制造过程

有些防弹衣是根据用户的具体保护需求和尺寸大小订制的。事实上大多数的防弹衣是按照服装行业尺寸标准（如38加长型或32缩短型）批量裁剪制作，然后大量销售到市场。

出于简述起见，在下面的制造过程中，对位芳纶可以称为凯夫拉纤维，高分子量聚乙烯可以称为光谱纤维。很多其他厂家也生产与这两种类似的产品，此处并不是刻意为凯夫拉和赛拉图做广告，只是为了叙述方便。

制布

1. 凯夫拉纤维和类似的对位芳纶材料是在实验室生产的，是由对苯二胺和对苯二甲酰氯聚合成的高分子聚合物。聚合过程包括将小分子结合成更大的分子，也就是说，它是由重复单位彼此连接形成链状结构，这些链状结构之间又通过氢键相连形成网状。图1是实验室生产凯夫拉的工艺流程：合成带有棒状聚合物的透明液体通过喷丝板（一个布满小孔的小金属板，看起来像淋浴喷头）被挤出来，形成凯夫拉纤维线。凯夫拉纤维线随后通过冷却槽冷却硬化，再经喷水工序后，卷到辊子上。然后将纤维线缠绕在一起，制成适合编织的纱线。凯夫拉织物采用很简单的图案，系平纹或平纹组织，只不过是用纱线上下交错编织而成的图案。

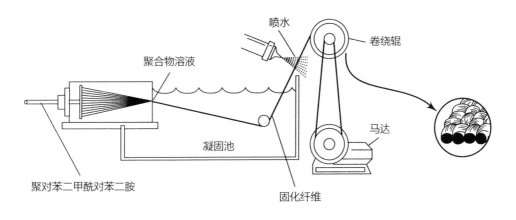

图 1　要制造凯夫拉纤维，首先要生产聚合物溶液。然后将产生的液体从喷丝板中挤出，用水冷却，在滚筒上拉伸，缠绕成布。

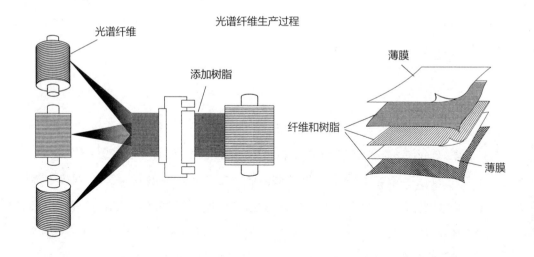

光谱纤维生产过程

图 2　光谱纤维表面涂上一层树脂形成薄片，然后将薄片分层并黏合在聚乙烯薄膜之间。

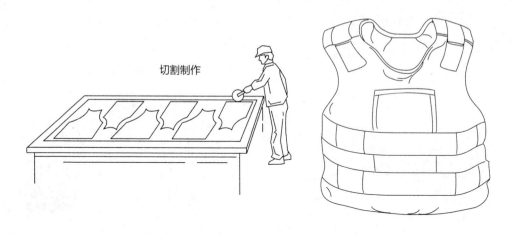

图 3　布做好后，根据设计图样打板裁剪成合适的小片，然后将这些碎片与附件（如带子）缝合在一起制成成品盔甲。

2. 与凯夫拉不同，用于防弹衣的光谱布料和其他超高分子量的聚乙烯材料通常不是机织的。通常，强力的超高分子量聚乙烯聚合物长丝被纺成纤维，然后彼此平行排列铺设（见图2）。光谱纤维涂上树脂，树脂覆盖住纤维，纤维和树脂密合在一起形成一块光谱布料。然后将两片这种布料以正确的角度放置在一起,再次黏合后夹在两层聚乙烯薄膜中间,形成一块非织造布。然后从非织造布上裁剪出防弹背心的形状。

切割

3. 防弹衣制造商采购整卷整卷的防弹织物入库备用。将织物展开平铺在长长的切割台上,切割台长达30米,切割台上的织物同时被切割成多个单元。根据需要,切割台上可以铺上尽可能多的材料层,少至8层,多至25层,完全取决于制作的防弹衣所需的保护级别。

4. 接着在布层上放一张裁剪好的设计纸样,纸样类似于家庭中用于缝纫的样板。为了最大限度地利用布料,一些防弹衣制造商使用计算机图形设计系统来确定布层裁剪的最佳位置。

5. 工人们使用一种像线锯的手持式机器,只不过它没有切割刀片,而是有一个切割轮,类似于比萨刀末端的切割轮(见图3),它的直径大约为15厘米。工人们根据纸样切割布层,然后将切下的布层板块精确地堆放在一起。

缝纫

6. 通常光谱纤维不需要缝纫,因为它被切割和堆叠成一层一层的嵌板,刚好放进防弹背心的紧身内层里。但是凯夫拉制成的防弹衣可以是绗缝的,也可以是包缝的。绗缝是用长针缝制有夹层的纺织物,使里面的夹层(比如棉絮等)固定。凯夫拉防弹衣绗缝工艺将外层纺织层与内芯以装饰性图案——菱形缝合起来,一个个菱形由缝线间隔同时又紧紧的相连,使防弹衣厚薄均匀,夹层不会流动缩团。绗缝工艺需要更多的劳动力,而且这样制作的防弹衣面板僵硬,穿在身上很难从易受伤的区域转移。而包缝工艺则是在背心的中间走线形成一个大大的长方形,包缝方式简便快速,可以让防弹衣自由移动。

7. 工人们在布层的最上层放置一个模板,在布层外露区域摩擦下粉笔,沿着模板边缘用粉笔在布上画一条虚线,接着沿这条粉笔线将这些布层缝在一起,然后缝上尺寸标签。

制作钢板插件

8. 对于用钢制作的硬板插入件，其钢材是根据制造商的标准精心
   选择的。把钢板切割成所需的形状和尺寸。切下的钢板用去
   毛刺机割掉毛刺，再用砂轮机将边缘磨圆，然后用液压机将钢
   板弯曲，使其符合穿戴者的躯干弧度，最后在钢板上喷涂一层
   防剥落涂层。

9. 复合陶瓷板利用陶瓷材料的硬度使子弹变形，并将其分解成更
   小的碎片，然后被复合基材吸收。一种陶瓷粉末，如碳化硼等
   加热到2 200℃形成弧形瓦片，瓦片边对边组装在一起，黏合
   在复合衬垫上，复合衬垫材料可以是多层凯夫拉纤维或对位芳
   纶，也可以是多层超高分子量聚乙烯。由此产生的坚硬的防护
   板被包裹在更薄的材料片之间，再缝合上其边缘的开口。

完成护甲制作

10. 硬板的外壳在同一家工厂用标准的工业缝纫机和标准的方法
    缝合。制作时，先将硬板塞进外壳，以及外壳上选配的内袋
    里，再将防弹衣的附件如肩带等缝上去（见图3）。成品防
    弹衣装箱后就可运送给客户。

防弹衣测试分干
测和湿测两种。
这是因为制造防
弹衣的纤维在潮
湿的时候防弹性
能表现不同。

质量控制

　　防弹衣和普通服装一样要经过多道质量检测程序。纤维制造商测
试纤维和纱线的抗拉强度，而成衣厂的工人测试衣服成品的强度。不
是纺织而成的光谱纤维制造商也要进行抗拉强度的测试。防弹衣制造
商还要对防弹硬板材料的强度进行测试（无论是凯夫拉、光谱纤维，
还是其他品牌的产品）。防弹硬板装入防弹衣外壳缝制完成后，根据

产品质量控制要求，必须经过训练有素、经验丰富的品控人员检验测试。

与普通服装不同，根据美国国家司法研究所的要求，防弹衣必须经过严格的防护测试。并非所有的防弹衣都一样，一些防弹衣可以抵御低速铅弹，而另一些防弹衣能够抵御高速全金属护套的子弹。

测试防弹衣，不管是湿测还是干测，都需要将防弹衣包裹在用黏土制成的衬底材料周围。根据防弹衣的分类等级，选择对应的枪械和子弹规格，发射的子弹速度应达到NIJ测试标准的要求。NIJ测试标准规定了每一发子弹离装甲面的距离，以及离前一发子弹的距离，还指定了要测试的射击次数和入射角（由子弹路径和垂直于装甲表面的直线形成的角度）。

如果防弹衣能通过测试的话，黏土模特身上应该没有留下洞眼和子弹，防弹衣没有被撕破。虽然子弹会在黏土模特上留下凹痕，但凹痕深度不应超过4.3厘米。

当一件被测试的防弹衣通过检验时，证明这个型号的防弹衣是合格的，制造商就可以制作出精确的防弹衣复制品。这件合格的防弹衣存入档案，以便在将来，具有相同型号的防弹衣可以很容易地与原型进行比对。

防弹衣的野外人体实战测试是不实际的，但在某种意义上，士兵和警察每天都在测试他们。对身穿防弹衣的人开枪的研究表明，防弹衣每年可以拯救数百人的生命。

 ## 未来的防弹衣

围绕防弹衣的材料科学在不断进步。复杂的复合陶瓷和层压板材料可能会变得更好，一些制造商已经开始尝试非牛顿流体和碳纳米管作为防弹衣的材料。石墨烯是另一种极有希望成为防弹材料的材料。

非牛顿流体在常压条件下表现得像液体，但当压力突然施加时（如子弹的撞击），它们暂时变硬，表现得更像固体。研究人员正在试验用非牛顿流体制作防弹衣，就像凯夫拉纤维等现有的防弹材料那样。

碳纳米管是由碳原子组成的圆柱形结构，其直径相对于一般长度而言非常小。这种结构中的碳原子之间的键非常强。一些制造商已经在将碳纳米管材料集成到防弹衣中。

中国科学家已经试验了一种智能防弹衣，这种防弹衣可以利用导电纳米管网络探测撞击的位置。防弹衣可以与通讯系统集成，以便在探测到撞击时呼叫帮助。也许它可以与一个通过附加传感器收集穿戴者健康信息的系统结合，并将这些医疗数据传输给紧急救援人员。

石墨烯是一个扁平的碳六边形晶格，每个六边形的顶点上都有一个碳原子。石墨烯的强度是钢的200倍，科学家只能在肉眼几乎看不见的很小的区域上生成石墨烯晶格。然而在以每秒1 000米的速度向石墨烯薄膜发射比人的头发还薄的子弹的实验中，令人惊讶的是石墨烯吸收子弹的动能大约是钢的10倍，这表明它可能是一种非常好的防弹衣材料。已经有科学家用石墨烯做了增强塑料的实验，发现它们可以制造出一种更有实用价值的样品，其强度是同样体积的钢的2倍，同样重量的钢的10倍。

生活日用

温度计

发明人：伽利略（Galileo Galilei），大约于1592年发明了水温计；桑托里奥·桑托里奥（Santorio Santorio），于1611年第一个将数字表应用于水温计；丹尼尔·加布里埃尔·华氏（Daniel Gabriel·Fahrenheit），于1714年发明了水银温度计；托马斯·奥尔巴特（Thomas Allbutt）爵士，于1867年发明了医用温度计；瑟多·汉内斯·本津格（Theodore Hannes Benzinger），于第二次世界大战期间发明了耳温温度计；大卫·菲利普斯（David Phillips），于1984年发明了红外线耳温计；雅各布·弗莱登（Jacob Fraden）博士，发明了热成像耳温计。

全球温度计市场：7.693亿美元。

温度测量历史

人体体温因个体不同可能有所差异，即使同一个人一整天的时间内体温也有变化——从早上的最低温度35.5℃到晚上的最高温度37.7℃。1868年，一位医生把人体体温的"正常值"确认为37摄氏度，这也是大家公认的人体体温"正常值"。

温度计是用来测量温度的仪器。伽利略在1592年左右发明的测温器是第一个用来测量温度的仪器。直到1611年，伽利略的朋友桑托里奥·桑托里奥给测温器增加了一个标度，使它更容易测定温度的变化量。也就在此时，这个仪器被称作温度计，温度计一词源于希腊语单词"therme"（热）和"metron"（测量）。

大约在1644年，这个时候的温度计有一个大的玻璃球底座，玻璃球连着长长的、敞开的玻璃管，使用酒作为感温液来测量温度的变化。由于它是敞开的，对大气压强（外部大气）非常敏感。外部的气压干扰了仪器的精度。为了解决这个问题，托斯卡纳的费迪南德二世大公（Grand Duke Ferdinand II）发明了一种完全密封温度计的方法，使温度计与外界空气隔绝，从而消除了外界气压变化对它的影响。从那以后，玻璃温度计的基本形式就没怎么改变。

现在通常使用三种公认标度中的任何一种来测量温度：华氏度、摄氏度和开尔文。然而在18世纪的某个时期，有近35种测量温度的标度。

1714年，以精湛技艺闻名的荷兰仪器制造商丹尼尔·加布里埃尔·华氏（Daniel Gabriel Fahrenheit）发明了一种温度计，开始使用冰的熔点（32℉）和当时人体的标准温度（96℉）作为他标度的定点。后来，又确定冰的熔点（32℉）和水的沸点（212℉）作为标度的定点，中间分为180等份，每一等份代表1度，这就是华氏温标。华氏温标是以他的名字命名的。

1742年，一位名叫安德斯·摄尔修斯（Anders Celsius）的瑞典科学家将水的沸点定为0度，将冰的熔点定为100度。后来将这两个数字被互换颠倒使用了——创造了我们今天所知道的摄氏温标——水的冰点为0度，沸点为100度。这种温标的使用很快传遍了瑞典和法国，在两个世纪里，它被称为摄氏温标。1948年，为了纪念安德斯·摄尔修斯（摄氏温标的发明者），这种温标就以他的名字命名叫作摄氏度。

1848年，科学家威廉·汤姆森（William Thomson）提出了另一种标度，即开氏温标。其原理与摄氏温度计相同，其绝对零度的固定点设置在零下273.15℃。1892年汤姆森被封为开尔文男爵。开氏温标，以他的名字命名，是科学研究中最常用的温标单位。这个标度上使用的单位叫作开尔文（K）：水的凝固点和沸点分别为273.15K和373.15K。

选择正确的温度计

在美国，所有种类的温度计都是根据国家标准与技术协会（NIST）制定的标准进行校准的。

现在可供使用的温度计有很多种。根据使用范围需要做出正确的选择。

传统的玻璃温度计已有300多年的历史，如今仍在许多领域中使用。玻璃温度计的工作原理很简单。温度上升液体膨胀，温度下降液体收缩。膨胀和收缩的量由热量控制。通常使用的感温液有水银、酒精或碳氢化合物液体，用玻璃管真空密封。当温度变化时，液体在一个狭窄的玻璃管中膨胀或收缩，液位上升或下降。当变化停止时，读取相应的刻度值，即是当前温度。

另一种你可能熟悉的温度计是表盘式温度计。这种温度计通常用于测量糖果和肉类的温度。一个封闭的表盘位于尖头金属探针顶端，探针插入被测食物中。内部有一对紧密的双金属材料螺旋片，这是由两种金属粘在一起。由于这两种金属随温度膨胀和收缩的速度不同，双金属片会随着温度的变化而变紧或变松，从而导致和它相连着的刻度盘上的指针来回移动。指针所指的位置就表示当前的温度。

一些医院现在优先使用铂电阻和热敏电阻温度计，而不再推荐使用玻璃温度计，特别是水银温度计。

热电阻温度计是利用测量材料的电阻值随温度的变化而变化来工作的。高纯度铂丝线圈，或一种称为热敏电阻的半导体材料，可以用作热电阻感温材料。热电阻温度计也用于实验室和工厂等测温场所。

医院也在使用热电偶温度计作为水银温度计的替代品。这种温度计在工业中也很常见。热电偶是由两根不同金属在一端焊接而成的导线组成。当热电偶的焊接端与导线的另一端之间存在温差时，在每根导线上产生不同的电压。电压差可用来测量工作端的温度。

还有红外温度计，它的工作原理是检测来自被测物体表面的红外辐射。透镜将接收红外线聚焦，红外线通过过滤器进入红外探测器。大多数医院已经不再使用水银玻璃温度计，而是使用红外数字温度计。一些红外温度计可以在不与被测物体接触的情况下测量温度，这非常适合测量机器中旋转部件的温度。红外温度计通常带有一个集成的激光指示器用来瞄准探测点。

今天数字温度计在各行各业中得到广泛的应用。与传统的口腔和直肠玻璃温度计相比，红外耳温计对人体体温的干扰要小得多。你可能有一个无线数字温度计，可以读取你家附近的多个远程温度探头中的数据。家庭机械师甚至可以在不触碰汽车的情况下测试汽车发动机温度。无论电子温度计的形式怎么改变，它必须包含一个冷热敏感元件，以响应温度的变化。

 温度计材料

玻璃温度计由三个基本构成部分：充有酒精的液体（酒精混合物），它能对冷热变化做出响应；玻璃管，用来容纳测温液体； 黑色墨水，给刻度和数字上色。制造温度计所需的其他要素包括蜡溶液，用于在玻璃管上刻划刻度；雕刻机，在玻璃管上雕刻等分的刻度标记；氢氟酸溶液，将玻璃管浸入其中蚀刻标记。

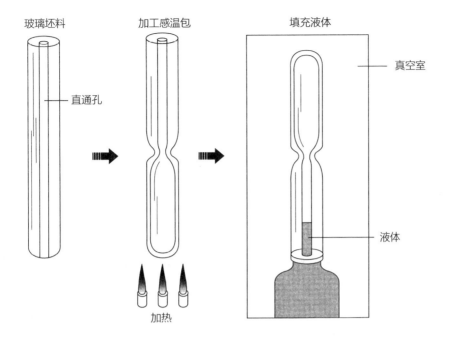

玻璃坯料　　　　加工感温包　　　　　填充液体

直通孔

真空室

液体

加热

图 1　温度计制造商从中间有孔（细孔）的玻璃坯料开始。球状感温包是通过加热玻璃管的一端并将其捏紧而形成的。球状感温包在底部密封，中心细孔直通到顶部。接下来，将开口端在真空室中倾斜，将空气从玻璃管中抽出，然后将碳氢化合物液体灌入真空管中，直到它进入管子约2.5厘米。

构成温度计主体的玻璃材料通常在外部制造商那里购买。有些温度计产品用塑料或复合材料制成包装外壳，通常在外壳上刻有刻度，无刻度的玻璃温度计安装在外壳中。外壳不仅给玻璃管提供保护，还可以方便地安装在墙上、柱子上、窗户上，或者安装在保护箱中。

圆盘式双金属温度计的双金属螺旋片通常是钢和铜组合，或者钢和黄铜组合。

热电偶使用哪两种金属取决于被测物体设定的测温范围。最常见的类型是由镍铬和镍铝合金制成。

如前所述，电阻温度计要么使用高纯度铂电阻，要么使用热敏电阻。热敏电阻材料是其他金属化合物，如金属氧化物或单晶半导体。

红外温度计中的红外传感器一般是硅红外光电二极管，安装在带有集成滤波器和透镜的印刷电路板上。

制造过程

虽然温度计的种类很多，但是数字温度计的制造与许多常见的电子产品的制造并没有太大的不同。

相比之下，玻璃温度计的生产过程非常有趣，尽管现在不常使用。因此下面描述的是老式的玻璃温度计的制造过程。

玻璃感温包

1. 首先，从外部制造商处购买玻璃坯料管。整个玻璃管中心有一个细长的通道或孔（见图1）。检查玻璃管的质量；任何不合格玻璃管都要送回供应商进行更换。

2. 储存感温液的球状感温包是通过加热玻璃管的一端，将其捏紧制成的，具体操作过程是使用气动喷焰枪吹制玻璃。球状感温包也可以通过吹一块单独的实验室材料制成，然后与玻璃管的一端连接。球状感温包底部密封，顶部开口细孔直通到底部感温包。

Sweet Heat 糖果加热

制糖师按照糖果温度计指示，加热混合物达到所要求的温度时，就可以将其加工冷却成软焦糖状或硬糖裂纹状的糖果。一些温度计还指示牛奶烫伤和油炸薯条的温度。

添加液体

3. 将开口端放在真空室中，然后从玻璃管中抽出空气，再将碳氢化合物液体加入真空管中，直到其进入约2.5厘米（见图1）。基于环保的要求，现在玻璃温度计很少用汞作为感温液，一般使用酒精和碳氢化合物液体。美国环境保护署（EPA）

采取措施限制汞的使用。

4. 然后逐渐降低真空度，迫使液体流到管子的顶部。除了在真空室加热，添加水银的过程是一样的。

5. 液体回流到管子的顶部后，进行露头工艺过程操作。把温度计球状感温包端放入恒温槽中，将温度提高到204℃（400℉），多余的液体从管子顶端溢出。接下来，把温度降低到室温，使剩余的液体回到一个已知的高度。然后把温度计的开口端放在火焰上密封。

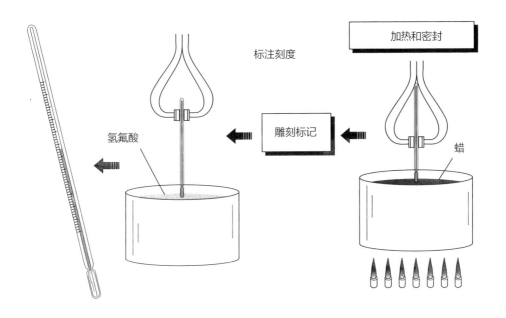

图 2　注入液体后，加热并密封装置。接下来，添加刻度标记。这是通过雕刻来完成的，在这个过程中，球状感温包浸在蜡中雕刻标记，接着浸在氢氟酸中以蚀刻玻璃管上的标记。

标注刻度

6. 玻璃管密封后，把它放在100℃（212℉）的沸点槽中，对感温液停留的液位高度定为上标，然后再放在在0℃（32℉）的冰点槽中，此时停留的液位高度定为下标（见图2）。在玻璃管上标定下这两个参考点后，通过雕刻或丝网印刷，按照等分原理在玻璃管上标上其余的刻度。

7. 量程的长度范围按照设计需要而改变。选择最适合的参考点（冰点和沸点），再在它们之间等分标记相对应的刻度。为了标记准确，雕刻是最好的方法。温度计置于蜡中后，由雕刻机刻印。刻好标记后，将温度计浸在氢氟酸中来蚀刻它。然后将油墨涂在标记上。此时，一个刻度清晰、醒目的玻璃温度计就完成了。装在外壳中的玻璃温度计，使用丝网印刷工艺在外壳上标印刻度。

8. 最后，温度计根据制造商的设计进行包装并运送给客户。

质量控制

温度计的制造必须遵守公认的行业标准，制造过程要严格执行具体的内部控制措施。制造设计方案包括整个生产过程的质量控制检查。生产设备也必须仔细维护，特别是对数字和电子温度计最新设计要求更要严格遵守行业规范。

对在生产过程中产生的废弃物，按照环境管理标准进行处理。在制造过程中，必须定期检查和校准用于加热、真空和雕刻温度计的设备，并使用已知的标准进行误差测试，以确定温度读数的准确性。所有温度计都有精度等级。对于普通家庭，这个误差通常是 ±1.8℃（2℉）。而对于实验室使用的温度计，允许误差范围是 ±1℉。

未来的温度计

虽然传统的简单玻璃温度计不大可能有什么改变，但其替代品无汞数字温度计现在已普遍使用，且使用范围会越来越广，用量会越来越大。随着技术的进步和更轻更强材料的广泛使用，电子温度计可以做得更小，精度更高，价格更便宜。

数字体温计几乎可以即时测量体温，这使得医疗保健变得更加容易，尤其是当病人是个非常年幼、躁动不安的孩子时。大多数数字温度计都如钢笔或记号笔那么大，由不易破碎的塑料制成，供电电池通常可以使用一年以上。

随着电子设备变得越来越小、功能越来越强大，通信技术被集成到越来越多的系统中，数字温度计已经能够与医院里电脑进行无线通信，自动记录病人的体温读数，从而减少了人为操作可能造成的失误。

判断发烧

1868年，德国医生卡尔·旺德利希（Carl Wunderlich）将正常平均体温定为98.6华氏度。他用水银温度计测量了2.5万名成年人的温度后得出了这个数字。一个多世纪以来，医生和母亲们已经接受了这一温度作为衡量人体健康的准则。最近用更精确的设备进行的实验表明，健康人体的温度在一天中会发生变化，从早上96.0华氏度的低温到晚上99.9华氏度的高温，人的体温处在这样一个变化区间。

灯泡

发明人：沃伦·德·拉·鲁（Warren De la Rue），于1840年发明了用铂丝做灯芯的早期电灯泡；约瑟夫·威尔逊·斯旺（Joseph Wilson Swan），于1878年演示了使用碳化纸纤维做灯丝的电灯泡；托马斯·爱迪生（Thomas Edison），于1879年获得了碳丝灯泡的专利权；尼克·赫伦亚克（Nick Holonyak），于1962年发明了第一盏LED灯。

全球照明市场变化：到2016年已安装LED照明光源的超过27%，现在LED灯的市场份额则超过了50%。

顶级制造商：伊顿电气集团（Eaton）、欧司朗光电公司（Osram Opto）、科锐公司（Cree）、奥德堡照明公司（Zumtobel）、东芝照明技术公司（Toshiba）、飞利浦照明公司（Philips）、数字流明公司（Digital Lumens）和通用照明公司（GE Lighting）。

从火焰到灯丝

自人类历史早期开始到19世纪初，火一直是人类最主要的光源。人们靠火把、蜡烛、油灯和煤气灯的火光生活和工作。使用明火照明往往会带来火灾的危险，尤其是在室内使用时，不仅光线昏暗，而且多数情况下会产生对人体有害的气体。

英国化学家汉弗莱·戴维爵士首次尝试使用电力照明。1802年，戴维证明电流可以将金属薄片加热至白热状态，产生良好的光线。这就是白炽灯的开端。

下一个重要的突破是弧光灯。它的主要部分是由碳制成的两个电极，两个电极之间隔着一个很短的空气空间。施加在其中一个电极上的电流流过另一个电极时会在空气中形成一道光弧。弧光灯主要用于室外照明，那时一大批科学家仍在竞相研发一种高效的室内光源。

灯泡的发明人有很多，可通常人们把它的发明归功于爱迪生。然而，与他同时代的英国人约瑟夫·威尔逊·斯旺（Joseph Wilson Swan）在1878年就已经展示了第一个电灯泡，那是爱迪生申请碳丝灯泡专利的前一年。

白炽灯走向市场的瓶颈是没有找到合适的发光材料。戴维发现，铂是唯一一种可以长时间产生白热的金属。他也试用过碳，但是碳在空气中很快氧化，导致燃烧殆尽。解决方案是制造一种真空环境，让这些元素隔绝空气，从而保护发光材料。

托马斯·阿尔瓦·爱迪生（Thomas Alva Edison）是一位年轻的发明家，他在新泽西州门洛帕克有一个实验室。1877年，爱迪生参加了发明实用电灯的竞赛。他从检查其他人的实验入手，通过仔细观察研究，从而找出竞争者失败的原因。在这个过程中，他发现铂是比碳更好的发光材料。1879年4月，爱迪生用铂作为发光材料，制作出不怎么实用的灯，他因此申请了第一项专利。然后他继续寻找一种既能有效发光又比较便宜的材料。

爱迪生还对照明系统的其他部件做了改进。他制作一个电源，并创新地设计了一个布线系统，该系统可以在同一时间控制数个灯泡的照明。最重要的是他找到了一种合适的丝状材料——一种非常细、像线一样的金属丝，通过电流时它并不会熔化或变性。早期的灯丝大部分很快就烧坏了，因此，大多数情况下做出来的灯没有实用价值。为了解决这个问题，爱迪生再次尝试用碳丝来照明。

爱迪生最后选择了碳化棉线作为灯丝材料。用铂丝作为正负电极，灯丝被夹在铂丝上，铂丝携带电流进出灯丝。然后把这个组件放在一个玻璃球中，在颈部熔化。真空泵将空气从灯泡中抽走，这是一个缓慢但重要的步骤。随后连接玻璃灯泡底部伸出来的引线。

1879年10月19日，爱迪生对这种新灯泡进行了第一次性能测试。它持续亮了2天零40分钟（10月21日，也就是灯丝最终烧断的这一天，一般称为第一盏具有商业使用价值的电灯发明日）。当然，这个最初的灯经过了一些改进。此后，大量灯泡生产厂建立起来，供电系统也取得了很大的进步。今天的白炽灯泡与爱迪生最初的灯泡非常相似。主要的不同之处在于钨（一种熔点很高的坚硬金属）灯丝和各种气体（灯泡内充的惰性气体）的使用，因为钨灯丝可以加热到更高的温度，从而获得更高的效率和更明亮的照明。

白炽灯是第一种也是最便宜的一种灯泡，但现在已经开发出多种用途的其他光源。

■钨卤素灯使用钨作为灯丝，并充满卤素气体来延长灯丝的寿命。

■水银蒸汽灯是一种双层玻璃壳灯泡——石英放电管外面另有一个椭球形外玻璃壳。放电管中汞蒸气的压力比荧光灯高，使得外玻璃壳内壁不需要荧光粉涂层就能发光。

■霓虹灯管是一个两端有电极的密封玻璃管，其中填充了一些低压的气体，在高压电场作用下产生气体放电，氖原子内部的电子跃迁使其发光。光的颜色是由气体混合物决定的，纯氖气体发出红光。

■金属卤化物灯，主要用作户外体育场馆和道路照明灯，含有金属和卤素的化合物。灯的工作原理与汞蒸气灯基本相同，只是金属卤化物在没有荧光粉的情况下可以产生更自然、更平和的色彩。

■高压钠灯也类似于汞蒸气灯，不过电弧管是由氧化铝而不是石英制成的，并且它含有钠和汞的固体混合物。

■荧光灯是含有汞蒸气和氩气的透明管。当电流通过管子时，水银会释放出紫外线。当紫外线照射到灯泡内部的荧光涂层时，荧光灯就会发光。紧凑型荧光灯是白炽灯的直接替代品。

■发光二极管（LED）照明使用的是固态半导体发光二极管，当电流通过时发光。一组LED结合驱动电路和散热器，被封装在一个灯泡中，可以直接取代白炽灯，相比白炽灯摸起来更凉，更节能。

LED 灯引领潮流

2012年1月，美国《能源独立与安全法》（*Energy Independence and Security Act，EISA*）规定，40瓦至100瓦之间的白炽灯泡必须达到一定的能效标准，从而促进

LED早在20世纪60年代就已出现。但直到2007年美国《能源独立与安全法》（ Energy Independence and Security Act, EISA ）颁布后，企业才开始寻找用LED取代传统白炽灯的方法。

LED灯泡比传统的白炽灯节能75%~80%，使用寿命约为白炽灯的15倍（有些还要长得多）。节能灯的效率和LED灯差不多，但使用寿命只有白炽灯的10倍，还含有有毒的汞。

了比白炽灯泡更有效的替代产品的广泛生产。最受欢迎的选择是节能灯（CFL）和LED灯。最初由于受价格和非自然光的颜色影响，LED灯难以获得消费者的认可。相比之下节能灯更便宜，但许多早期型号的节能灯在完全点亮之前都有时间延迟，而且它们含有有毒的汞元素。随着LED技术的进步和价格的下降，LED灯已经成为日常照明中销量增长最快的产品。

由于单个LED灯珠产生的光具有很强的方向性，因此需要几个LED灯珠组成陈列才会达到白炽灯的全方位照明的效果。LED发出多种颜色的光，但不是白色。为了给普通照明提供良好的白光，制造商要么将不同颜色的发光二极管混合在一起，使它们发出的光在混合后看起来是白色的，要么使用更通常的做法，在发光二极管上使用磷涂层。带有黄色荧光粉涂层的蓝色LED会产生蓝色和黄色的混合光，肉眼看来就像白光。LED灯泡有多种色温可供选择。色温（以开尔文为单位）可以用来比较光的颜色，如从蜡烛（1 850开尔文）到日光（6 500开尔文）的一系列光源。制造商产品说明书中会给出LED灯泡发出的光量（以流明为单位），通常会标出等效白炽灯的瓦数。

LED灯泡还需要一个适配器将家用交流电（AC）转换成直流电（DC）。尽管LED灯泡产生的余热比白炽灯少得多，但敏感的半导体通常仍需要一个散热器（一种导热材料，如金属）来散热。

LED 灯的材料

本节及制作工艺将重点介绍LED灯泡。尽管白炽灯仍然存在，但LED灯是照明市场增长最快的光源。

在制造商弄清楚如何使LED产生真正的白光之前，他们依靠两种主要方法来将LED实际产生的光转换成一种适合照明的光。

一种方法是使用非白色的混合色来产生白光。红色到黄色光谱的

LED通常由铝镓铟磷化物（AlGaInP）制成。氮化镓铟（InGaN）被用来制造能发出绿色和蓝色光的LED。

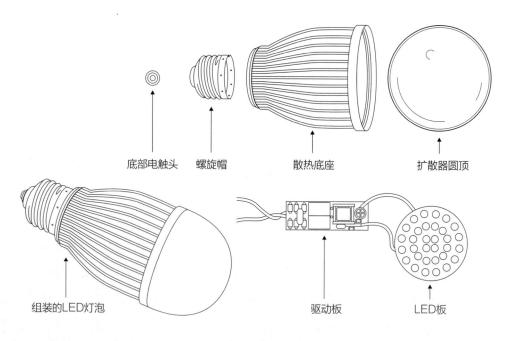

底部电触头　　螺旋帽　　　　散热底座　　　　　　扩散器圆顶

组装的LED灯泡　　　　　　　　　　　驱动板　　　　LED板

图 1　一个组装的LED灯泡（左下），包括底部的电触头、螺旋帽、带有散热器的底座、扩散器圆顶（顶部）、驱动板和LED板（右下）。

　　第二种主要的方法是在灯泡内部涂上一层黄色的荧光粉，现在更多的是在发光二极管内部涂上一层黄色的荧光粉，这种荧光粉会吸收发光二极管中的一些光子（光粒子）并发射黄色的光子。这种方法使用的通常是紫外线或蓝色的氮化镓（GaN）或氮化镓铟（InGaN）。发光二极管发出的蓝色光和荧光粉发出的黄色光结合在一起，形成了理想的白色。荧光粉可能是含有锰、镧、钇铝石榴石（YAG）等稀土元素，以及氧化钡或氧化铝的混合物。

生产过程

驱动板

1. 一种印刷电路板（PCB），包括驱动多个灯泡的电路板。PCB安装在支架中，并使用自动贴片机应用表面贴装技术（SMT）贴装元件。

2. 仍然在一个PCB上贴装上元件的驱动板，移到自动焊接机焊接插脚点，同时将引线也焊接到每块板上。

3. 现在，各个驱动板按预先刻划的线分隔开来。每个驱动板上有两根裸露的导线，分别连向灯泡电气底座，相反方向的两根导线连接到LED上。

LED板

4. 类似驱动板的焊接方式将LED焊在PCB上。发光二极管可能已经被涂上了一层磷光材料，或者通过不同颜色的发光二极管的组合来产生白光。

5. LED板通常是用热胶（一种传热较好的特殊黏合剂）粘在散热器上。

底座

6. 将驱动板插入注塑底座中。根据灯泡的设计，灯泡底座也可以包含金属散热片。然后，在灯泡底座填充树脂材料，以确保驱动板被安装在指定位置，两根接触线向上粘接，两根向下粘接至底座底部。接着通过加热器来固化树脂。

7. 接下来，将底座倒置，并附加金属接触帽。最常见的帽子类型是螺纹——"爱迪生螺纹"。在北美和日本，E26（26毫米）螺纹帽是最常见的。在英国、欧洲和澳大利亚，E27（27毫米）帽是标准配置。一些灯具使用推扭式卡口灯头，但并不常见。螺旋盖放置在底座的末端，拧紧，然后卷边或粘接到位。螺纹帽从侧面的驱动板连接到一根裸露的导线上，另一根裸露的导线从倒置底座的底部伸出连接到金属阀瓣接点上，为螺塞纹接口提供第二个接点。

8. 底座现在再次右转，然后LED的PCB与散热器连接，LED已经焊接到位，定位在顶部，并自动焊接两根驱动板导线到LED板（正对正和负对负）。LED的PCB上的散热器被卷曲或拧到底座的散热器上。

总装与打包

9. 将扩散器圆顶安装到LED板上。

10. 接下来，检查人员通过将灯泡旋进测试插座进行质量检查，以确保灯泡正常工作。

11. 最后将灯泡装入包装盒子里，准备装运。

质量控制

在美国，环境保护局（EPA）主张能源之星产品认证，要求LED照明产品在色温、均匀性、一致性及长时间的发光效率方面满足规定的要求。制造商可能有独立的实验室来验证其产品的性能。LED的发光效率会随着时间的推移而下降，特别是由于热量影响。因此，制造商通过测试和修改他们的设计方案，以提高灯具的使用寿命。

未来发展

美国能源部（Department of Energy）的一项研究表明，与不使用LED的情况相比，到2030年，使用LED照明有望每年节省260太瓦时（1太瓦等于1万亿瓦特）。

随着制造商不断改进设计、材料和制造工艺，LED技术会越来越好。然而，LED想要拥有比白炽灯更长的工作时间和使用寿命，还有很长的路要走。或许另一种技术会被开发出来取代LED，然后会在未来几十年占据主导地位——真的很期待。

一家公司开发了一种LED灯泡的替代品，该公司经营者称，这种灯泡的效率和寿命与LED灯泡类似，但在更广泛的可见光光谱中具有更好的色彩表现。然而，这些灯泡确实含有少量的汞，因此会带来回收时的健康与污染问题（如果坏了）。这种灯泡背后的感应技术是由尼古拉·特斯拉（Nikola Tesla）首创的，它是否会成为LED灯泡的挑战者还有待观察。

一些公司正在研究可视光通信（VLC）系统，该系统可以集成到建筑物的灯泡中。与普通无线通信（如无线保真度或WiFi）相比，这种方法提供了一些安全优势，因为所谓的LiFi（Li代表光，Wi代表无线）不会超出墙壁，因此无法被入侵。

　　制造商们已经将现代智能技术整合到灯泡中，使其能够接受中央集线器、智能手机应用程序或电脑的控制。还有内置安全摄像头的灯泡。如果这些产品能有市场的话，制造商将会继续在灯泡上添加些新功能。未来的电灯泡到底会是什么样的，时间会告诉你一切。

铅笔

发明人：1564年，在英国发现了石墨；1795年，法国化学家尼古拉·雅克·孔（Nicolas Jacques Conte）将粘土和石墨烧制并插入木质外壳中；1858年，美国人海曼·李普曼（Hymen Lipman）将橡皮附在铅笔上；1847年，法国人泰利·德斯·埃斯托（Therry des Estwaux）发明了手动卷笔刀；1897年11月23日，美国人约翰·李·洛夫（John Lee Love）发明便携式卷笔刀；1910年，塞缪尔·弗雷斯特（Samuel Forrester）发明了用于工厂的电动卷笔刀；20世纪40年代初，雷蒙德·洛伊（Raymond Loewy）设计出流行的家用电动卷笔刀，由施莱默公司（Hammacher Schlemmer）专卖店出售。

美国铅笔年销售额：5.601亿美元。

 ## 最初的铅笔

铅笔是最古老和使用最广泛的书写工具之一。在史前时代，人们使用白垩岩和烧焦的棍子在兽皮和洞穴墙壁上绘制各式各样的图画。希腊人和罗马人用扁平的铅片在纸莎草上画出模糊的线条。直到15世纪末，才出现今天铅笔的最早直系祖先。

早期铅笔

在16世纪，大量的石墨沉积，在英国西北部的科斯威克（Keswick）附近的岩石中发现一种柔软、闪亮的矿物质。当时人们分不清石墨和铅，所以他们称石墨为"黑铅"。直到1779年科学家们才确定，之前认为是铅的材料实际上是一种微晶碳，他们借

石墨是碳的一种形式，于1564年在英国科斯威克（Keswick）附近的博罗黛尔（Borrowdale）西斯威特（Seathwaite）山上首次发现。英国人很快将这种新发现的东西用来写字，并把这种新型书写工具命名为"铅笔"，来源于古英语中的画笔——一种以前的写作工具。

现在的铅笔有不同的硬度（H）和软度（B），这要归功于孔戴（Conte）发明的烧制石墨粉和黏土的工艺。铅笔不同的硬度和软度规格对艺术家和绘图员很重要。

鉴希腊字"graphein"把它命名为石墨，意思是"写作"。

把石墨切成棒状或条状，用麻线包裹好，使用起来又结实，手感又舒服，将这样的成品叫作铅笔，这在当时很受欢迎。后来，德国发明了一种将石墨周围的木条粘接起来的方法，从此现代铅笔就诞生了。

18世纪晚期，博罗黛尔（Borrowdale）矿消耗殆尽，随着石墨储量的减少，寻找使用其他材料来替代石墨变得日益重要。法国化学家尼古拉·雅克·孔戴（Nicolas—Jacques Conte）发现，当对石墨粉、黏土粉和水进行混合、制模并烘烤后，制成品书写起来和纯石墨一样流畅。他还发现，通过改变黏土和石墨的比例来制作更硬或者更软的笔芯——石墨越多，铅笔就越黑越软。1839年，德国的洛塔尔·冯·费伯（Lothar von Faber）发明了一种将膏状石墨制成同样厚度的棒状物的方法。他后来又发明了一种对制造铅笔的木料进行切割和开槽的机器。

在博罗黛尔矿丰富的石墨储备耗尽之后，世界各地陆续建立了其他石墨矿厂，其中许多矿厂是在美国建立的。1812年的英美战争终止了美国对英国铅笔的进口贸易，同年，第一支美国铅笔诞生了。

早期专利

威廉·门罗（William Monroe）是马萨诸塞州康科德的一位家具师，他发明了一种用来对制造铅笔的木材进行精确地切割和开槽的机器。大约在同一时期，美国发明家约瑟夫·狄克逊（Joseph Dixon）发明了一种制作方法，他将雪松制成的圆柱体切成两半，再将石墨芯放入其中一半，最后把两半粘在一起。铅笔末端的橡皮擦则可以追溯到1858年，由美国人海曼·李普曼（Hymen Lipman）发明；1872年，这项美国专利被约瑟夫·雷钦多弗（Joseph Rechendorfer）以10万美元的价格购得。1861年，洛塔尔·冯·费伯（Lothar von Faber）的兄弟约翰·埃伯哈德·费伯（John Eberhard Faber）在纽约市创建了美国第一家铅笔制造厂。

铅笔材料

铅笔不是铅制的，而是由石墨和黏土混合物制造的。铅和石墨这两种材料的颜色相近，这就是为什么早期使用石墨绘图的人把它称为铅的原因。

铅笔最重要的成分是石墨，大多数人都继续把它叫"铅"。至今人们仍在使用孔戴将石墨与黏土结合的工艺方法，有时也添加蜡或其他一些化学物质。今天几乎所有铅笔中的石墨都是天然石墨和化学物质的混合物。

制作铅笔的木材必须能够经受反复的削剪，而且削起来既容易又不易碎裂。大多数铅笔都是用雪松（尤其是加州雪松）制作的，多年以来一直使用这种木材。雪松有一种怡人的气味，不会弯曲或变形，且容易买到。

铅笔橡皮是用套圈固定的，套圈是一种金属外壳，可以用胶黏合，也可以用金属叉齿固定在铅笔的末端。橡皮擦本身由浮石和橡胶组成。

制造过程

现在大多数商业用途的石墨都是工厂生产的，而不是开采出来

世界上每年铅笔的销售额将近150亿美元，其销量继续超过圆珠笔。

大多数铅笔是六边形的，这样可以防止铅笔在平面上滚动。

的，因而制造商可以很容易地控制石墨的密度。根据铅笔的种类，将石墨和黏土混合在一起——石墨用得越多，铅笔就越软，线条就越黑。把颜料添加到黏土中制作彩色铅笔，实际上彩色铅笔没有石墨。

石墨制造过程

1. 有两种方法可以将石墨制成成品。第一种是挤压法，这种方法将石墨混合物压入一个狭窄孔道，形成类似意大利面的细条状，随后按照精确的长度进行切割，并在烘炉中烘干（见图1）。

2. 第二种方法是将石墨混合物投入被称为"石墨坯压力机"的机器中。在压力机顶部安装一个塞子，同时底部的金属冲压件向上挤压，把混合物压成一个坚硬的固态圆柱体胚料"石墨坯"，然后将石墨坯从压力机顶部取出并将其放入挤压机，通过模具，切下大小合适的铅笔芯。随后铅笔芯将通过传送带传送并被收集在一个槽内，等待插入铅笔的木质外壳中。

挤压石墨混合物

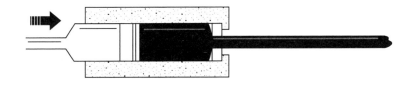

图 1　铅笔制作的第一步是制造石墨芯，方法之一是通过挤压来实现。在挤压法中，石墨混合物挤压通过模具的开孔。

制作木质外壳

3. 雪松在送到工厂前通常会进行干燥、染色并上蜡处理，以防止翘曲。随后原木会被锯成被称为"板条"的窄条；这些板条长约7.25英寸（184毫米），厚约0.25英寸（6毫米），宽约2.75

英寸（70毫米）（见图2）。板条会被放入进料器中，并逐个通过匀速传送带。

4. 接下来，这些板条表面会被打磨平整。随后它们从一个切割头下面穿过，这个切割头沿着每条板条的一边切割出深度是石墨厚度一半的平行的半圆形凹槽。随着传送，其中一半的板条会被涂上一层胶水，紧接着切好的石墨会被放置在这些板条的凹槽中。

5. 另一半既没有涂抹胶水，也没有放置石墨的板条会被放置在另一条传送带上。机器会把它们拿起来翻面，让它们凹槽朝下地躺在皮带上。然后两条传送带相配合，像做三明治一样，每一块没有涂抹胶水的板条会被放置在黏合了石墨的板条上。将两个连在一起的板条自传送带上取下后，置入一个金属夹子中，通过液压机的压力会将它们夹合，直到胶水凝固为止。多余的胶水之后会被修整去除。

铅笔塑形

6. 紧接着是通过分置于传送带上下的两组刀具，将复合在一起的板条真正切割为铅笔，上方的刀具切割板条的上半部分，而下方的刀具切割下半部分，并将成品铅笔分开。大多数铅笔是六棱柱形的，以防止它们从各种平面上滚落。一个复合板条可以产出6到9支六角形铅笔。

最后一步

7. 铅笔切好后，用砂纸将表面打磨平整。上色时，先将铅笔表面涂上三层彩色水性颜料，然后使用透明漆光面，最后使用紫外光瞬间固化油漆。

8. 上了漆的铅笔再一次被放置在传送带上，使用成型机去除铅笔末端堆积的多余的漆，并确保所有铅笔有相同的长度。

9. 橡皮擦是用一个圆形的金属套圈固定在铅笔上的。首先，用胶水或小的金属尖子将套圈固定在铅笔上，插入橡皮后再将套圈夹紧。最后，用一个加热的钢模把公司的标志印在每一支铅笔上。

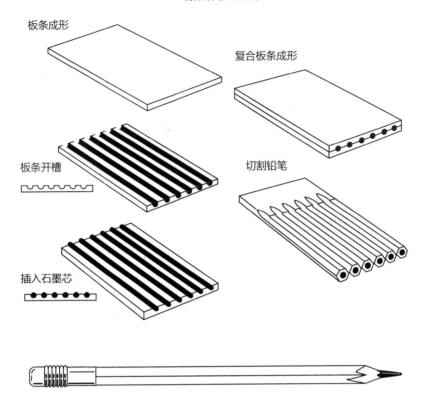

制作铅笔木质外壳

板条成形

复合板条成形

板条开槽

切割铅笔

插入石墨芯

图 2　为了制作铅笔的木质外壳，人们先制作方形板条，然后在板条上开槽。接着，将石墨棒插入一个板条上的凹槽中，随后将另一半带有空凹槽的板条粘在已经填充了石墨的板条上。以上步骤得到的复合板条会被切割成尺寸合适的铅笔，并附上橡皮和金属套圈。

彩色铅笔

　　彩色铅笔在20世纪初得到发展，其生产方法与普通的黑色书写铅笔大同小异。不同的是，彩色铅笔的笔芯是混合了黏土的染料和颜料而非石墨。在彩笔生产过程中，颜料中会加入黏土和树胶作为粘结剂。然后将混合物浸泡在蜡中，使铅笔书写更光滑。铅笔成型后，根据笔芯的颜色将铅笔的表面涂上相同的颜色。

　　如今，铅笔有70多种颜色可供选择，其中又有可擦除的和不可擦除的〔绘儿乐

（Crayola）公司的标准铅笔配色中包含7种不同的黄色和12种不同的蓝色〕。然而，黑色铅笔的销量仍然超过了包括彩色铅笔和圆珠笔在内的所有竞争对手。

 ## 质量控制

铅笔在制造过程中会沿着传送带传送，销往市场前都会经过认真彻底地检查。训练有素的工人们会丢弃看起来不规则的铅笔，并在加工完成后对部分铅笔进行削尖和测试。制作过程中一个常见的问题是复合板条的胶水有没有充分黏合，但这个小问题往往会在切割的时候被发现。

数字的含义

铅笔的硬度是用数字或字母来表示的，通常这些数字和字母会被印在铅笔顶端。大多数制造商使用数字1到4，其中1是最软且书写最深的，2号铅笔（中等硬度）是最常用的。有时候铅笔软硬度会按字母分等级——从最软的6B到最硬的9H。

自动铅笔

在19世纪80年代早期，人们通过对不需要削尖的铅笔的研究，最终开发了所谓的自动铅笔。这些铅笔有一个金属或塑料外壳，并使用类似于木制铅笔的铅芯。铅芯被卡在外壳内的一个金属螺旋体中，并被一根嵌有金属螺柱的金属杆固定住。当扭动笔帽时，金属杆和螺柱会在螺旋中向下移动，使笔芯被推出一段距离。

 **未来发展**

以高端钢笔和彩色铅笔为代表的书写工具市场仍在持续增长，但即使是简单的老式铅笔，仍然可以在数字时代继续蓬勃发展而占有一席之地。

邮票

发明者：1837年由英国人罗兰·希尔（Rowland Hill）提出，其后发明了黏性邮票。
美国每年邮票印刷量：约为190亿枚。

 ## 邮票起源

　　邮票是一种相对现代的发明。1837年，英国教师、税务改革家罗兰·希尔（Rowland Hill）爵士出版了一本名为《邮政改革：其重要性和实用性》的小册子，在这本书中他首次提出了这一概念。书中列举了很多改革措施，重要的是希尔建议英国人停止使用以信件所走的距离为基础来计算邮费，且要在投递前收取邮费。他认为费用应该以信件或包裹的重量为基础，并以贴邮票的形式预先付款。

　　当局很快采纳了希尔的提议，第一张以维多利亚（Victoria）女王肖像为主题的英国黏性邮票于1840年印刷。这是张名为"黑便士"的邮票，无论信件寄往何处，都可以为重达14克的信件提供足够的邮资。为了鼓励大家广泛使用邮票，没有邮票的信件在邮递时收取双倍的邮费。

　　紧接着1843年，巴西也开始使用邮票，它是由国家铸币厂雕刻印制的。同时瑞士的各个社区也发行了邮票。美国邮票（面值分别为5分和10分）于1847年首次由国会批准发行 ，并于同年7月1日向公众发售。到1860年，全世界已经有了90多个国家、殖民地或地区开始发行使用邮票。

开始的邮票只有单一的颜色，直到1869年美国才开始生产彩色邮票，彩色邮票的真正普及是在20世纪20年代才开始的，"黑便士"等早期邮票需要用剪刀分开；1854年英国开始生产打孔邮票，而美国是在1857年才有打孔邮票。虽然偶尔会印制较大尺寸的邮票，但"黑便士"邮票的尺寸（19毫米×22毫米）仍为标准尺寸。

起初邮票是由印制国家货币的企业或本国铸币厂制作的。然而，很明显，印刷邮票不同于铸造货币，因为不同的纸张类型需要不同的印刷压力。最终，印刷邮票变成了一项独立的生产活动。多年以来，邮票制作方法不断进步的同时反映了现代印刷工艺的发展。今天邮票制作过程使用了许多最先进的印刷技术。

发行邮票的选择

从2007年开始，美国邮政服务业开始发行"永久"邮票，即以当前邮资购买，可以永远使用的邮票。这可以保护消费者不受邮费随时间变化的影响。第一枚永久性邮票的图案是自由钟。

在美国，制作邮票的决定是由公民邮票咨询委员会（The Citizens' Stamp Advisory Committee）做出的，该委员会由历史学家、艺术家、商人和收藏家组成，他们定期与邮局人员会面。发行什么样的邮票、面额多大，以及在什么时候发行都是由他们制定的。

有关邮票的建议自全国各地纷至沓来，不过委员会自己可能会推出一种特殊的设计。虽然每年只能发行数量有限的邮票，但该委员会每周会收到来自收藏家和特殊利益团体的数百个想法。在一般情况下（如果是人物纪念邮票，主人公应该是已故的），建议是附有图画和图片的，这将有助于增加设计邮票被选中的机会。一旦委员会决定制作某一枚邮票，他们会聘请一位艺术家来设计或修改已提交的设计方案。

"猫王"埃维斯·普雷斯利（Elvis Presley）的崇拜者们给公民邮票咨询委员会写了6万多封信，建议为他发行一枚纪念邮票。可以称为艺术品的有超过40幅猫王的肖像画。委员会最终筛选出两幅，接着是他们有史以来第一次要求公众对这两幅作品进行投票。获胜者是"一个年轻的猫王"，由马里兰州的艺术家马克·斯图兹曼（Mark Stutzman）设计。猫王邮票于1993年1月8日（猫王的生日）发行。

通常会在制造邮票的纸张或油墨上加上不可见的荧光或磷光添加剂作为标记，这些标记只有在紫外线照射下才能看得见。附有标记的邮票可以被一台特殊的机器读取，这有助于邮件的自动分类。

从1974年起，美国邮政总局开始使用自动粘贴邮票，而不是用普通邮票。到2005年，98%的邮票是自动粘贴的。集邮人士对这一改变感到不满，因为大部分新使用的压敏胶不溶于水，令集邮爱好者很难从邮件上取下邮票。

邮票材料

印刷邮票最常用的是直纹纸和布纹纸两种纸质。直纹纸在光照下可以看见相互交替的明暗纹，布纹纸则没有。这两种纸通常都加上水印——在印刷过程中压印在邮票纸张上的有明暗纹理的图形、人像或文字。水印纸在其他国家很常见，自1915年以来，美国就不再使用水印纸了。代之使用的是一种安全性更高、在紫外线下可见的、用荧光或磷光材料作标记的纸张。

如今，美国邮政发行的邮票是用自粘纸印制的，就是在纸的背面涂上压敏胶，压敏胶上再覆盖可以剥离的蜡光纸。

通常使用胶版印刷和高黏度油墨印制邮票，这将在下一节里介绍。

制作过程

多年来，邮票都是通过凹版、凸版和平板这三种工艺来印刷的：凹版印刷——蚀刻或雕刻版在纸上涂墨；凸版印刷——图像像打字机一样压在纸上；平版印刷——印版的图文部分接受油墨，而空白区域

美国政府印刷局印制邮票已有111年历史，但在2005年终止了该项业务。如今，美国所有的邮票都是由私人印刷商按照联邦标准印制的。

凹版印刷可能是最古老的邮票制作方法，也是最耗时的。凹版印刷包括在印版上雕刻、刮擦或蚀刻图像，然后将图像印到纸上。众所周知凹版印刷工艺中，一种被称为"照相腐蚀凹版"的技艺，图像像照相一样被转移到印版上，然后在印版上蚀刻。

则排斥油墨。早期的平版印刷无法做到和其他印刷方法一样线条清晰、图案精美，但现代胶版印刷可以和相片媲美，而不需要胶片、暗室和化学冲洗。接下来，我们将重点介绍胶版印刷印制邮票。

印刷

1. 在印刷厂，复制部门负责准备邮票所需的艺术品，并使用计算机专业绘图工具软件进行排版。

2. 使用专用的计算机制板设备通过激光把图案蚀刻到几个铝板上。每一种颜色都需要一个印版。通常使用四种颜色：青色、品红、黄色和黑色。这些颜色混合后可以再现其他各种颜色。大多数家庭和办公室喷墨打印机使用与此相同的四色系统。

3. 接下来，把光刻好的铝板装入胶版印刷机的独立印刷单元（每种颜色一个）中。每个印版对应一个滚筒，该滚筒称为"印版滚筒"。

4. 将纸张装入胶版印刷机的纸张输送装置中。该纸张已经在背面涂上了自粘PSA胶水，同时再覆盖上一层蜡光纸。一般印刷纸张尺寸为24厘米×29厘米。现在使用的都是安全性更高、在紫外线下可见的、用荧光或磷光材料作标记的纸张。

5. 每次给印刷机送进一张纸。纸张输送装置采用机械系统和喷射气流相结合，以确保纸张不会粘在一起。

6. 在胶版印刷中，带有邮票图像的印版实际上从未与纸张接触。相反，所需的图像被转移到一个单独的印鼓（"橡皮布滚筒"）上，然后将图像印到纸张上。开始是着水辊在印版上滚动。该辊上涂有水和化学物质混合物。这种水状混合物随后就黏附在印版较低的不用油墨的蚀刻区域。

7. 印刷所需各种颜色的油墨（青色、品红、黄色和黑色）从喷墨器中流出。油墨在多个滚筒之间传递，并被加到印版上，但疏水性油墨只黏附在没有涂上水状混合物的凸起的图案区域。

8. 接下来，"橡皮布滚筒"滚过印版的图案区域。当多余的水被挤出时，图案被转移到橡皮布滚筒。当纸张通过印刷单元送纸时，橡皮布滚筒与压印滚筒反向旋转。

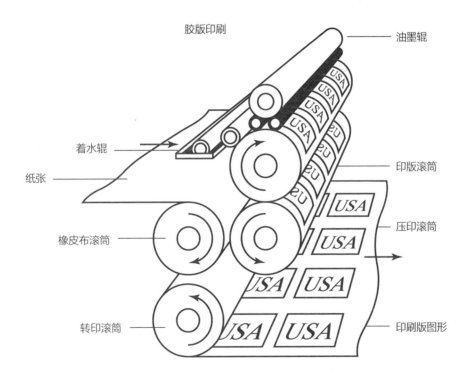

图 1　在平板胶印技术中，用激光蚀刻在铝板上的图片或图案。印版装入印刷机上，首先是水和其他化学物质的混合物黏附在印版凹下的不用油墨的蚀刻区域。然后是油墨加在图像的凸起部分。接下来，印版压在橡皮布滚筒上，橡皮布滚筒上带有最终图片的反向图像。然后，纸张通过橡皮布滚筒，产生最终的正面图像。

9. 现在一系列的 "转印滚筒"，将纸张从这个印刷单元送到下一个印刷单元，以便其接收所需的每一种颜色油墨。

10. 纸张先通热风，然后再用冷风进行干燥处理，最后将其送致印刷机的输出纸张处理器上。

打孔

11. 打孔可以由一台连接在印刷机上的机器完成，也可以在印刷后由另一台独立的机器完成（这种情况不常用）。第一种方法是，让纸张通过一台机器，该机器使用小针脚在纸上打出水平和垂直网格上的小孔。随后推出这些纸张，让纸张上的这些小孔和另一侧金属锯齿重合相压，这些邮票打孔后就离开印刷机了。另一种打孔的方法是用轮盘式刻骑缝孔的点线机，它有一个类似于比萨饼切割机的轮子，但带有针头，当纸张在其一侧滚过后留下一排针孔。此时打过孔的邮票离开印刷机，这种打孔方法最初是手工操作的，但现在已实现自动化。

质量控制

研究、收集邮票及邮件（明信片、信笺等）叫作集邮。通常称收集这些邮票和邮品的人为集邮人士。

　　机器操作员和检查员对邮票在印刷过程中每一个阶段都进行检查，检查员的唯一职责是观察印刷过程，确保印制邮票进入下一道工序前不出错。

　　印刷机极其复杂，印刷过程中难免出现错误。如误送纸张、油墨部件堵塞、印刷压力的变化、油墨质量的变化、不正确的调整机理等一些看起来很小的问题，而且这些问题并不总是可以消除。即使是印刷室湿度的变化也会对印刷机和纸张产生影响，从而导致产品质量不完美。

集邮人士喜欢发现错误，事实上，一些集邮者只收集"错版邮票"，因为错误实际上会增加邮票的收藏价值。通常错版邮票来自印刷过程。偶尔会出现一些事实性的错版邮票。

在印刷厂，大多数错误很快就会被发现，有缺陷的邮票在严密的安全控制下被销毁。然而也会有相当数量的错版邮票流出，使得收集"错版邮票"成为一些集邮爱好者的一个有趣的嗜好。

错版邮票价值

1957年，一枚旨在推广安全驾驶的意大利邮票上画了一幅交通灯的图片，红灯在底部而不是顶部。1947年，摩纳哥发行了一枚纪念美国总统富兰克林·D.罗斯福（Franklin D. Roosevelt）的邮票。在这枚邮票上，罗斯福的右手明显地拥有惊人的六根手指。生产过程中出现的错版邮票非常罕见，因此可能成为珍贵的收藏品。

1918年，威廉·罗比（William T.Robey）花24美元买了一版（100枚）倒置的（上下颠倒的）航空邮票，取名"颠倒珍妮"。后来罗比意识到邮局搞错了，他以1.5万美元的价格把邮票卖给了一个经销商。经销商随后以2万美元的价格将它们出售。2016年，一枚保存完好的颠倒珍妮邮票以117.5万美元的价格被拍卖出去。

未来发展

20世纪初，美国邮政总局推出了邮资表，以减少商业用户对邮票的使用。现在虽然许多邮资收费表仍在使用，但由于家庭和办公室可以轻易地获得高质量的打印机，因此网上邮票印刷服务兴起。然而只有经美国邮政总局批准的公司，才可以经营网上邮资印刷业务。

尽管如此，邮票仍被个人广泛使用，纪念邮票继续受到集邮爱好者和普通民众的欢迎。邮票有单张票、小本票和盘卷邮票。

邮票样式仍然吸引着世界各地收藏家的兴趣。邮票主题成百上千，范围从音乐家、艺术家、名人和事件到体育、科学、交通、动物、地标和假日。科技发展已使制作更多精美的邮票成为可能，邮票上印有不同形状和大小的具有艺术和文化意义的图像，并可在多种材料上印刷。如在金属箔（包括金箔）上使用压花、激光全息照相技术印制邮票，也可印在绣花织物上，如丝绸或蕾丝上。

防伪技术已被集成到邮票中。防伪技术将不断提高，以此来打击越来越厉害的伪造技术。

橡皮筋

发明人：斯蒂芬·佩里（Stephen Perry）1845年3月17日于伦敦发明了橡皮筋。
销量冠军：联盟橡胶（Alliance Rubber）有限公司。
联盟公司全球年销售额：3500万美元。
年销售橡皮筋数量：907万公斤。

美国每年售出1 360万千克橡皮筋。

橡皮筋有各种各样的用途。作为世界上最大的橡皮筋消费用户——美国邮局在2016年订购了7亿多根橡皮筋，用于邮寄、分类和递送业务。报纸工业也购买大量的橡皮筋来固定卷好或叠好的报纸。为了缚牢花卉、水果和蔬菜，农业部门也使用各种类型的橡皮筋。总的来说，仅在美国每年就售出1 360万千克的橡皮筋。

橡胶的历史

15世纪晚期，克里斯托弗·哥伦布（Christopher Columbus）探索美洲大陆时，遇见了玛雅印第安人，发现玛雅人使用的防水鞋和瓶子是橡胶材质的。在好奇心的驱使下，他带着几件玛雅橡胶制品返回欧洲。接下来的几百年里，其他欧洲探险者也纷纷效仿。到18世纪晚期，欧洲科学家发现，在松节油中溶解橡胶可以产生一种液体，用它可以制作防水布。

直到19世纪初，开发天然橡胶还面临着一些技术上的难题。虽然它明显具有开发潜力，但没人能够将其开发成商品。在欧洲寒冷的冬天，橡胶很快变得干燥而易碎。更糟的是，当天气转暖，它会变得又软又粘，无法使用。

橡胶硫化的诞生

美国发明家查尔斯·固特异（Charles Goodyear）在幸运之神光顾之前，已经使用各种方法对天然橡胶进行了将近十年的试验。1839年的一天，固特异先生不小心把一块生橡胶和一些硫磺、铅留在温暖的炉子上。巧合的是，正是因为这次失误，固特异有了重大的发现，他观察到炉子上的橡胶有了他想要的稠度和质感。接下来的五年时间里，他完全掌握了将天然橡胶转化为实用橡胶过程。固特异称这种橡胶转化工艺为"硫化"，是以罗马火神伏尔甘（Vulcan）的名字命名的。硫化工艺开辟了现代橡胶工业。

最早的专利

世界上最大的橡皮筋消费用户是美国邮局。他们每年订购7亿多根橡皮筋，用于分类和投递成堆的邮件。

第一根橡皮筋是在1843年研制出的，当时一个名叫托马斯·汉考克（Thomas Hancock）的英国人把印第安人制造的一个橡胶瓶子切成了薄片。虽然这些橡皮筋又改造成了吊袜带和腰带，但它们的用途有限，因为它们未经硫化。汉考克本人从未做过橡胶硫化，但他确实通过开发割碎机促进了橡胶工业的发展。割碎机是现代橡胶铣床的前身，用于制造橡皮筋和其他橡胶制品。

1845年，另一位英国人斯蒂芬·佩里（Stephen Perry）申请了橡皮筋专利，开办了第一家橡皮筋工厂。在固特异、汉考克和佩里的共同努力下，终于制造出了实用的橡皮筋。

19世纪末，英国橡胶制造商开始在马来西亚和锡兰（斯里兰卡）等英属殖民地开发橡胶种植园。橡胶种植园在东南亚温暖的气候条件下蓬勃发展，同时欧洲的橡胶工业也发展迅猛。更重要的是，出于政治、经济原因，英国不再进口美洲的橡胶。

橡皮筋材料

合成橡胶工艺成熟于第二次世界大战，尽管现在75%的橡胶制品是合成橡胶制成的，但橡皮筋仍然是由天然橡胶制成，因为天然橡胶具有良好的弹性。天然橡胶来自乳胶，一种主要由水和少量橡胶以及少量树脂、蛋白质、糖和矿物质组成的乳状液体。大多数天然工业乳胶来自橡胶树，但也有其他品种的树木、灌木和藤蔓产生这种物质。

制造过程

班伯里密炼机是芬利·H.班伯里（Fernley H. Banbury，1881—1963）在1916年发明的，它可以把橡胶和其他成分的材料混合在一起。

橡皮筋不仅可以把花束绑在一起，而且柔软、宽松的橡皮筋还可以防止花瓣（尤其是郁金香）在运输过程中张开。

1. 在包装和运输之前，首先在橡胶园生产收获乳胶。处理乳胶的第一步是净化，或者通过过滤以去除树液和碎片等杂质。
2. 将净化后的橡胶收集在大桶里，与醋酸或甲酸化合作用后，橡胶颗粒粘在一起形成板块物体。

处理天然橡胶
3. 接下来，在滚轮之间挤压板块物体以去除多余的水分（见图1），然后压成捆或块，通常是61厘米—91厘米见方，准备运往工厂。

混合和铣

4. 运到橡胶厂后，一捆捆的板块物料被机器切成小块。接下来，许多制造商使用班伯里密炼机将橡胶和其他成分混合——硫磺使其硫化，颜料使其着色，以及加入其他化学物质来增加或减少橡皮筋的弹性（见图1）。尽管一些公司在下一阶段（铣）之前不添加这些原料，但通过班伯里密炼机混合后的橡胶，产品性能更好，可生产更加统一的产品。

5. 生产的下一个阶段是铣削，加热橡胶（如果它已经混合了，那就是混合块；如果没有混合，那就是分开块），然后在铣床上将其压扁。

挤出

6. 橡胶离开铣床后，被切成条状。在铣削过程中，橡胶条仍然是热的，然后被送入挤出机（见图1），挤出机将橡胶挤出成长而中空的管子（就像绞肉机做出长肉串一样）。

固化

7. 橡胶管被压在被称为"芯棒"的铝杆上，杆子上覆盖着滑石粉以防止橡胶粘在杆子上。虽然橡胶已经硫化，但此时它还是相当脆弱的，需要"固化"，固化的目的是使用之前，改变它的稠度使其更有弹性，杆子被装载到架子上，然后在大型烘箱加热固化（见图2）。

8. 把橡胶管从铝杆上取下，清洗并除去滑石粉，再将其送入切割机中切割，制成橡皮筋（见图2），橡皮筋是按重量卖的，因为它们往往会集在一起，机器很少能准确地称出重量。通常，任何重量超过2.3千克的包裹都可以用机器称重，但仍需要人工称重和调整。

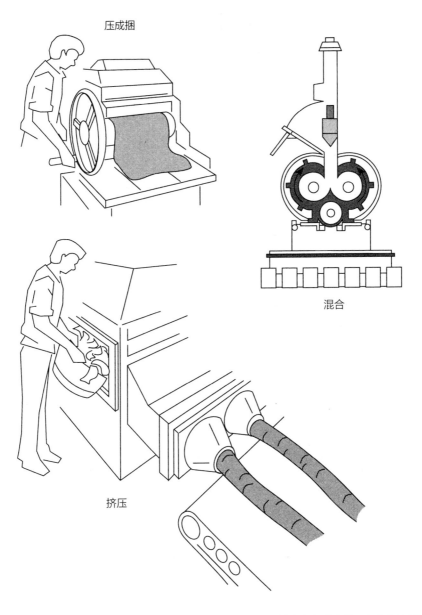

压成捆

混合

挤压

图 1 橡胶板在辊间挤压，以去除多余的水，然后压成捆或块。再将它们切成小块，与其他配料混合。接下来，加热的橡胶条被送入挤压机，将橡胶挤出成为长而中空的管子。

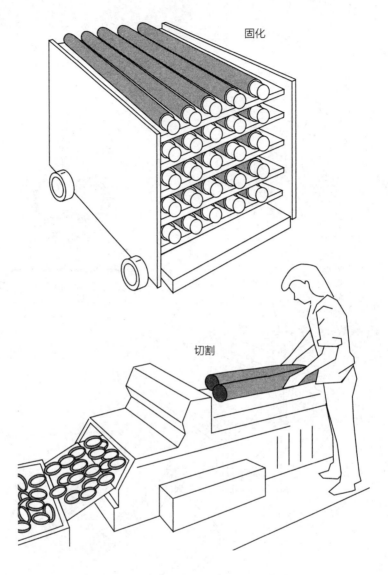

固化

切割

图 2 挤压后，橡胶管被压在被称为"芯棒"的铝杆上，在大型烘箱中固化。最后，把管子从烘箱架上拿下来，放进切割机里，切割机把管子切成橡皮筋。

质量控制

　　质量控制是一个连续的过程。每个批次的橡皮筋样品都要运用多种方法进行质量检测。一是测试弹性模量，或者说测试一根橡皮筋反弹的强度。绷紧的橡皮筋一拉就会有力地弹回来，而用来固定易碎物品的橡皮筋应该是更轻柔地弹回来。另一个是拉伸测试，它决定了橡皮筋的拉伸程度，拉伸程度取决于橡皮筋中橡胶的百分比：橡胶越多，拉伸的距离就越远。通常第三个特性测试是断裂强度，或者说橡皮筋能够承受多大的拉力后断裂。如果一批样品中90%通过了特定的测试，那么该批橡皮筋将转到下一个测试；如果90%的样品通过了所有测试，那么这批产品就可以上市了。

　　虽然大多数制造商是按磅出售橡皮筋的，但有些制造商还会保证每磅橡皮筋的数量。这一增加的步骤不仅保证了数量，也保证了质量，因为在称重和计数的过程中额外检查了橡皮筋。

最小的和最大的橡皮筋

任何戴过牙套的人都知道最小的橡皮筋。用来矫正牙齿的韧带是世界上最小的橡皮筋。世界上最大的橡皮筋可以把几辆汽车连在一起用于运输——从技术上讲，它不是橡皮筋，虽然它看起来像橡皮筋。它实际上是由水泥黏合在一起的长条橡胶，叫作板带的物品。

提取橡胶

乳胶存在于树皮和橡胶树内部形成层（树液流动的地方）的乳管中。与树液不同的是，乳胶起着保护剂的作用，从树皮的伤口渗出，并将伤口封闭起来。为了"取出"这种物质，橡胶收获机在树皮上切了一个v形楔子。他们必须记住下次只能在橡胶树不同的地方割胶，如果重复在同一位置割胶会很快地杀死橡胶树。工人们切开树皮，乳胶就会渗出来，收集到一个固定在树上的容器里。每隔一天进行一次，每次都能产出56克的乳胶。

强力胶

发明人：哈利·库弗（Harry Coover）博士和弗雷德·乔伊纳（Fred Joyner）博士，两位于1958年发明了强力胶。

诸如此类的黏合剂

大约在1750年，英国为一种由鱼制成的黏合剂颁发了第一个胶水专利。但是人类从公元前4000年就开始寻找能把东西黏合在一起的物质。成吉思汗的士兵们举着用柠檬木和牛角制成的弓，牛角上粘着一种配方已经过时的黏合剂。

古生物学家使用强力胶作为修复化石骨骼的黏合剂，也可以将脆性骨骼浸泡在强力胶中来对其进行加固。

胶水是一种凝胶状粘结剂，用在不同材料之间形成表面附着。目前，胶水有五种基本类型。

1. 溶剂型胶水有一个与化学溶剂混合的胶基，使这种胶水可以涂敷；当溶剂蒸发时，胶水变干。大多数溶剂是易燃物，而且挥发得很快。甲苯是由化石燃料提炼出来的液态烃，是最常用的溶剂。这一类包括作为液体焊料和所谓的接触粘固剂销售的胶水。

2. 水基胶使用水作为溶剂，而不是用化学合成的有机溶剂。它们的固化速度比化学溶剂胶要慢，但不是易燃物，比较安全。这类胶水包括白胶和粉末状酪蛋白胶，粉末状酪蛋白胶由牛奶蛋白制成，它是安全的，可以在家里或商店里加水混合使用。

3. 环氧树脂和间苯二酚的双组分胶水，是一种可以由有机树脂制成的结晶苯酚。一部分含有实际的胶水，另一部分是催化剂或硬化剂。双组分胶水对金属的处理非常有用。汽车凹痕填充剂是一种双组分胶水，但其必须正确混合才能发挥作用。

4. 动物皮胶可用于木工和贴面工作。这种胶水由兽皮、骨头和动物的其他部分制成，既可以成品出售，也可以作为粉末或薄片出售，可以与水混合、加热和热涂。

5. 氰基丙烯酸酯胶，通常被称为"CA胶"或"强力胶"，是最新和最强的现代胶。它们是由合成聚合物制成的。聚合物是由更小、更简单的分子（单体）组成的复杂分子，它们相互连接形成链或化学链。一旦聚合反应开始，就很难停止：形成聚合链的自然合成反应非常强烈，由此生成的分子键非常牢固，因此使用它们做的胶具有非常强的黏合力。

在家里和办公室，CA胶对零零碎碎的修补工作很有用，比如修补破损的陶器、修补接缝，甚至可以把裂开的指甲粘在一起。CA胶在建筑、医学和牙科领域也变得非常重要。本篇文章将重点介绍氰基丙烯酸酯胶，即所谓的强力胶。

意外的收获

氰基丙烯酸酯胶水通常被称为"强力胶水"，也被称为"CA胶水"，CA胶水是最新和最强大的现代胶水。

1951年，柯达实验室发现了氰基丙烯酸酯胶，当时两位化学家——哈里·库弗（Harry Coover）博士和弗雷德·乔伊纳（Fred Joyner）博士正试图寻找一种更坚硬的用于喷气式飞机的丙烯酸酯聚合物。乔伊纳在折射计的两个棱镜之间涂上一层氰基丙烯酸乙酯薄膜，以测量光线通过棱镜时的折射程度。当他做完实验时，他不能把棱镜拉开。起先这些化学家以为毁掉了一件价值700美元的实验仪器，感到很郁闷。但很快意识到，他们可能取得了一个重大的意外的收获，那就是偶然发现了一种功能强大的新型黏合剂。

从实验室事故转变为有用的、适销的产品并不容易；柯达实验室直到1958年才开始销售第一个氰基丙烯酸酯胶水——伊士曼910。如今柯达公司已不再生产CA胶水，但仍有几家公司生产各种形式的CA胶水。为应对特殊行业的新需求，一些大型制造商设置研究实验室，期望开发出更好的CA新胶水。

聚合物作为胶水的作用机理相当复杂，还没能完全解释清楚。大多数其他类型的胶水都是基于"钩眼"原理，这种胶水会形成微小的钩眼，它们互相抓住，就像一种分子尼龙搭扣。用这种方式工作的胶水，涂得越厚，黏合效果就越好。

然而，氰基丙烯酸酯胶黏剂的黏结方式不同。

目前的理论将氰基丙烯酸酯聚合物的黏合性能与将所有原子结合在一起的电磁力进行了比较。虽然一种物质的大质量电子可以排斥任何其他物质，但是把两种不同物质的小原子紧密地放在一起就可以相互吸引。用几种物质进行的实验表明，如果把两种相同的材料（如黄金）靠得足够近，他们就可以在不添加任何黏合剂的情况下粘在一起

这种现象解释了为什么一层薄薄的CA胶比一层厚的效果更好。一种更薄的胶水可以被挤压得离它所黏结的材料如此之近，从而造成紧密排列的小原子之间的相互吸引。而较厚的薄膜涂层会使它和所黏合的材料之间产生足够大的空间，这样分子之间就会互相排斥，而胶水也不会将它们牢固地粘在一起。

汽车制造商和电子公司正在使用强力胶来黏合使用金属螺栓和铆钉可能会撕裂的塑料部件。

强力胶原料

强力胶的原料清单读起来像是化学术语的词汇表。氰基丙烯酸酯聚合物包括以下化学品：氰基丙烯酸乙酯、甲醛、氮气或其他一些非活性气体、自由基抑制剂和碱清除剂。

氰基丙烯酸乙酯含有乙基、烃自由基（自由基是一个原子或一组原子，因为它含有一个未配对的电子，所以更容易与其他原子发生反应）、氰化物和醋酸酯，醋酸酯是一种将乙酸与乙醇混合并除去水分的酯。

甲醛是一种无色气体，常用于生产合成树脂。

氮是地球大气中最丰富的气体，占空气的78％，存在于所有的生物组织中。由于它与其他物质不发生反应，所以通常用来缓冲那些在加入高活性元素时，可能会发生的强烈反应场合。

自由基抑制剂和碱清除剂的作用是清除那些会破坏产品的物质。

医生在手术中使用强力胶来止血和封闭伤口。

制作过程

CA胶是在加热釜中生产的，它可以储存在从几加仑到几千加仑的任何容器里，其容量取决于制造规模。

生成聚合物

1. 第一种原料是氰基丙烯酸酯。将这种原料加入带旋转搅拌浆的玻璃内衬釜中，与甲醛混合（见图1）。两种化学物质的混合引发聚合反应，并产生水，水在加热釜内加热蒸发。当水蒸发时，釜里剩下的是CA聚合物。

2. 由于CA聚合物与任何水分接触就会开始固化或变硬，因此蒸发水后留下的釜内空间需充满非活性气体，如氮气。

从聚合物中分离单体

3. 接下来，将釜加热到大约150℃。加热混合物会打开单体分子之间的链接。这种断链会产生活性单体，当成品胶涂在稍微潮湿的表面上时，这些单体会重新形成新的化学键。

4. 由于单体比聚合物轻，它们向上蒸发，并通过管道从釜中输送到第二个收集器中（见图2）。在从一个容器到另一个容器的过程中，单体通过敷设一系列冷却盘管的管道移动，冷却后的单体成为液体。对于高质量的产品，可以进行第二次蒸馏，有些制造商甚至可能进行第三次蒸馏单体。

防止固化

5. 第二个收集器（容纳液体单体的容器）内的化合物实际上是CA胶，但它们仍然需要防止固化。加入各种称为自由基抑制剂和碱清除剂的化学物质，以消除杂质，否则会使混合物变硬。因为用于去除杂质和化学物质的自由基抑制剂和碱清除剂的用量很小（测量不超过百万分之几），所以不需要从CA混合物中去除它们。如果这些杂质粒子是可见的，哪怕是在几百倍的放大倍数下可见，它也会对产品产生严重污染，这批产品就会遭到破坏。

添加剂和包装

强力胶几乎可以瞬间黏合，要做到完全黏合可能要8~24小时以后。建议使用者涂胶后，按照说明书要求的等待时间过去以后，你才可以对黏合体施加重力或压力。

6. 此时，CA胶水可以添加制造商选择的任何添加剂（见图2）。这些添加剂可以控制CA的黏度（事实上，至少有三种不同的黏稠度的产品出售），或者早期的CA胶水不能黏合的材料类型，它们也可以黏合了。当要在不完全贴合的表面上进行黏合时，需要更稠的黏度；黏稠度较高，胶水在凝固前就能把空隙填满。没有其他添加剂的CA胶只能用于无孔表面。在CA胶中加入添加剂或进行表面处理后，CA胶会很好地发挥作用。CA胶技术的进步使制造商能够满足客户对CA胶的多种需求，这种CA胶几乎可以黏合任何一对表面，是名副其实的万能胶。

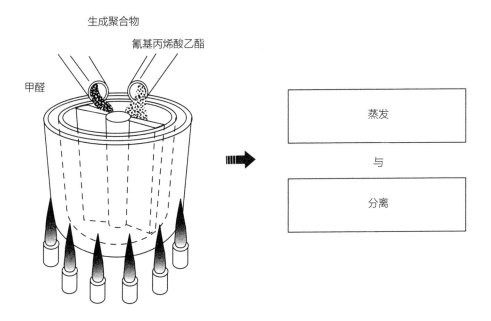

图 1　氰基丙烯酸乙酯放入带旋转叶片的玻璃内衬釜中，与甲醛混合；混合后发生聚合反应，并产生水；当釜加热时，水就会蒸发。水蒸发后，釜里剩下的是CA聚合物。接下来，再次给釜加热，导致聚合物断链，并产生分离出的活性单体。当涂完胶水后，这些单体会重新组合成化合键。

7. 现在可以使用传统的无湿度技术将CA胶添加到管子中。管子被填满后，装上盖子并压紧，并且将管子的底部压紧封闭。虽然大多数金属管会与CA发生反应，但是可以使用铝管，包装管通常由塑料材料制成，如聚乙烯。一旦CA暴露在潮湿或碱性环境中，无论是在空气中还是在被黏合的表面上，单体将重新聚合并硬化，在这两种物质之间形成一种非常牢固的键。反应是完全彻底的：所有加在物质上的CA都会发生聚合。

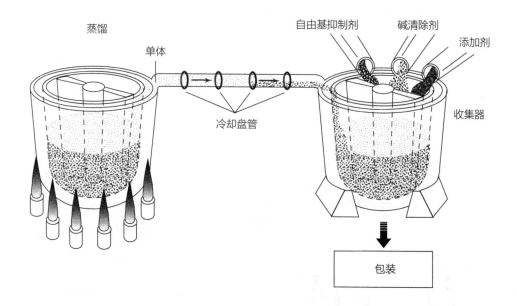

図 2 分离的单体通过管道输送到第二个釜中。在从一个容器到另一个容器的过程中，液态单体沿着敷设一系列的冷却盘管的管道流动。第二个收集器（容纳液体单体的容器）内的化合物实际上是CA胶，但它们仍然需要防止固化。加入各种称为自由基抑制剂和碱清除剂的化学物质，以消除杂质，否则会使混合物变硬。在添加任何必要的添加剂后，胶水将按照制造商的说明进行包装。

 ## 质量控制

如果要使生产的产品可以正常使用，就必须进行仔细的质量控制。由于单体聚合是一种普遍的反应（涂在表面的胶水会反应彻底，所以当反应结束时，所有的胶水都聚合了），生产过程中任何一个环节的缺陷都会造成成千上万加仑的原料损失。

对进入工厂的化学品和供应品的质量要给予极大的重视。理想情况下，所有供应商要按照批准的质量控制程序进行质量控制，以确保向工厂交付高质量的产品。

虽然生产过程是自动化的，但在工厂的所有操作阶段都要仔细监控。搅拌的持续时间，每一阶段的混合量，以及温度都需要操作人员观察。如果必要的话，他们随时准备调整机器。

成品在装运发货前也要经过测试。最重要的是抗剪强度，这是一种破坏胶水保持力所需的力。抗剪强度测量的力通常达到每平方英寸几千磅。

多还是少

许多投诉是针对第一批强力胶提出的。顾客们感到困惑和失望，因为他们发现强力胶有时很管用，有时效果却很差。

使用强力胶成功的秘诀是适度。薄膜越薄，粘得越牢。还要注意黏度的级别（最低厚度、薄的、中等厚度、厚的），并与其用途相匹配。对于多孔表面（木材、皮革、陶器），使用更厚稠的强力胶水，这样它就不会直接渗透到细孔中消失了。

强力胶的固化时间从2秒到2分钟不等，但在进行高强度应力测试前，要给胶水固化足够的时间，使其真正凝固。

请记住，强力胶可以非常容易地将皮肤与任何东西黏合在一起，所以手指要保持干燥，指甲油清除剂要随身携带。

粘住手指

如果你用强力胶把手指粘在了一起（或粘在其他东西上），那你就真的有麻烦了。因为它很难洗掉，你需要一个脱粘剂（如果你不能把你的手分开，你可能需要一个朋友的帮助）。脱粘剂溶解强力胶，大多数胶水制造商出售此品，以帮助客户摆脱被粘上的尴尬。必要时，指甲油去除剂（丙酮）也能起到同样的效果，给它20秒的时间，束缚的手指就可以重获自由。

拉链

发明人： 1893年，美国工程师惠特科姆·贾德森（Whitcomb L.Judson）研制
了"滑动纽扣"，这是拉链最初的雏形；1908年，瑞典工程师吉迪恩·森贝克
（Gideon Sundback）发明了普拉扣（Plako）拉链；1911年，凯瑟琳娜·库恩-
穆斯（Catharina Kuhn-Moos）和亨利·福斯特（Henri Forster）申请了瑞士专
利，其拉链具有现代拉链的大部分特征；1913年吉迪恩·森贝克改进了凯瑟琳
娜·库恩-穆斯和亨利·福斯特的方案，设计出"无钩式2号"，用弹簧夹子代替钩
子和孔眼；1923年，古德里奇公司（B.F.Goodrich Company）的伯特伦·G.沃克
（Bertram G.Work）将其产品命名为拉链（Zipper）。
最大的制造商：日本ykk集团和中国SBS拉链两家的生产量加起来占全球拉链产量的
一半以上。

拉链得名于"拉
头"快速拉上拉
下时所发出的金
属"嘶嘶"声。

把衣服合上是现代工程学上的壮举。古代人用骨头或角钉固定兽
皮。和早期的致力于保暖相比，我们已经取得了长足的进展。

后来设计的许多装置效率更高。早期的系结物包括扣环、鞋带、
安全别针和纽扣。带纽扣孔的纽扣，即使在今天，仍然是一种重要的
实用的闭合方法，但也有其困难之处。拉链的发明最初是为了取代19
世纪那种在每只鞋上扣上20颗~40颗小纽扣的恼人做法。

1851年，缝纫机的发明者埃利亚斯·豪（Elias Howe）发明了一
种他称为自动连续闭合衣物的装置。它由一系列的扣环组成，这些扣
环由一根在肋状物上运行或滑动的连接线连接在一起。尽管这一巧妙
的突破很有潜力，但这项发明从未推向市场。

另一位发明家惠特科姆·贾德森（Whitcomb L.Judson）提出了一种滑动式纽扣的想法，用滑动的装置来嵌合和分开两排扣子，基本原理和后来的拉链很近似，这个设计于1893年申请了专利。在1893年芝加哥世界哥伦比亚博览会上，贾德森展示了新型卡环锁紧装置后，得到了刘易斯·沃克（Lewis Walker）的资金支持，他们于1894年共同创立了环球滑动纽扣公司（Universal Fastener Company）。

衣服封口

最早的无钩拉链用于紧身胸衣、手套、腰包、睡袋和烟袋。

第一批拉链比纽扣并没有太大的进步，在接下来的十年里，各种创新不断涌现。贾德森发明了一种可以完全分开的拉链，就像今天夹克上的拉链一样，他发现把齿牙直接夹在可以缝进衣服的布带上，要比把齿牙缝在衣服上好得多。

直到1906年，拉链仍然很容易突然弹开并卡住，当吉迪恩·森贝克（Gideon Sundback）加入贾德森的公司（Judson's company）后，这个公司就叫作自动钩眼公司（Automatic Hook and Eye company）。森贝克的第一个普拉扣（Plako）拉链并不是很成功，但被认为是现代拉链的开端。

森贝克的无钩2号（hookless no.2）很快取代无钩1号（hookless no.1），无钩2号与现代拉链非常相似。嵌套的环状齿牙是迄今为止最好的拉链，可以一步冲压出金属的机器设备提高了这种新型拉链的生产效率，使批量推向市场成为可能。

第一个拉链首先用于第一次世界大战中士兵们的腰包、飞行服和救生衣。因为战争，许多民用材料短缺，因此森贝克的公司开发了一种新型的制作拉链的机器，降低生产成本，提高制造效率，新机器仅使用原先所需金属材料的40%即可。

直到20世纪20年代，当时的古德里奇（B.F.Goodrich）公司要求给他们公司生产的橡胶套鞋上配装拉链，普通大众才有了使用拉链的机会。古德里奇的总裁伯特伦·G.沃克（Bertram G. Work）想出了"Zipper"这个词，但他的意思是指靴子本身，而不是闭合靴子的装置，这个闭合装置他觉得更恰当的说法是"滑动绑紧器"。

第二次世界大战后，由于金属短缺，拉链再次发生了变化。德国的拉链工厂被摧毁。一家名为Opti-Werk Gmbh的西德公司，开始了对新型塑料的研究，这项研究获得了许多专利。J.R.鲁尔曼（J.R.Ruhrman）和他的同事们发明了一种塑料梯链，获得了一项德国专利。1940年，奥尔登·W.汉森（Alden W. Hanson）发明了一种方法，可以把一个塑料线圈缝进拉链布里，紧接着由A.格巴赫（Gerbach）和威廉·普里姆·文西（William Prym-Wencie）公司独立研发的锯齿状塑料线实际上可以织进拉链布里。

拉链销售起步缓慢，但随后市场开始飙升。1917年，共售出2.4万条拉链；1934年，这个数字上升到6 000万。如今从牛仔裤到睡袋，拉链的生产和销售都变得轻而易举，动辄数十亿美元。

拉链的材料

拉链的基本要素：

■牙链带（组成拉链一侧的布带和齿牙）

■拉头（打开和闭合拉链）

■拉片（用以移动拉头，是拉头的一个组件）

■止挡（防止拉头从牙链滑脱）

开口拉链的插销（pin）和插座（box）合并到一起时，它们也起着"下止"的作用（见图1）。

金属拉链的五金件可由不锈钢、铝、黄铜、锌或镍银合金制成。有时钢质拉链表层会涂上黄铜或锌，或者涂上与拉链布带、衣服颜色相匹配的颜色。

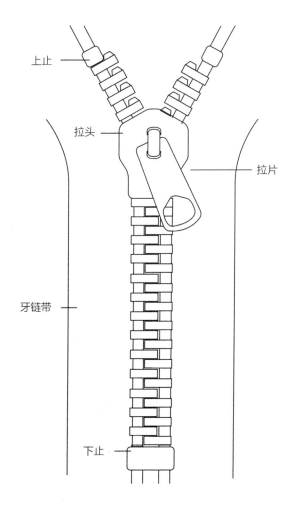

上止

拉头

拉片

牙链带

下止

图 1　拉链的基本元素。

　　带五金件的塑料拉链是由聚酯或尼龙制成的，而拉头和拉片通常是由钢或锌制成。
布带要么是用棉布、要么是聚酯、要么是两者的混合物。对于两端都能打开的拉链（如
夹克），通常不把两端缝在衣服上，这样就可以方便地打开和闭合拉链，好像拉链只在
一端拉开（闭口拉链）一样。这些拉链的两端是用一根结实的棉带（用尼龙加强的）加
固的，以防止布带磨损。

制造过程

如今的拉链主要由金属或塑料制成。除了这个非常重要的区别之外，生产成品所涉及的步骤基本上是相同的。

制作牙链带——金属拉链

1. 牙链带就是构成拉链一侧的布带和齿牙的组合（见图1）。早期的生产方法缓慢而繁琐。更快速的制造方法起源于20世纪40年代，一条扁平的金属带在冲孔机的冲头和冲底之间穿过。随后金属带上留下一个个勺形体。冲裁模将连接在同一条金属带上的勺形体分开并切出"Y"形腿。这时就形成了我们所熟悉的拉链齿牙，然后将"Y"形腿压紧在布带上。

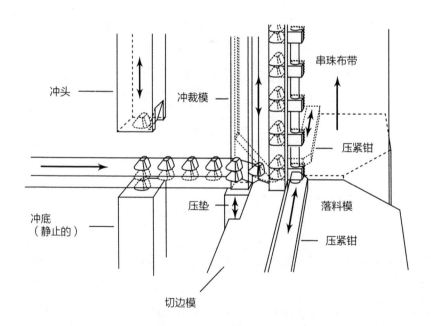

图 2　牙链带就是构成拉链一侧的布带和齿牙的组合。制作牙链带的一种方法是：一条扁平的金属带在冲孔机的冲头和冲底之间穿过。随后金属带上留下一个个勺形体。冲裁模在勺形体周围切出"Y"形腿，然后将"Y"形的腿压紧在布带上。

2. 另一种方法是在20世纪30年代发展起来的，利用熔融的金属来形成齿牙。将一个形状像一串齿牙的模具夹在布带周围。熔融的锌在压力下被注入模具。用水冷却模具，然后取出成型的齿牙。接着修剪掉多余的金属部分。

制作牙链带——塑料拉链

3. 塑料拉链可以是螺旋的、锯齿的、梯形的，或者直接编织进衣服。有两种方法可以用来制作塑料螺旋拉链的拉线。第一种方法是在两个加热的螺丝之间插入一根已经开槽的塑料圆线。它们一个顺时针旋转，另一个逆时针方向把塑料线拉出来形成环。制头器把每个环的前面制成一个球头。接下来，用冷空气冷却塑料螺旋线。这个方法要求在两台不同的机器上同时制造出左螺旋线和右螺旋线，两条螺旋线互相匹配完成拉链制作。

4. 制作螺旋塑料拉链的第二个方法是在同一台机器上同时制作左右两个螺旋线。（见图3）在旋转成形轮上的凹口之间，有一段塑料线绕两圈。推料机和制头机同时将塑料线牢牢压入凹口，形成球头。这个过程使两个螺旋线连接在一起，它们分别缝在两个布带上。

5. 使用同步骤2中描述的金属拉链制作类似的成型工艺，操作人员制作齿状塑料拉链的牙链带。一个旋转的轮子边缘有几个小模具，形状像扁平的牙齿。两根细绳穿过模具，连接已制作完成的齿牙。半熔融的塑料被送入模具，在那里一直保持到凝固。为了把齿牙缝制在布带上，折叠机将齿牙折成"U"形。

6. 梯形塑料拉链牙链带是由一根缠绕的塑料线制成的，该塑料线绕在交替的线轴上，交替线轴从旋转成型轮边缘伸出。每一边的剥离器将线圈从线轴上提开，同时制头机和凹口轮将线圈压成"U"形，并在齿牙上形成头部，然后再将其缝在布带上。

7. 高级服装拉链是直接将塑料拉链线编织到布里，使用和织布一样的方法。这种方法在美国并不常见，美国经常从其他国家进口这种拉链。

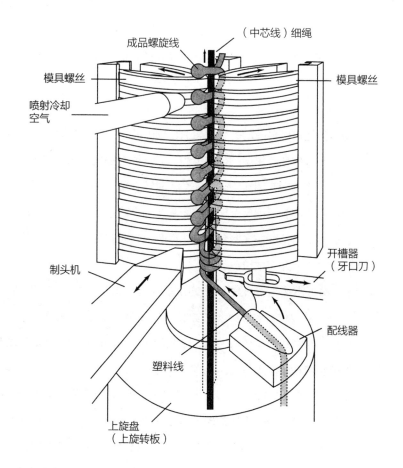

成品螺旋线　　　　　（中芯线）细绳

模具螺丝　　　　　　　　　　　　　　模具螺丝

喷射冷却
空气

制头机

开槽器
（牙口刀）

配线器

塑料线

上旋盘
（上旋转板）

图 3　为了制作螺旋塑料拉链的牙链带，需要在两个加热的螺丝之间插入一根塑料圆线。它们一个顺时针旋转，另一种是逆时针方向把塑料线拉出来形成环。制头器把每个环的前面制成一个球头。这个方法要求在两台不同的机器上同时制造出左螺线和右螺线，两条螺旋线互相匹配上完成拉链制作。

完成生产流程

1918年，美国海军订购1万套无钩拉链安装在飞行服上，以此表示对这些新产品的认可。

8. 制作完成后的牙链带会装上一个类似于滑块的临时拉头，然后再将它们压紧。对于金属拉链，使用钢丝刷擦掉任何锋利尖锐的边缘。接着就是布带上浆、清浆、干燥。金属拉链还要上蜡以确保拉头在齿牙上平滑地拉动。再将合上的牙链带绕到巨大的线轴上。以形成后来成为完整的拉链的拉链带。

9. 金属经过冲压或压铸制成的拉头和拉片分别进行组装。接着，长长的连续的拉链带从线轴上展开，每隔一段距离拔掉一部分齿牙，给制作小的拉链留下空隙。对于只在一端打开的拉链，底部的止点被夹住装下止，接着装拉头，再装上止，在空隙处中间切断。至此一根成品闭口拉链完成制造下线。对于分开的拉链（开口拉链），在每个空隙的中间部分贴上加固带，顶部的止动装置被夹紧（装上止）。然后切开加固带，分开拉链，在一边拉链上装上拉头和插座，在另一边拉链上装上插销，从而完成一根开口拉链的制作。

10. 成品拉链被堆放起来，码在箱子里，然后用卡车运到服装制造商、行李制造商或任何其他需要拉链的制造商那里。有些还被运往面料商店，供消费者直接购买。

你知道YKK吗?

我们日常生活中看到的很多拉链上都有YKK这几个字母，你知道YKK吗？YKK是一家生产拉链的日本公司的名字。该公司成立于1934年，原名为San-es Shokai（三社社），后来更名为Yoshida Kogyosho（吉田广吉），再后来又改名为Yoshida Kogyo Kabushikaisha（吉田广吉株式会社）。YKK就是这家日本公司名称英文首字母的缩写，1946年该公司注册了"YKK"商标。YKK集团目前由71家公司组成，在111个国家设有工厂。YKK拉链产品部负责拉链生产的所有环节，从拉链周围的染色织物到拉链本身所用的黄铜。

质量控制

拉链是很复杂精巧的物件，尽管放心使用。它们依靠光滑的、几乎完美的小杯形齿牙相互连接，通常设计成衣服的扣合件，所以拉链必须通过一系列的测试，以确保它们能够承受频繁的洗涤和日常穿着时的拉扯。

拉链的每一个尺寸——宽度、长度、带端长度、齿牙尺寸、链条长度、拉头尺寸和止挡长度都要经过检查，校验值必须在可接受的范围内。通过采样，使用统计分析方法来检查一批拉链的误差范围。一般来说，拉链的尺寸必须在所需尺寸的90%以内，虽然在大多数情况下接近99%。

拉链的平面度和直线度必须要经过测试。平面度的检测方法是将一个量规设置在一定高度的拉链上方，如果量规多次碰到拉链，那么可以判定这条拉链不平整，平面度存在缺陷。直线度的检测方法是将拉链放置在一个直尺上，观察拉链是否有弯曲。

拉链的强度非常重要。齿牙不应轻易脱落，拉链也不能轻易断裂。拉链强度是使用拉力试验机来测试的。用挂钩钩住齿牙，拉力试验机开始拉扯，当齿牙与布带分离时，量规实时测量出的力就是拉链的齿牙强度。两台拉力试验机分别拉扯着拉链的两片布带，将拉链完全分开成两个独立的部分所测量出的力即是被测拉链的平拉强度。可接受的强度值是根据拉链的类型来确定的：重型拉链比轻便型拉链更结实。拉链也被压缩以确定其断裂点。

为了测量拉链是否容易闭合，拉力试验机会测量拉链上下来回拉动所需的力量。对于服装来说，这个值应该很低，这样一般的人就可以轻松地拉上拉链，衣服就不会有被撕破的尴尬。而对于床垫套等其他用途地方，拉力可以更高些。

成品拉链必须符合纺织品质量控制要求。在热水中加入大量的漂白剂和研磨剂，模拟多种洗涤模式，通过在少量热水中洗涤来测试拉链的耐洗性。将拉链与小钢球搅拌，以测试涂层的耐磨损度。

拉链的布带必须使用不褪色的布料。如果服装只需干洗，那么其拉链在干洗过程中不能褪色，以免洗花衣服。

拉链还需进行收缩率测试。在布带上做上两个记号。将拉链加热或清洗后，测量两个标记之间的长度变化值。重型拉链应该没有收缩变化。而轻型拉链的收缩率范围应该有限，范围应该在1%~4%。

所有这些测试和检查保证了拉链的质量。如今尽管纽扣、蝴蝶结、铆钉和按扣仍在继续使用，毋庸置疑的是，拉链在服装方面的使用仍处于市场的领先者。即使是魔术贴的引进和入侵也没有把它们赶出市场。拉链因其柔韧性和可靠性仍然很受欢迎。它们隐藏在接缝中，以实现简单的功能；或缝合在明显的位置，以形成丰富多彩的时尚元素。现在拉链被用在衣服、鞋子、行李箱包、帐篷等几乎所有需要打开和关闭且由布料制成的产品上。

食品及美妆护肤

奶酪

发明年份：公元前10000年。

1801年，托马斯·杰斐逊（Thomas Jefferson）收到一份巨大的礼物：一盘重达545千克的奶酪（cheese）。从此"大人物"（big cheese）一词就不再特指显要人物或其他的重要人物，也成了"奶酪"的专用单词。

法国人是奶酪的主要拥趸者，法国大约生产750种奶酪，每人每年大约消费23千克的奶酪。美国人每人每年大约消费11千克的奶酪。

制作454克软奶酪需要4升的牛奶，制作454克硬奶酪需要5升的牛奶。

凝乳和乳清

人们享用奶酪已经拥有8 000多年的历史。早在马菲（Muffet）小姐坐在土堆上品尝她的凝乳和乳清之前，人们就知道牛奶不仅仅喝着才对人有益。农民们不费吹灰之力就把这种白色的液体变成一种富含钙和蛋白质的美味佳肴。撇开营养不谈，奶酪可以给从玉米片到爆米花的各种食物调味。

奶酪是由各种哺乳动物的乳汁制成的固体食物。大约在公元前1万年，当人们开始驯养产奶的动物时，他们发现牛奶可以分解成软块的凝乳和白色含水的液体乳清。富含蛋白质的凝乳是奶酪的主要成分。因为各个国家的发展和文化存在差异，各国也就都有自己生产奶酪的方法，因此消费者现在可以从近2 000种奶酪中进行选择。

第一批奶酪仅仅是加了盐的白色凝乳和乳清，

类似于今天的白干酪。农民们知道，如果他们把牛奶放在一边，它最终会自然地分离成凝乳和乳清。奶酪生产的下一步是开发一种加速分离的方法。通过在奶中加入凝乳酶——一种在小牛胃里发现的酶、蛋白质或其他类似酸的物质来实现的。

到了公元100年，奶酪制造者已经学会了如何挤压、熟化和固化新鲜奶酪，从而创造出一种可以长期储存的食品。在接下来的大约一千年里，不同地区根据当地的原料和使用的方法发展出了不同种类的奶酪。

防止奶酪变质，最简单的方法就是把它熟化。熟化奶酪之所以受欢迎，是因为它在家庭厨房里可以存放很长时间。在13世纪，荷兰人开始用硬壳（蜡、细菌的涂层或覆盖物）密封包装出口的奶酪，以保持产品的新鲜。

接下来，奶酪的制作方法取得突破来自19世纪初的瑞士。瑞士是第一个"加工奶酪"的国家。由于在冷藏之前奶酪已经变质，他们发明了一种磨碎旧奶酪、添加填料、加热混合物的方法。这就产生了一种无菌的、均匀的、持久的产品。"加工奶酪"的另一个好处是，它允许奶酪制造商将可食用的二等奶酪回收利用，变成深受大众欢迎的产品。

影响奶酪生产的又一个重大变革发生在19世纪60年代，当时的法国科学家路易斯·巴斯德（Louis Pasteur）引进了他的新的杀菌工艺。众所周知，巴氏杀菌就是在不改变牛奶基本化学结构的情况下加热牛奶以杀死有害细菌。今天，大多数乳酪都是用巴氏灭菌牛奶制成的。

过去大多数人认为奶酪是一种特色食品，一般是在私人家庭里生产。然而随着新的大规模生产方法的出现，奶酪的供应和需求都增加了。1955年，只有13%的牛奶被制成奶酪。到1984年，这一比例已经上升到31%并持续增长。加工过的奶酪现在很容易买到，有切片的、涂抹酱的、柔软的、容易浇上酱汁的奶酪，等等。

尽管现在大多数奶酪是在大型现代化工厂自动生产线上制作出来的，但大多数生产过程仍然沿袭传统的、自然的古老工艺。事实上，近年来手工奶酪又卷土重来。一些美国人现在拥有自己的小型奶酪制作企业，他们的产品非常受欢迎。

奶酪配料和原料

奶酪是牛奶制成的。它的风味、颜色和浓度是由它的制作方法和材料来源决定的。大多数奶酪来自奶牛和山羊的奶，但是奶酪可以用水牛、绵羊、骆驼、牦牛、大羊驼甚至驯鹿的奶制成。一些制造商甚至尝试用几种来源的混合牛奶制作奶酪。

为了增加奶酪的味道和颜色，可能会加入各种各样的配料，有些配料相当出人意料。世界上最美味的奶酪可能是从细菌或霉菌中获得风味的，这些细菌或霉菌有时是在生产过程中添加的。奶酪制造商希望避免使用凝乳酶来加速凝乳和乳清的分离，可能会通过使用未经巴氏灭菌的牛奶或其他方法来促进细菌的生长，这是凝乳所必需的。奶酪也可以用盐腌或染色，通常是用红木、胡萝卜汁或热带树木的果肉做成的橙色染料。

奶酪厂商将几种天然奶酪混合在一起，加入盐、奶油、乳清、水和油，调制出了一些不同寻常的风味和口感。加工奶酪的味道也会受到防腐剂、明胶、增稠剂和甜味剂的影响。比较普及的增味剂包括红辣椒、胡椒、韭菜、洋葱、孜然、香菜种子、墨西哥胡椒、榛子、葡萄干、葡萄酒、蘑菇、鼠尾草和培根。奶酪也可以采取烟熏的方法延长保存时间，并赋予其独特的风味。

生产过程

虽然奶酪制作是个简单的过程，但它涉及许多因素。奶酪的种类之所以繁多，是因为在不同的加工阶段结束都可以生产出不同的奶酪。各种添加剂和制作方法都会影响奶酪的风味。虽然它不像制作苹果手机（iPhone）那么复杂，但是一个微妙的过程。

准备牛奶

1. 小型奶酪厂要么更多地接受早上产的牛奶，要么接受晚上的牛奶，或者两者兼而有之。因为这种牛奶通常是从不进行巴氏杀菌的小型牛奶场购买的，所以这种牛奶含有产生乳酸所必须的细菌，而乳酸是引发凝结的成分之一。奶酪生产者会让牛奶静置直到足够的乳酸形成，从而开始生产他们想要的奶酪，并且根据奶酪的种类，奶酪制造商可以加热成熟的牛奶。这一过程在大型奶酪工厂略有不同，这些工厂使用的是巴氏杀菌牛奶，必须在生产过程中添加细菌培养才能生产乳酸。

准备牛奶

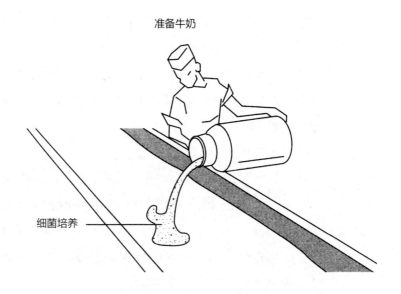

细菌培养

图 1　典型的奶酪制作过程中，第一步是准备牛奶。

分离凝乳和乳清

2. 下一步是在牛奶中加入动物或植物凝乳酶，以便快速分离成凝乳和乳清。一旦形成，用刀在水平和垂直方向划拉凝乳（见图2）。在大型工厂里，用锋利的、多刃的、看起来像烤箱架子的钢刀垂直切割大桶的凝乳，然后用同一台机器旋转凝乳并水平切片。如果是手工切割凝乳，就用一把大的双柄刀双向切割。软奶酪被切成大块，而硬奶酪被切成小块。切完后，可以加热凝乳以加速从乳清中分离，也可以不加处理。当分离完成时，乳清被排出。

挤压成形

3. 必须提取凝乳中的水分，去除水分的量取决于奶酪的种类。对于软的、高水分的奶酪，排水就足够了（见图2）。更干燥、更坚硬的凝乳需要切割、加热或过滤掉多余的水分。凝乳如果需要成熟，就把它们放进模具里压成合适的尺寸和大小。凝乳成熟是个继续发酵的过程，短则几天，长则数年。软乳酪，如白乳酪，没有经过成熟阶段的话必须尽快食用，因为它们的保质期很短。

图 2　接下来，凝乳必须从乳清中分离出来，然后将凝乳切开。当乳清和凝乳分离后，乳清被排出。

奶酪成熟

奶酪发酵成熟过程中会产生气体，气体留在奶酪中形成很多的孔洞，也叫作"眼睛"。如果没有孔洞，被认为是"盲的"奶酪。

4. 在这个阶段，奶酪可能会被添加一些调味品，如新鲜奶酪出模后浸入盐卤清洗，盐卤清洗过的奶酪第一灭菌，第二容易保存，第三给奶酪增加了风味。然后用布或干草包裹起来存放。成熟是奶酪制作的最后一步，我们称奶酪成熟，也就是发酵。奶酪成熟需要严格控制温度和湿度。有些奶酪的成熟期是一个月，有的则长达数年。成熟使奶酪的味道更好。如闻名于吃货界的英国切达（cheddar）奶酪，成熟期两年以上，被贴上了"格外犀利"的标签。

天然奶酪包装

5. 有些奶酪在表面干燥的情况下会自然地形成一层坚硬的外壳；有些外壳是由喷在奶酪表面的细菌生长而形成的。还有些奶酪，通过增加一道清洗工序以促进细菌的生长。奶酪的包装和储存条件对其保质期影响极大。一般的奶酪，对包装有共同的要求：第一是必须隔氧，以防止长霉和变质；第二是保持水分，以维持其柔韧组织，且免于失重。奶酪可以用布、蜡、塑料或箔纸来密封包装。

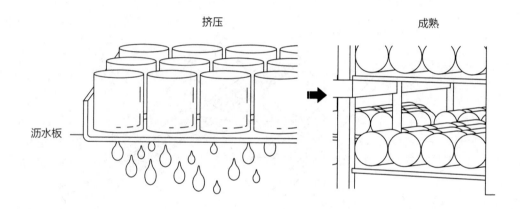

图 3　如有必要，将凝乳压入模具中，以帮助排出水分，并在适当的时间内进行成熟老化。有些奶酪成熟一个月，有些则长达几年。

"加工奶酪"的制作和包装

6. 可食用的次等奶酪可以保存起来进行二次加工。如瑞士的埃曼塔（Emmental）和格鲁耶尔（Gruyere）、美国的科尔比式、英国的切达等众多品牌的奶酪被切碎磨细后，所得到的粉末与水混合形成糊状，再添加其他成分，如盐、填料、防腐剂和调味品，充分搅拌后将混合物加热。趁糊状奶酪温热柔软的时候推挤成长条状，然后切成一片片。利用机器设备将小片奶酪用塑料或箔纸包装起来。

质量控制

奶酪制作不是一个容易管理的科学工艺流程。为奶酪制定一套唯一的标准较难，很不现实，因为奶酪品种众多，每个品种都有各自的特点。至今，一个围绕奶酪争论的焦点集中在是否应该使用巴氏灭菌奶。一些人认为，消除细菌（bacteria，有致病的，有不致病的）和有害菌（germs）会使奶酪产品更健康。另一些人则认为，巴氏杀菌会破坏某些无害细菌给奶酪所添加的特别风味。孰是孰非，莫衷一是。

法规的存在使消费者可以很容易地买到正宗的奶酪。一种标有"洛克福"（Roquefort）字样的奶酪，就有明确的法律保证——在法国生产的，并在法国的特定洞穴成熟的。这个保证从1411年就已经存在。企业非常注重确保奶酪原料的高品质，要求原料必须符合严格的卫生标准。

奶酪还可以根据口味、香气、口感、颜色、外观和余味进行分级。检验员通过从奶酪的中心、侧面和中间取样来检验一批奶酪，检查奶酪质地上的缺陷；通过揉搓，以确定奶酪结合的紧致性；通过鼻子闻、嘴巴尝；然后根据这些特点给奶酪打出相应的分数。

加工的奶酪也要遵守法律标准。美国规定，加工的奶酪必须含有至少90%的天然奶酪。标明奶酪食品或奶酪酱的产品必须含有51%以上的奶酪。为了使奶酪柔软更易于涂抹，有时候会在奶酪中加水或加入树胶。奶酪制品和人造奶酪里是否要有天然奶酪的含量不受法规的约束，奶酪不是它们的主要成分，不作强制规定。

奶酪趣闻

1988年，爱荷华大学（The University of Iowa）的牙科研究人员发现奶酪中的某些成分可以预防噬牙酸在牙菌斑中的形成。测试还表明，切达（cheddar）奶酪似乎还能起到坚固牙齿的作用。但是目前奶酪配方的牙膏依然没有一丝消息。

巧克力

发明人：前殖民时期的拉丁美洲阿兹特克斯（Aztecs）发明了饮用巧克力，大约1520年西班牙人发明了甜饮巧克力。1847年英国的弗莱父子公司（Fry and Sons）发明了咀嚼巧克力。1876年瑞士丹尼尔·彼得（Daniel Peter）发明了牛奶巧克力。

美国巧克力全年销售额：217亿美元。

巧克力不是生活中必需的食品，可一样受大众喜爱。美国每年人均消费巧克力约5.5千克。瑞士人对巧克力可以说是挚爱，他们每年人均消费巧克力大约8千克。

巧克力爱好者根据糖果的光泽度、香味、爽滑度和质地来判断其质量。

18世纪初，瑞典著名的植物学家卡尔·林奈（Carl Linnaeus）给这种食物起了一个正式的科学名字：可可，即"神的食物"。

发展史

可可树最初长在南美洲的河谷，到了公元7世纪，玛雅印第安人把可可树带到了北部的墨西哥。除了玛雅人，中美洲其他印第安人，包括阿兹特克人（Aztecs）和托尔特克人（Toltecs），似乎都种植了可可树，"巧克力"（chocolate）和"可可"（cocoa）这两个词都来自阿兹特克语。

当埃尔南多·科尔斯特（Hernando Cortes）、埃尔南多·德·索特（Hernando De Soto）、弗朗西斯·皮萨罗（Francisco Pizarro）和其他西班牙探险家在15世纪到达中美洲时，他们注意到可可豆相当珍贵，可以作为货币使用。他们还记录着当地上流社会人士喝的卡卡华特（cacahuatl），那是一种由烤可可豆与红辣椒、香草和水混合而成的泡沫状刺激性饮料。

起初，西班牙人发现不加糖的卡卡华特饮料很苦，难以下咽，便逐步改变了配方，创造出一种更符合欧洲人口味的饮料。他们将糖、肉桂、丁香、八角、杏仁、榛子、香草、橙花水、麝香与可可豆混合，加热制成糊状，就像今天许多流行的食谱一样，有很多不同的作法。然后他们在宽阔平坦的芭蕉叶上抹上这种糊状物，让它变硬，这样早期的平板状巧克力就制成了。为了制作巧克力热饮，他们把板状巧克力溶解在热水或者煮过玉米的水中，不停地搅拌直到溶液起泡，这或许是为了让巧克力饮料中的脂肪分布均匀，可可豆中含有50%以上的脂肪。

当传教士和探险家带着巧克力热饮回到西班牙时，他们遭到强大的天主教会的抵制。天主教会认为这种饮料受到了异教起源地的污染，饮用它的基督徒必然腐败。但是埃尔南多·科尔斯特以征服者归来的胜利姿态极力赞扬这种饮料，称其为"增强抵抗力和抗疲劳的神圣饮料"，褒奖之音盖过了教会可怕的预言。

巧克力很快传到英国，那里的"巧克力店"供应这种饮料。"巧克力店"是17世纪初在伦敦兴起的高档咖啡馆的翻版。17世纪中叶，英国人汉斯·斯隆爵士（Hans Sloane）推广普及了热巧克力。斯隆在牙买加生活了好几年，观察那里的人们是如何依靠可可制品和牛奶茁壮成长的。然后他开始把巧克力溶解在牛奶中，而不是水里。

虽然一些博物学家和医生在美洲旅行时注意到那里的人吃固体巧克力含片，但许多欧洲人认为以这种形式吃巧克力会引起消化不良。由于已经证明这种担心是没有根据的，烹饪书籍中开始编入有关巧克力食谱的内容。

1828年，荷兰巧克力制造商康拉德·范·霍顿（Conrad van Houten）发明了一种可以从可可豆中挤出大部分油脂的螺旋压榨机，从而解决了可可豆质地粗糙易碎的问题。范·霍顿的压榨机可以将可可豆分离成可可粉和可可脂，从而精制出巧克力。可可粉溶解在热溶液中，制成了一种比以前的巧克力饮料美味得多的热饮。普通磨碎的可可豆与可可脂混合后，使巧克力浆更光滑，更容易与糖混合。

1876年，瑞士糖果制造商丹尼尔·彼得（Daniel Peter）利用雀巢公司发明的奶粉改进巧克力配方，生产出纯牛奶巧克力。1913年，另一位瑞士糖果爱好者朱尔斯·塞绍（Jules Sechaud）发明了夹心巧克力。早在第一次世界大战之前，巧克力就已经成为最受欢迎的食品之一，尽管它仍然相当昂贵。

今日巧克力

好时公司是19世纪末20世纪初成立的众多美国巧克力公司之一，它们降低了巧克力的身价，生产了普通人能够买得起、吃得起的巧克力。今天它是美国最著名和最大的巧克力生产商。这家公司是米尔顿·好时（Milton Hershey）创立的，他把赚来的钱投资在宾夕法尼亚州一家巧克力工厂里生产焦糖。

当好时先生转向巧克力制作时，他决定在巧克力中加入牛奶，因为之前他在焦糖中添加鲜奶大获成功。采用大规模生产技术扩大生产量，增加巧克力市场销售额，生产的巧克力使用独立包装。这些措施使得巧克力价格非常实惠亲民。1904年，好时公司开始生产又一新品种巧克力棒，几十年来，它的价格仅为5美分。这种糖果非常受欢迎，以至于好时公司直到1968年才为它做广告。

一家名为玛氏（Mars）的公司生产了许多在美国经久不衰的巧克力甜点，不过该公司自1922年成立以来，已经扩大了业务范围，生产了几十种非巧克力产品。该公司的成功始于"银河巧克力棒"，这种巧克力比纯巧克力生产成本更低，因为它的麦芽味来自牛轧糖——一种蛋白和玉米糖浆的混合物。紧随其后，玛氏公司开发出士力架（Snickers）和 "三枪手巧克力棒"（Three Musketeers bars），香浓的巧克力包裹着柔软的焦糖和牛轧，还有酥脆的炸花生，带给消费者无比的满足。巧克力糖中间夹心无疑降低了产品成本。士力架的广告语激情四射："横扫饥饿，活力无限。"

20世纪30年代，在西班牙内战中作战的士兵们想出了防止巧克力融化的方法。士兵们在巧克力外面涂上一层糖衣以防止巧克力在口袋融化。玛氏公司借用了这一创意，开发出了最受欢迎的、色彩丰富的、药丸大小的产品玛–莫（M&M's）——一种不会融化的巧克力。"只融在口，不融在手"（Melts in your mouth, not in your hand）是玛–莫面世之初著名的广告推广语，这对于为人父母者而言很有吸引力，因为这样一来，小孩就不会到处弄得脏兮兮的。玛—莫现在的广告语是："妙趣挡不住。"

说到玛–莫，它的字母名称有个小插曲不得不说。玛氏总裁弗瑞斯特·玛氏（Forrest Mars）说服米尔顿·好时的得力助手威廉·莫里（Willian Murrie）共同开发一种不会融化的巧克力，玛氏公司出资80%，而莫里则出资其余的20%，加上巧克力的制作技术，1941年所推出的产品就是玛—莫，这个名称所代表的意义就是"玛氏—莫里"。

巧克力原料

巧克力中虽然还添加了其他成分——尤其是糖或甜味剂、香精，有时还添加碳酸钾用于制作所谓的荷兰可可——一种颜色更深、口味更淡的巧克力，但是可可豆是巧克力的主要成分。可可树是常青树，生长在赤道20度以内，海拔30.5~305米之间。可可树原产于南美洲和中美洲，随着对巧克力需求的增长，可可树的种植区域已扩大到新的地区。

可可生产大国有多米尼加、秘鲁、墨西哥、厄瓜多尔、巴西、喀麦隆、尼日利亚、印度尼西亚、加纳和科特迪瓦（法语的意思是"象牙海岸"）。产品甚至扩展到印度尼西亚、马来西亚和巴布亚新几内亚。科特迪瓦可可的产量接近160万吨，约占世界年产量的30%。巴西是西半球最大的可可豆生产国。

可可树比较脆弱，他们会受到暴晒、真菌和昆虫的伤害。为了减少这种伤害，人们通常伴种些其他植物，如种植更坚硬的橡胶树、香蕉树或芭蕉树。在亚洲，可可树通常种植在椰子树旁边。椰子树给可可树提供保护，遮挡阳光的照射，并为种植可可树的农场主提供了另一种收入来源。

可可树的果实是长15~25.5厘米、直径7.5~10厘米的椭圆形豆荚。大多数的可可树只结30到40个果实，果实里的种子即可可豆——通常30~40粒，卵形或椭圆形，长1.8~2.6厘米，直径1~1.5厘米，种子埋藏在胶质果肉中，每粒种子外面附有白色胶质，可通过发酵除去。

由于气候均匀温暖，可可树的豆荚全年都在不断地成熟，而收获通常是有季节性的。可可果实3到4个月就会成熟，主要收获季节发生在雨季开始后5至6个月，第二次收获一般在1至4个月之后。

一棵可可树大约能结30到40个豆荚，任何时候成熟的不超过一半，只有等待豆荚完全成熟才能收获。因为只有成熟的豆荚才能生产出高品质的可可豆，才能提供高品质的巧克力原料。豆荚收获是个繁重的体力活，可可树的枝杈脆弱，不能支撑攀爬人的体重，容易折断，所以成熟豆荚的采摘都是农民们用大砍刀砍下，或者用绑在长杆上的弯刀割下来。成熟的豆荚在种植园里就地用刀剖开，连同里面的果肉和种子一起用手取出来。

取出的可可豆与果肉交织在一起堆放在地上，在阳光下晒好几天。如果条件允许，一些种植园还会用机械干燥可可豆。果肉中的酶与野生的、空气中的酶母相结合，会有少量的发酵。开孔的豆子就会从发酵中的果肉吸收一些风味分子，包括甜、酸、果香、花香和葡萄酒香。所以，发酵处理得当，就能把略带涩味的清淡豆子转化为令人喜爱的风味和风味前驱物，使最终的产品更可口。在发酵过程中，可可豆的温度大约达到52℃，这有助于破坏可可豆的细胞壁，有效防止可可豆在运往工厂时发芽。一旦充分发酵，就很容易实现果肉分离，剥去剩下的果肉，晾干可可豆。

接下来，可可豆按大小和质量分级，装进麻袋，每袋重量从59~91千克不等。对这些可可豆检查完毕后就储存起来，之后由中间商买走，再转手拍卖给巧克力制造商。

 ## 生产过程

脱壳→烘焙→粉碎→精磨→精炼→塑形→冷却

1. 一旦加工厂收到可可豆后，就会对可可豆进行分类和清洗。经过一台风选机，豆子的外壳和可可仁就可分开。豆壳通常作为植物根部的保护物或者肥料出售，有时也被用作商业锅炉的燃料。

2. 接下来烘焙可可仁，烘焙的温度和时间将决定巧克力的香气和风味。首先是在平板筛上烤，然后在旋转的圆柱体中吹热空气。在30分钟到2小时的时间里，可可豆中的水分大约从7%降到1%。烘焙过程会引发褐变反应，在此过程中，可可豆中自然存在的300多种化学物质相互作用，可可仁就呈现出我们所说的巧克力的浓郁香味。

3. 烘焙过的可可仁要经过碾碎工序，这是在旋转的花岗岩研磨机上进行的粉碎过程。研磨机的设计可能会有所不同，但大多数研磨机工作方式类似老式的面粉厂。这种研磨过程的最终产物是一种被称为巧克力液的可可浆，由悬浮在油脂中的可可仁小颗粒组成。

4. 下一步是精炼，在几组旋转的金属桶之间进一步研磨可可液。每一次连续轧制都比前一次快，因为可可液变得更光滑，更容易流动。最终的目标是将可可液中的颗粒减小到大约0.025毫米。

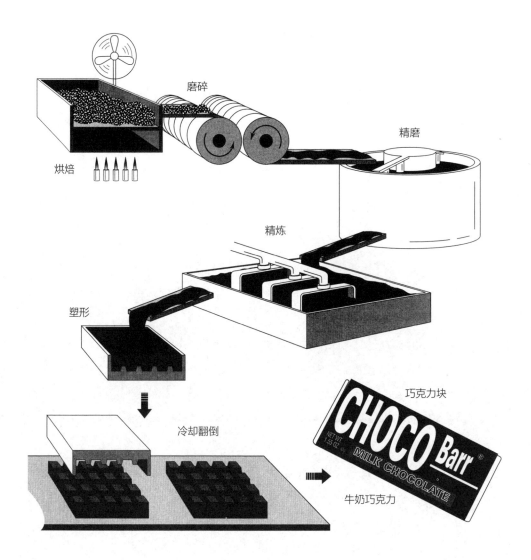

磨碎

精磨

烘焙

精炼

塑形

巧克力块

CHOCO Barr®
NET WT
1.55 OZ
MILK CHOCOLATE

冷却翻倒

牛奶巧克力

图 1　第一步：可可豆经过烘焙，去除水分，形成风味。第二步：可可仁粉碎，这是在旋转的花岗岩研磨机上进行的粉碎过程。第三步：精磨，进一步磨碎这些颗粒，使巧克力的质地更光滑。第四步：精炼，在巨大的敞口大罐中，可可液被压缩、碾碎、搅拌。第五步：将糊状可可液倒入模具，冷却、切割、包装。

可可粉

5. 生产巧克力的可可粉，是从热巧克力和烘焙混合物溶液中分离出来的，这个分离过程之所以得名，是因为它是由荷兰巧克力制造商康拉德·范·霍顿（Conrad

van Houten）发明的。在分离过程中加碱性溶液处理，通常是碳酸钾。这种处理方法使可可的颜色变暗，味道变得更温和，并减少可可粒在溶液中形成团块的倾向。产生的粉末被称为荷兰可可粉。

6. 制作可可粉的下一步是可可浆脱脂，也就是在两个滚筒之间压缩液体从其中去除黄油，直到大约一半的脂肪从可可豆中释放出来。由此产生的固体物质，通常称为"滤饼"，然后打碎、切碎或压碎，然后筛出可可粉。可可粉里加入添加剂，如加入糖或其他甜味剂，经过混合，这种可可粉变成了现代版的巧克力。

制作巧克力糖果

7. 如果要制作巧克力糖果，需要按照一定比例将可可粉和可可脂重新混合。巧克力成分中加入可可脂对于巧克力的质地和光滑度是必要的。不同种类的巧克力需要不同比例的可可脂。

8. 这种混合物经历了一个被称为"精炼"的过程，这是个混合搅拌过程，混合物不停地旋转，并在一个巨大的敞口罐中被研磨（见图1）。精炼的过程可能需要3小时到3天的时间——不是时间越长就一定越好。这是制作巧克力最重要的一步。搅拌的速度和温度是决定最终产品质量的关键。

9. 加入其他原料的时间和比例也是影响精炼的重要因素。精炼过程中添加的成分决定了所要生产的巧克力的种类：甜巧克力由可可浆、可可脂、糖和香草组成；不是很甜的或者半甜半苦的这两种黑巧克力可可粉含量比较高；牛奶巧克力包括全脂牛奶巧克力和鲜奶巧克力。

10. 在精炼加工的最后，将巧克力倒入模具中浇模成型，冷却、切割、包装。

质量控制

尽管1944年的联邦食品、药品、化妆品法，以及最近的法律法规制定了某些产品指南，但是有关配方、配料的确切数量，甚至加工过程中的某些细节都是各厂商严防死守的商业秘密。例如，指南规定：美国的牛奶巧克力必须含有至少12%的固体牛奶和10%

的可可浆；甜巧克力可以含有不到12%的固体牛奶，但必须含有15%以上的可可浆；半甜的黑巧克力必须含有35%以上的可可浆；半甜半苦的黑巧克力必须含有12%以上的可可浆。

大公司以执行严格的质量和清洁标准而闻名。米尔顿·好时坚持要用新鲜的配料，玛氏公司则夸口说，他们工厂地板上的细菌数量比普通厨房水槽中的还要少。此外，轻微的产品缺陷往往会引起公司高度重视，作出报废整批糖果的处理决定。

巧克力的未来

尽管巧克力有营养上的缺陷，热量高，蛋白质含量低，但是人们并没有受到这些因素影响，它依然保持着对它一直以来的美誉——"上帝的食物"。

可可种植已蔓延至亚洲，随着对巧克力需求的增加，亚洲很可能会继续扩大生产。随着公众对可可生产方式了解得越来越多，极大地推动了农场主对种植园工人待遇的改善和提升。人权组织、公司、政府和社区共同努力，以改善工人的健康和福利。希望这一趋势将继续下去。

巧克力的健康发展

好时、玛氏、雀巢和许多其他巧克力公司都是国际可可倡议组织（International Cocoa Initiative）和世界可可基金会（World Cocoa Foundation）的行业成员，这两个组织致力于有道德和可持续的可可生产。

莎莎酱

发明人：南美洲和中美洲的古老民族。
莎莎酱在美国的年销售额：接近30亿美元。

阿兹特克人不仅是凶悍的战士，他们还吃凶猛且热辣的食物。阿兹特克领主在享用美味的火鸡、鹿肉、龙虾和鱼肉的时候，加入了一种西红柿、辣椒和香料的调味品，西班牙人阿隆索·德·莫利纳（Alonso de Molina）在1571年将其命名为莎莎酱（salsa）。今天莎莎酱在美国厨房里很常见，37%的家庭厨房能见着这种调味品。

莎莎酱的种类

莎莎酱是一种辛辣的西班牙调味酱，在美国已经成为一种很受欢迎的配菜。在墨西哥，莎莎酱可以作为各种菜肴的配料或调味品。因为配方中使用了辣椒成分，大多数莎莎酱特别辣。有数百种这样的调味酱，包括辛辣（甜酸混合）的水果沙司。在美国莎莎酱类似于辛辣的墨西哥番茄酱，叫作粗莎莎酱（salsa cruda），或生莎莎酱（raw salsa），主要用作调味品，尤其是与玉米片搭配。

几个世纪以来，墨西哥人一直喜欢吃莎莎酱。现今的莎莎酱是一种融合了旧大陆（欧洲）和新大陆（美国）调味品特色的新酱料。西红柿、粘果酸浆（一种长在纸质荚里的酸味绿色水果）和用于制作莎莎酱的辣椒在西半球自然生长，而其他成分，如洋葱、大蒜和别的香料，则源自东半球。

随着早期的探险家和入侵者的到来，墨西哥菜融入了阿兹特克、西班牙、法国、意大利和奥地利风味。尽管莎莎酱的原料来自印度和近东等地，但在16世纪初西班牙征服墨西哥之前，莎莎酱大多出现在欧洲厨房。墨西哥酱大部分的成分和西班牙莎莎酱一样。

墨西哥餐通常需要耗时准备。传统食物，如摩尔（mole）沙司，是由碾碎的香料、水果、巧克力和其他配料混合而成的酱料，需要用几天的时间来准备。曾经新鲜的莎莎酱是用墨西哥研钵（molcajete）和其相匹配的杵（tejolote）研磨的，或者使用通常的研钵和杵来研磨。

大多数莎莎酱都是辣的，因为它们的配料中含有辣椒。然而，市面上有数百种从超辣的到半甜的莎莎酱。

莎莎酱的原料

大公司生产的瓶装莎莎酱有不同的种类。基本的配方包括西红柿和（或）番茄酱、水、辣椒（有时是墨西哥胡椒）、醋、洋葱、大蒜、青椒和香料，还包括黑胡椒、香菜、辣椒粉、孜然和牛至。最常见的莎莎酱是绿莎莎酱，它是用酸的绿番茄代替红番茄做成的。其他特殊的配方可以使用绿番茄、胡萝卜、黑眼豆，甚至仙人掌作为原料。

市场上卖的莎莎酱大都含有添加剂，或添加额外的成分用于改善味道、外观和保质期。这些物质包括盐、糖、植物油、氯化钙（用作防腐剂防止变质）、果胶（用于使莎莎酱凝固）、改性食品淀粉（一种碳水化合物）、黄原胶和瓜尔胶（一种用于稳定食品的天然物质）、葡萄糖（一种在植物和动物中发现的糖）和山梨酸钾。甜菜粉和斑蝥素用来添加颜色，苯甲酸钠或柠檬酸作为防腐剂。

制作过程

1. 莎莎酱生产商从种植者那里购买新鲜、冷冻或干燥的水果和蔬菜，如西红柿、辣椒和洋葱。其他的成分，如醋、番茄酱、香料或添加剂，都是从制造商处购买成品。

选择产品

2. 首先检查西红柿并去皮。把茎、种子和任何剩余的皮都去掉。接下来，检查辣椒。一些莎莎酱生产商在清洗前会先把绿辣椒烤熟。去除红辣椒的茎、种子和叶子后，将辣椒焯水，用柠檬和酸橙等柑橘类水果中的柠檬酸或菠萝中的抗坏血酸调节pH值。

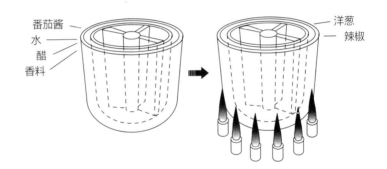

图 1　准备好后，将番茄酱或加工过的西红柿、水、醋和香料放在一个能盛下几批莎莎酱的预混锅里。然后把该混合物和其他配料，如洋葱和红辣椒一起放进锅里煮。

生产准备

3. 其他过程是将蔬菜放入水池或放置在高水压喷头下清洗。用加工机器去除蔬菜不可食用的部分（如大蒜皮、茎或洋葱皮）。然后用标准机器将蔬菜切成预先设置的细度。莎莎酱的质地和稠度各不相同，从粗块到顺滑不等。要做粗块的莎莎酱，蔬菜通常要切丁，而新鲜的香菜则要切碎。为了做出更顺滑的莎莎酱，所有的蔬菜都需经过加工和混合，以达到和西红柿一样的稠度。

制作莎莎酱

4. 由于产品从制造工厂到商店需要长途运输，大多数莎莎酱都不是新鲜的。产品必须有较长的保质期，因此必须要加热莎莎酱，以防止在购买前容器内的霉菌生长。然而，大多数莎莎酱的加工时间很短。番茄酱或加工过的西红柿、水、醋和香料放在一个足够容纳几批莎莎酱的预混锅里（见图1）。然后把这些混合物和其他配料，如洋葱和红辣椒一起放进一个锅里。

5. 莎莎酱可以慢煮，可以快煮，新鲜的莎莎酱也可以蒸熟。烹饪时间和温度各不相同；在71℃的低温下缓慢地烹饪莎莎酱45分钟，或者在121℃的高温下将密封容器中的莎莎酱快速加热30秒。

真空密封莎莎酱

6. 制作完成后，将莎莎酱倒入或用勺舀入玻璃瓶、塑料瓶或其他通常由耐热塑料制成的容器中（见图2）。将新鲜的莎莎酱放入容器中冷却，然后用蒸汽加热，将煮熟的莎莎酱放入容器中，此时它还是热的。一台机器给每个容器等量灌满莎莎酱。然后将罐子或容器密封，并用冷水或空气冷却。这个过程就是对产品进行真空密封，因为加热的莎莎酱冷却并缩小（收缩），在密封下产生部分真空。这种真空状态，或者说是罐子里没有空气，会把罐子的顶部拉紧，这就是打开一个密封好的罐子时，会发出"砰砰"声的原因。

包装

7. 给没有印上产品信息的罐子和塑料容器贴上标签，装在瓦楞纸箱里，然后运往商店。

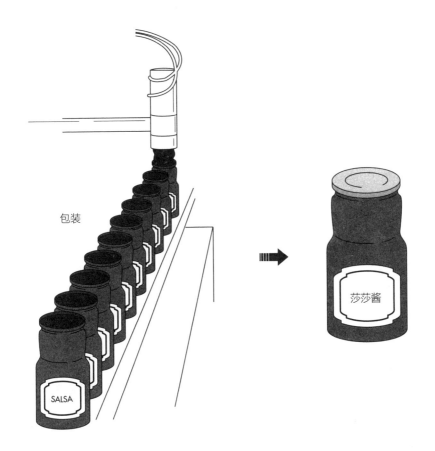

包装

图 2 莎莎酱采用自动化包装，使用大型机器，在玻璃或塑料罐子里装满适量的酱汁后，对其进行真空密封。

质量控制

为了确保消费者在商店里购买的食品的安全性，美国政府要求，食品要通过一系列的测试。这确保了每一批产品都是无菌且安全的。不使用防腐剂的莎莎酱生产商必须格外小心，防止霉菌在保质期内生长。

所有来料产品和香料都必须经过质量检验。对于批量生产的莎莎酱，蔬菜必须在成熟度和质量上保持一致，这样在质量、颜色和味道上才不会有显著差异。辣椒的辣度对辣椒尤为重要，因此辣度必须严格控制在限定范围内。

选择特定的种子或种质（遗传基因）来种植适合制作莎莎酱的辣椒。虽然红辣椒的辣度从温和的甜椒到已知的最辣的苏格兰帽椒，大多数莎莎酱制造商都选择同墨西哥胡椒一样辣的辣椒。

辣椒辣度分类系统的单位是"斯科维尔"（Scoville units）。它决定了辣椒食用后中和热量所需的水量和时间。斯科维尔单位越高，辣椒就越辣。最辣的辣椒很容易测量出成千上万的斯科维尔单位。每种辣椒都有不同程度的辣度可供选择，莎莎酱的生产商选择的辣椒将为每种混合物提供必要的辣度。

莎莎酱做好后，将由经验丰富的品尝师进行取样品尝，以确保它符合可接受的口味和辣度标准。

用于制作莎莎酱的设备每天都要清洗和检查。用氯化物、强氨气或任何对细菌有效的物质进行杀菌消毒，然后彻底冲洗。对每一批进行拭子检测，用棉签在预混锅的表面摩擦，将样本置于培养皿的溶液中，并放在实验室的培养箱里，一两天后，检测样品中是否含有微生物。有害生物的数量乘以受影响的预混锅的表面积的总和，就得到微生物的总数。

从制作完成的莎莎酱中采集的样品，与从设备中采集的样品经过相同的处理和测试。美国食品和药物管理局（FDA）以及国家食品监管检查员定期检查莎莎酱工厂。

品质好的莎莎酱是对味蕾的真正考验。一勺入口感到甜、辣、咸、酸，刺激一个接着一个。美国厨师们开始尝试用各种水果，如桃子或芒果代替西红柿来制作莎莎酱。也许对所有喜欢莎莎酱的人来说，最好的消息是他们可以想吃多少就吃多少，而不用担心营养问题。莎莎酱的卡含量很低（每份大约6卡），健康的维生素和纤维的含量相对较高。

糖

专利：诺伯特·瑞利克斯（Norbert Rillieux）于1843年为他的双效蒸发器申请了专利；1846年，一项更通用的专利问世，覆盖所有多效蒸发器。这些改革彻底改变了制糖工业。

美国糖年产量：约810万吨。

甜的诱惑

人类似乎对甜食有一种本能的渴望。如果水里含有糖，即便是新生婴儿也会更容易喝水。那为什么糖会有个不好的名声呢？因为它除了引起蛀牙，还缺乏营养价值。健康专家对糖最坏的抱怨是，它让人们摄入的是空的卡路里，而不是吃到更健康、营养丰富的食物。研究表明，人体摄入卡路里中如果超过25％热量是由糖提供的，那么这类人患心脏病的概率会增加。

起源

公元前，印度次大陆东部的孟加拉湾海岸就收获甘蔗。它的种植范围遍及马来西亚、印度尼西亚、东南亚和中国南部的周边地区。公元八~九世纪，阿拉伯人把"糖"（当时是一种半结晶的黏性糊状物，被认为是一种有效的药物）带入西方世界，把甘蔗苗及它的生长方法带到西西里岛和西班牙。

后来，威尼斯从埃及北部地中海岸边的亚历山大港进口精制糖。到了15世纪，威尼斯商人成功地垄断了糖的经销渠道，使糖保持在相当高的价位。不久，精明的意大利商人开始购买原糖和甘蔗，并在自己的精炼厂进行加工。

威尼斯商人对糖的垄断期很短暂。1498年，葡萄牙航海家瓦斯科·达·伽马（Vasco da Gama）从印度回国时，将这种甜味香料带到了葡萄牙。里斯本的商人注意到了利润，开始自己进口和提炼原糖。到了16世纪，里斯本成为欧洲的糖都。

此后不久，这种甜味剂在法国上市，其主要用途是药用。路易十四（1643—1715）统治期间，可以在药剂师那里按盎司购买糖。到了19世纪，虽然糖价仍旧一如既往的贵，但中上层阶级都能广泛地食用糖了。

原材料

新鲜蔬菜和水果都含有天然糖分。随着时间的增长，糖变成了淀粉，食物失去了一些"新鲜"或"甜"的味道。

如果按照每天摄取2 000卡能量的饮食计算，一个普通的、毫无戒心的人可能会从加到食物中的糖里摄取大约300卡的能量。这相当于每天14茶匙（70毫升）的糖。

"糖"是一个广义的术语，用于描述存在于许多植物中的大量碳水化合物，其特征是或多或少带有甜味。单糖、葡萄糖是由光合作用产生的，存在于所有的绿色植物中。在大多数植物中，糖是以一种混合物的形式出现的，不能轻易地从其他植物中分离出来。在一些植物的汁液中，糖混合物被浓缩成糖浆。甘蔗汁和甜菜汁富含纯蔗糖（普通蔗糖）。虽然甜菜糖通常比蔗糖甜得多，但这两种作物都是商业蔗糖的主要来源。

甘蔗是一种生长在热带和亚热带地区的粗壮、高大的多年生草本植物。我们知道，秆中甜美的汁液是糖的来源。甘蔗秆会积累相当于自身重量15%的糖分。每年使用甘蔗制糖量大约260万吨。

　　在土壤松软的甘蔗地里，不能使用机器切割甘蔗，因为机器会把植物连根拔起。由于农民希望作物能再生长几个季节，他们必须用手工收割甘蔗，以便让根系留在地里，这是一项艰难而危险的工作。甘蔗工人必须穿上沉重的靴子，在小腿和膝盖上戴上铝制的护具，来保护自己不会在切割时受到锋利长刀的伤害。工人们必须弯下腰来收割甘蔗，长时间的弯腰劳作单调而烦累。锋利的甘蔗叶子会经常割伤或刺痛工人。即便如此，一个收割者一般每天能收获一吨的甘蔗。

　　"糖用甜菜"是甜菜属中含糖量最高的品种。虽然甜菜的内皮和外皮通常都是白色的，但有些品种的甜菜有黑色或黄色的外皮。每年大约370万吨的糖是用甜菜生产的。

　　其他糖料作物包括甜高粱（另一种禾本植物）、糖枫、蜂蜜和玉米。今天使用的糖有白糖（完全精加工和纯化的糖），清澈、无色，或由晶体碎片组成；还有红糖，它的精制程度较低，含有更多的糖浆，它的颜色就是从这些糖浆中获得的。

制作过程

种植和收割

1. 甘蔗生长环境要求平均温度为24℃，并要求每年大约有203厘米的常规降雨量。因此它一般生长在热带和亚热带地区。

2. 甘蔗在热带地区成熟期约为7个月，在亚热带地区成熟期约为12~22个月。对甘蔗田进行蔗糖测试（糖的技术名称），最成熟的田先收割。在佛罗里达州、夏威夷州和得克萨斯州，先烧掉直立甘蔗干燥的叶子再砍倒。在路易斯安那州，先砍下1.8米到3米高的甘蔗秆，再放在地上烧掉叶子。

3. 在美国，收割（甘蔗和甜菜）主要是用机器，尽管在一些州也用手工。接着用装载机把收获的甘蔗秸秆装到卡车或火车车厢上，再送到加工厂加工成原糖。

制备加工

4. 甘蔗运到厂后，机械卸料，去除泥土和沙石。清洗甘蔗的方法是把甘蔗放在溢满温水容器里，或者是将甘蔗分散在搅拌传送带上通过强大水流冲洗，同时用清洗刷和清洗辊对其进行梳理，以清除大量的砂石、垃圾、树叶和其他杂物。甘蔗清洗干净后，准备磨碎。

5. 甜菜运到精炼制厂后，首先要清洗，然后切成条状。接下来将它们放入大约79℃的水中，逆流喷洒热水以去除蔗糖。

提取糖汁

6. 两到三个重槽破碎机压辊打破甘蔗并提取大量糖汁，或者摆锤式撕裂机在不提取果汁的情况下撕碎甘蔗（见图1），再或者加装旋转刀片的破碎机将甘蔗切成碎片。可以使用以上两种甚至全部三种方法的组合进行加工。压榨过程包括在沉重的金属滚筒和有槽的金属滚筒之间粉碎秸秆，以将纤维（甘蔗渣）从含有糖的汁液中分离出来。

7. 当甘蔗被粉碎时，热水（或热水与回收的不纯糖汁的混合物）逆流喷洒在粉碎的甘蔗上，与此同时，碎甘蔗离开每个破碎机进行稀释。这种提取出来的糖汁叫维苏（vesou），含有95%或更多的蔗糖。然后将碎甘蔗分散，再对它进行精细的切割或粉碎。接下来，糖从切碎的秸秆中分离出来，将其溶解在热水或热糖汁中。

糖汁的提纯——澄清和蒸发

人体并不关心糖来自哪里。不管是苹果、绿豆还是糖块，消化系统都会将蔗糖转化为葡萄糖（血糖）作为能量。葡萄糖是人体的主要燃料。任何没有被运动或其他活动消耗掉的糖类都会直接转化为身体脂肪。

8. 来自破碎机的糖汁呈深绿色，里面充满了酸和沉淀物。澄清过程的目的是去除早期筛选过程中未被筛除的可溶性和不可溶性杂质（如沙子、土壤和基岩）。澄清过程投入石灰乳加热。每吨甘蔗约453克石灰乳，中和了糖汁的自然酸度，形成不溶性石灰盐。将石灰糖汁加热至沸腾，会使白蛋白（蛋白质）和一些脂肪、蜡和树胶变稠，这种黏稠的混合物会截留任何残留的固体或小颗粒。

9. 另一种情况，甜菜溶液是用碳酸钙（一种存在于白垩、石灰石和大理石中的晶体化合物）、亚硫酸钙或二者一起提纯的。缠结在生长的晶体中的杂质，通过连续过滤去除。

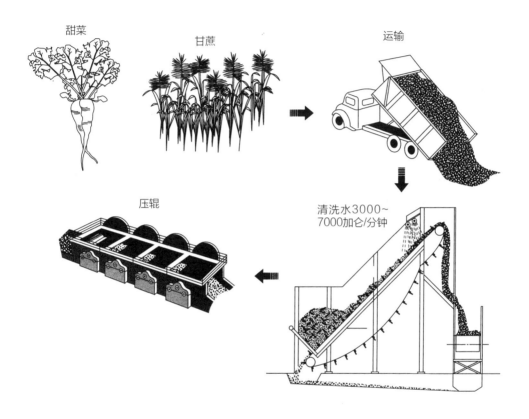

甜菜

甘蔗

运输

压辊

清洗水3000~7000加仑/分钟

图 1 在美国，收获甘蔗和甜菜主要靠机器，尽管在一些州也用手工。用机械将收获的甘蔗秸秆和甜菜装载到卡车或火车车厢，然后运往加工厂加工成原糖。一旦到了那里，它们就被净化、清洗、研磨以提取汁液、过滤和提纯。

10. 通过沉淀将泥浆与糖汁分离。非糖杂质通过不断过滤除去。最后澄清的糖汁含有大约85%的水，除了除去的杂质外，和原汁看起来是一样的。

11. 为了浓缩澄清的糖汁，大约三分之二的水通过真空蒸发被除去（见图2）。一般来说，四个真空沸腾罐是按顺序排列的，这样每个连续的蒸发罐都有较高的真空度，因此可在较低的温度下沸腾。因此，从一个罐中冒出的蒸汽可以将下一个罐中的糖液煮沸——进入第一个罐的蒸汽经历了所谓的多效蒸发。最后一个罐的蒸汽进入冷凝器。通过蒸发后得到含35％水分的糖浆。

12. 此时甜菜蔗糖溶液几乎是无色的，同样进行多效真空蒸发。糖浆长出小晶粒，冷却，然后放入离心机，离心机旋转并分离不同密度的物质。完成的甜菜糖晶体用水清洗和干燥。

结晶

13. 结晶是制糖的下一步。结晶在一个单级真空锅中进行（见图2）。蒸发糖浆直到达到糖饱和。一旦超过饱和点，就要在锅中加入小颗粒的糖，否则无法结晶。这些被称为种子的小颗粒是形成糖晶体的基础。加入额外的糖浆，然后蒸发，使原来的晶体继续扩展。

14. 晶体的生长一直持续到锅装满为止。当蔗糖浓度达到所需水平时，糖浆和糖晶体的浓稠混合物，即所谓的"糖膏"，就被倒进被称为结晶器的大容器中。当缓慢搅拌和冷却糖膏时，它在结晶器中继续结晶。

15. 搅拌后的糖膏可以流入离心机，在离心机中，浓糖浆或糖蜜通过离心力与原糖分离。

离心分蜜

16. 将糖膏分离成原糖晶体和糖蜜的高速离心作用是在离心机的旋转机器中完成的（见图2）。离心机有一个圆柱形的筐子悬挂在主轴上，有孔的侧面衬有金属丝布。内部金属板每平方厘米含有160到240个孔。筐子以1 000到1 800转/分钟的速度旋转。因为穿孔衬里使原糖晶体保留在离心筐中，糖蜜则由于施加的离心力通过衬里被甩出。最后的糖蜜（黑带糖蜜），含有蔗糖、还原糖、有机非糖类、灰和水，被送往大型的储罐中。

17. 自离心机中铲下的白砂糖被送到造粒机中进行干燥。在一些国家，甘蔗在不使用离心机的小型工厂加工，并生产深棕色产品（非离心糖）。离心糖在60多个国家生产，非离心糖在20多个国家生产。

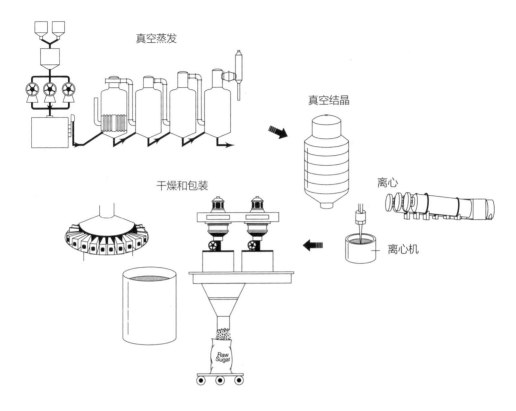

真空蒸发

真空结晶

干燥和包装

离心

离心机

图 2　净化后的糖汁经过真空蒸发以除去大部分的水分。接下来，将糖浆溶液真空结晶，形成糖晶体。剩下的液体用旋转重力装置去除，然后把糖包装起来。

干燥和包装

18. 在造粒机中潮湿的糖晶体被加热的空气翻滚干燥。干燥后的糖晶体通过振动筛按大小进行分类，然后放入存储箱。接着，这些糖被包装成我们在杂货店里看到的那种熟悉的包装、餐馆用的大包装、工业用途的液体包装。

副产品

几乎所有制糖业的副产品都得到了很好的利用。从甘蔗中提取汁液后产生的甘蔗渣，或称木浆，在工厂里被用作燃料来生产蒸汽。越来越多的甘蔗渣被制成纸、隔音板和硬纸板。

甜菜的顶部和未使用的切片，以及糖蜜，被用作牛的饲料。在美国每年每亩甜菜，比任何其他广泛种植的作物都能生产更多的牛和其他动物饲料。甜菜条也可以经过化学处理，提取商业果胶。

糖精炼的最终产物是黑带糖蜜。它用于牛饲料以及工业酒精、酵母、有机化学品和朗姆酒的生产。

 ## 质量控制

破碎机卫生状况是质量控制措施中的一个重要因素。少量的酸性甘蔗渣会使流经它的热的糖汁流受到细菌的感染。现代的破碎机有自动清洗功能，其斜坡设计是为了让甘蔗渣可以随糖汁流出来。另外还要采取严格的措施来控制昆虫和其他害虫。

由于甘蔗腐烂的速度相对较快，人们已经采取了重大举措来实现运输过程的自动化，并尽快将甘蔗运到工厂。保持最终糖产品的高质量意味着将棕色和黄色的精制糖（含2%~5%的水分）储存在凉爽和相对潮湿的环境中，以保持水分。大多数砂糖符合国家食品加工协会和制药业（美国药典，国家处方）制定的标准。

甜食是美国人的挚爱

美国食品和药物管理局建议，添加的糖分不应超过每日卡路里摄入量的10%。在美国，大多数人都超过了这些建议，尤其是从童年到早期成年人。加糖饮料，如苏打水、果汁、加糖咖啡和茶、酒精饮料和能量饮料，几乎占了美国人所摄入的添加糖的一半。所以，如果你想快速减少糖的摄入量，请注意你所喝的是什么！

口红

起源: 史前的唇彩可能是由水果和植物汁液制成的。
第一支口红: 公元前2500年, 美索不达米亚人(Mesopotamians)将宝石碾碎制成口红。
全球年销售额: 40亿美元。

口红是当今世界上最便宜、最受欢迎的化妆品。

全球每年销售的唇妆产品达15亿只。

面部彩绘

几个世纪以来, 人们为了追求美和力量而在脸上着色。化妆品可以追溯到古代文明。历史证明, 嘴唇涂色在苏美尔人(Sumerians)、埃及人、叙利亚人、巴比伦人、波斯人和希腊人中很常见。

在16世纪, 英国女王伊丽莎白一世和她的侍女们用红色的硫化汞染红了她们的嘴唇, 这一危险的习惯无疑缩短了她们的寿命, 因为这种混合物是有毒的——现在, 人们已经知道。多年来, 根据当时的流行趋势, 他们使用胭脂涂在嘴唇和脸颊上。胭脂是比汞更安全的替代品, 也可以用来擦亮金属和玻璃。

19世纪后半叶的西方社会, 化妆是不受欢迎的。化妆的女人要么是女演员, 要么是道德败坏的女人, 要么两者兼而有之。好女孩是不会希望通过涂色来赢得坏名声的, 她们坚持清新自然的造型。

到了20世纪, 电影业的发展和好莱坞电影明星的走红扭转了这一局面。美国现代女性希望得到尊重、追求平等、能够展现个人魅力。

化妆品尤其是口红，在上流社会越来越为人们所接受。

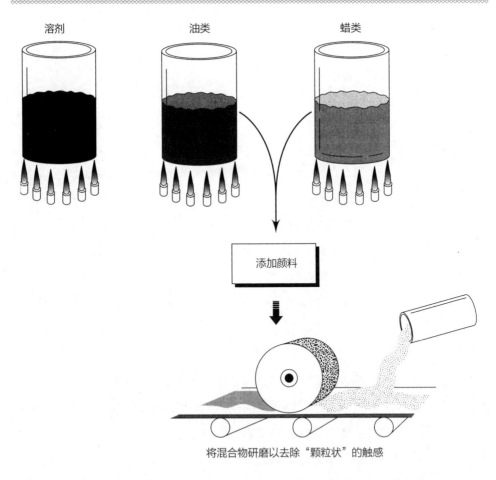

溶剂　　　　　　油类　　　　　　蜡类

添加颜料

将混合物研磨以去除"颗粒状"的触感

图 3　制作口红时，先将各种原料分别熔化，然后将油和溶剂与所需的颜料一起研磨。

涂抹器（容器）和金属管制造的改进降低了化妆品的成本。再加上新的社会认可度，化妆品的使用和普及程度都有所提高。到了1915年，上推式金属管口红问世，从而"难忘"的说法首次被提出。

口红有很多种颜色，以配合当前的潮流时尚。消费者可以选择粉红色、紫色、红色、橙色和棕色，这些口红有磨砂的、有带光泽的或珠光的。不管广告怎么吹嘘，其实口红就是一种相对简单的产品，由染料和颜料在芳香的油蜡基础上制成。口红的零售价格相对较低，质量好的产品售价不到4美元。当然由设计师署名的或特别的产品价格较贵，达50美元一支。而唇膏通常售价不到1美元。

装口红的管子既有装唇膏的便宜的塑料管，也有装口红的时尚的金属管。口红的尺寸各不相同，但一般来说口红的长度为3英寸（7.5厘米），直径大约为半英寸（1.3厘米），唇膏的长度和直径都略小。管子有两个部分——盖和底座。底座由两部分组成，使用时转动或滑动底部将口红向上推。因为口红管子的制造涉及的技术与口红本身的制造完全不同，下面我们将重点描述口红的制造流程。

口红材料

许多化妆品制造商现在提供具有防晒系数（SPF）等级的口红，在阳光明媚的夏季保护消费者的嘴唇免受紫外线的伤害。

口红的主要成分是蜡、油、酒精和色素。常用的三种蜡是蜂蜡、烛树蜡或更昂贵的巴西棕榈蜡——来自南美巴西棕榈树的硬蜡。蜡能帮助混合物塑形使它更好地凝固起来。油类，如矿油、蓖麻油、羊毛脂或植物油，将这些油添加到蜡里。香料和色素以及防腐剂和抗氧化剂，都是防止口红变质的物质。虽然每种口红都含有这些成分，但也可以加入多种其他增强剂，使口红更光滑、更有光泽或起到滋润嘴唇作用。

口红的大小尺寸或形状没有规定，原料的类型或配比也没有什么规定。生产原料除了基本的成分蜡、油和抗氧化剂，特殊材料的含量各家差别很大。口红的成分从复杂的化合物到完全天然的原料。用料量决定了唇膏的特性。和所有的化妆品一样，选择什么样的口红是个人的意愿，因此制造商们竭力提供多种多样的口红以满足消费者的需求。

一般来说，按重量计算蜡和油占口红的60%，酒精和色素占25%。口红中添加的令人愉悦的香味只占混合物的1%或更少。口红除了给嘴唇上色外，还有唇线、唇彩和唇笔系列功能产品。本节将重点描述口红和润唇膏的制造方法。

 制造过程

口红制作过程可归结为三个阶段：（1）物料熔化和混合；（2）将混合物倒入模具中，冷却固化后装入口红管中；（3）对产品进行包装。由于口红的成分可以混合然后储存起来供以后成型，因而混合后不必马上就成型。一旦口红装管，使用什么样的零售包装就取决于产品的销售方式和销售地点了。

熔化和混合

1. 首先，由于使用的原材料种类不同，口红的原料要分开单独熔化后再一起混合（见图1）。混合物中第一种原料是溶剂，第二种是油，第三种是蜡。它们分别在单独的不锈钢容器或陶瓷容器内加热熔化。

2. 然后将溶剂、溶液和液体油与着色素混合。混合物经过一个辊磨机研磨颜料，使颜料细腻光滑。这个过程中允许空气进入油和颜料的混合物里，但是混合物中的空气需要后面工序的机械设备来排除。混合物搅拌几个小时后，有些生产商使用真空设备将空气抽出。

3. 将颜料混合物研磨搅拌后，加入热蜡一起搅拌直至颜色和浓度都很均匀为止。液体口红可以过滤后浇注模型制作成品口红，或者将它倒入平底锅似的盘子固化存储起来以备今后的成型。

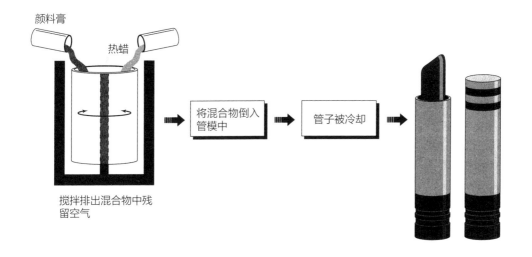

颜料膏

热蜡

将混合物倒入管模中

管子被冷却

搅拌排出混合物中残留空气

图 2　搅拌排出混合物中的残留空气。

4. 熔化的口红混合物如果要立即加工成口红，则将其保持在相同的温度下，不停地搅拌以使物料中的空气逸出（见图2）。如果是将口红混合物冷却固化储存起来，那么在使用前必须重新加热，并检查其颜色的一致性，然后加热到融化的温度，直到可以倒入模具。

5. 由于使用的颜料不同，口红总是成批准备的。一批口红的大小，以及一次性生产的口红管的数量，将取决于所生产的口红的流行程度。数量将决定所使用的制造技术是自动控制还是手动操作。口红可以在高度自动化的过程中生产，生产速度可达每小时2 400管；或者以每小时150管的速度进行手动操作。两种生产过程只是数量上的区别。

成型

6. 当口红物料排尽空气混合好后，就可以倒入模具中了。使用的机器种类繁多，大批量的生产通常是采用熔化机，不停地搅拌口红料块使其保持液态。对于少量的手工操作的批次，将口红料块控制在所需的混合温度，由工人手动控制熔化机中的搅拌工作。

7. 熔化的液体被倒入一个模子里，模子由金属圆柱体的顶部和底部组成，口红是倒着注入的，这样模具的底部形成了口红的顶部。

8. 口红冷却（自动模具保持低温，手工制作的模具转移到制冷装置）。刮下模具顶部多余的堆积材料，可以重复使用制作更多的口红。然后移除模具的底部，展现口红顶端的形状。用与口红直径相同的金属棒将成型的口红圆柱体从模具的顶端推入涂敷管中。这样，口红就可以在没有人手触摸的情况下转移，完美地保持其精致圆润的形状。

9. 目视检查口红是否有气孔、脱模线或痕迹。不合格的，予以淘汰。

贴标和包装

10. 口红旋入涂覆管中并套好盖子后，即可贴标签和包装了。标签标示了产品批次，由机器自动完成贴标工作。虽然人们格外关注成品口红的质量和外观，但对唇膏的外观却不怎么在意。

11. 除了实验或检测步骤，唇膏全部是自动化的生产过程。将加热的唇膏流体倒入圆管。然后使用机器给圆管盖上盖子，这个生产过程非常简单，不需要太多工人参与。

12. 制造过程的最后一步是口红管的包装。有各种包装可供选择，从大包装即可以容纳不止一支口红的包装，到独立包装，再到作为一个化妆品套装组合或者特别促销装。唇膏都是成批包装的，这种包装方式可以提供保护，避免在运输过程中损坏。口红的包装各不相同，可能是高度自动化的流程，也可能不是。使用什么样的包装取决于它将在哪里销售，而不是生产过程。

环境问题

口红的生产过程几乎不会或很少会对环境造成污染。只要有可能，产品就会被重复使用，而且由于原料昂贵，很少有人会丢弃原材料。在正常的生产过程中，不会产生任何副产品，口红的废弃部分将会连同清洁原料一起被扔掉。

质量控制

质量控制流程非常严格，产品必须符合政府"食品和药物管理局（FDA）"的标准。口红是唯一可以食用或吞咽的化妆品，所以对原料和生产过程都有严格的控制。口红必须在严格控制的环境中进行混合和加工，所以它不会受到细菌、微生物或有毒物质的污染。对来料进行检验以确保其符合有关规定。每批次产品都要留样，在整个产品的有效期内（通常会超出这个期限）室温下保存起来，以便保持对该批次产品的追溯和跟踪控制。

如前所述，口红成品的外观非常重要。因为这个原因，生产过程中的每个人都成了检验员，一个不完美的产品要么返工，要么报废。顾客是最终的检验员，如果对产品不满意，他们就不会购买商店里的口红。因为零售商和制造商通常不是同一家，消费者层面对产品质量的评价对销售市场有很大的影响。

口红的颜色控制也非常关键，当生产一批新产品时，需要仔细检查颜料的添加物。在口红料块重新加热时也要仔细控制颜色。口红料块的颜色会随着时间的推移而发生改变，每次重新加热时，颜色可能会有所改变。比色仪可以控制口红的色度，即颜色深浅，比色仪是通过与图表或样品中色素含量的比较来测量颜色的。比色仪对混合物的各种颜色进行数值读取，所以可以确认是否与以前批次的产品有完全相同的色号。重新加热的口红料块的批次匹配通过视觉比对，因此当口红料块不是立即使用时，操作人员会记录下口红料块的生产时间并严格地控制储存环境。

口红测试

针对口红有两种特别的测试：热测试和破裂测试。

在热测试中，将口红放置在夹具的延伸位置上，然后连同夹具一起放入烤箱，以超过54℃的恒定温度加热24小时。口红不应萎缩、熔化或变形。

在破裂测试中，将口红放置在两个夹具的延伸位置上。在支架上的口红部位放上砝码，每隔30秒放置一次，直到口红破裂或断裂。然后检查使口红破裂的压力值是否符合制造商所设定的标准。由于这些测试没有统一的行业标准，每个制造商是各行其道设定自家产品的压力限值，制定自己的一套企业标准。

永恒的"红色"

不纠缠于色彩争议、身价不菲的时尚设计师帕洛玛·毕加索（Paloma Picasso）是著名艺术家帕布罗·毕加索（Pablo Picasso）的女儿。说到口红，她只信奉一种颜色——红色。"红色"是她的作品或她的着装一贯的色彩。《时尚》杂志上她那张醒目的脸、深红的嘴唇为人们所熟悉。

指甲油

美国指甲油年度销售额：接近10亿美元。
最大的卖家：OPI公司，它是科蒂（Coty）公司的子公司，是美国最受欢迎的指甲油制造商。
美甲沙龙：在美国有近13万家美甲沙龙，它是一个价值85亿美元的产业。

美甲

　　手指甲和脚趾甲的美化修饰自古就有。早在公元前3000年，中国人就已经开始染指甲了。时间拉近，到了明朝（1368—1644），那时候中国的指甲油是用蔬菜汁和明胶、蛋清、蜂蜡和阿拉伯树胶混合制成的。古埃及的上流社会采用指甲花染料来染头发和指甲。指甲花染料是从指甲花属树木或灌木的叶子中提取的红棕色染料。然而，针对现代指甲油的成分（也就是漆或珐琅），制造和处理它们的技术是化学技术发展的成果。

　　现代指甲油以小瓶液体形式出售，用小刷子涂抹。涂上几分钟后，指甲油就会变硬，在指甲上形成一层闪亮的涂层，既防水又防屑。制造商声称，指甲油的涂层可以保持几天之后才会剥落。当需要去除时，用卸甲油可以干净利落地擦掉。卸甲油，一种可以分解和溶解指甲油的液体。

指甲油材料

指甲油没有绝对统一的配方。一般情况下使用的成分种类有很多。基本成分包含用于溶解其他成分的溶剂、成膜材料、树脂（增加颜色深度、光泽和硬度）、增塑剂（保持指甲油柔韧性）、颜料和其他添加剂。指甲油的精确配方，除了是公司的秘密外，在很大程度上取决于化妆品公司化学家和化学工程师在研究中的选择以及制造业的发展阶段。当某些成分被采纳或禁止用于化妆品时，配方就会发生改变。比如，甲醛是一种挥发性化学物质（这意味着它很容易蒸发），曾经在指甲油生产中经常使用，科学家已经明确判定它是有毒的化学品，所以现在很少使用了。

溶剂

在指甲油中使用溶剂来溶解其他成分，使指甲油多种成分充分混合制成均匀光滑的溶液。涂抹后，溶剂蒸发，指甲油硬化，留下美丽的亮甲。甲苯、二甲苯和甲醛都曾被用作指甲油的溶剂，如今大多数制造商已经找到了毒性较小的替代品，或者在极低的浓度下使用这些溶剂。目前使用的较安全的溶剂包括乙酸乙酯、乙酸丁酯、乙酸丙酯和乙酸异丙酯。

成膜剂

要使指甲油发挥作用，必须在指甲表面形成一层坚硬的薄膜，但不能太快，否则会影响下面的材料干燥。硝化纤维素棉是一种常见的成膜材料。

硝化纤维素是一种易燃易爆的材料，也用于制造炸药。液体硝化纤维素与微小的、几乎微观的棉纤维混合。在生产过程中，棉纤维被磨得更细小，不需要去除。市面上可以购买到各种浓度的硝化纤维素，以配制出所期望厚度的最终产品。

硝化纤维膜本身是很脆弱的，不易黏附在指甲上。于是制造商们在配方中添加合成树脂和增塑剂以提高硝化纤维膜的柔韧性，以及抵抗来自肥皂和水的侵蚀。老配方有时使用尼龙来达到这个目的。

树脂

良好的指甲油在日常使用中应能防碎裂，使用卸甲油去除时又要易于剥落。树脂能增强指甲油的附着力、增加硬度和光泽度。世上没有十全十美，没有哪一种树脂或者是几种树脂的组合可以满足所有的要求。甲苯磺酰胺、甲醛树脂曾经很常见，但现在许多消费者都极力避免在指甲油中使用甲醛基成分。目前使用的其他树脂有蓖麻油、戊基和硬脂酸丁酯，以及甘油、脂肪酸和醋酸的混合物。

增塑剂

增塑剂增强指甲油柔韧性，有助于防止划痕。樟脑和邻苯二甲酸二丁酯（DBP）用作增塑剂由来已久，但由于人们对健康方面的关注，其在工业上的应用受到了限制。樟脑刺激皮肤引起过敏反应，而且气味有毒。美国食品药品监督管理局（FDA）得出结论，化妆品中DBP的含量对人体是安全的。然而，欧盟明确禁止在化妆品中使用DBP，澳大利亚认为DBP存在伤害生殖系统风险，而美国的加州则认为DBP是一种生殖和激素毒性物质。其他增塑剂包括三甲基戊基二异丁酸酯、磷酸三苯酯和乙基对甲酰胺。

颜料

没有颜色的指甲油是什么？早期的指甲油使用容易溶解的染料，但今天的产品使用一种或者多种颜料。选择颜料及其与溶剂和其他成分的混合技艺是生产高质量指甲油的关键。

化学家们选择了许多不同的颜料，并将它们混合在一起，以获得你在指甲油中看到的各种颜色。

其他添加剂

指甲油丰富艳丽的色彩依赖于在配方中添加的其他原料，通过添加其他成分来得到"珠光"或像磨砂玻璃般的"雾光"色调。微小的反光物质云母，不仅用于指甲油，还用在口红中。作为"闪闪发光"的着色剂通常添加到指甲油的还有"珍珠"或"鱼鳞"材料。"鸟嘌呤"实际上是由小片的鱼鳞和鱼皮制成，经过适当地清洗，与蓖麻油和醋酸丁酯等溶剂混合。鸟嘌呤也可以与金、银和青铜色调混合。塑料闪光剂有时用来增加闪光。

制造商可以添加硬脂铵锂皂石来帮助分散指甲油中的固体物质，并作为增稠剂，因为它具有凝胶般的稠度。可以添加苯甲酮–1或苯甲酮–3防止紫外线。

服食维生素

科学家们发现健康的指甲与人体内维生素B含量有关系。在你的饮食中添加花椰菜、扁豆、牛奶和花生酱这些食物，可以起到健甲效果。

减少毒素

制造商已经对消费者要求消除指甲油中的毒素做出回应。现在市面上有些产品贴上"3类""5类""7类"等分类标签销售，指从成分表中去除的有毒化学物质。所谓的"3类"，产品成分中就没有甲醛、甲苯或DBP。那些标记为"5类"的不含甲醛树脂和樟脑。"7类"产品中没有二甲苯、乙基甲酰胺或对羟基苯甲酸酯。而标记为"8类""9类"的产品，其中化学品成分很少。有些制造商正致力于生产水基指甲油，完全无毒性的水性指甲油产品。

指甲油的成分受到美国联邦食品和药物管理局（FDA）的限制，FDA保存着一份材料清单，清单上标明被认为可以接受的或太危险而不能使用的颜料和其他材料。工厂定期接受检查，制造商必须能够证明他们只使用FDA批准的原料。因为FDA的材料清单中可接受和不可接受的原料随着新的发现和材料的重新检验而改变，制造商有时不得不为一种受欢迎的指甲油开发一种新的配方。

 ## 制造过程

现代的指甲油制造过程非常复杂，需要技艺精湛的工人、先进的机器，乃至机器人。消费者们期望指甲油产品能够更顺滑、均匀、好涂，成膜迅速，并能防止碎裂和剥落。还应对周围皮肤无害。

将颜料与硝化纤维素和增塑剂混合

1. 将颜料与硝化纤维素和增塑剂混合，使用"双辊差速磨粉机"将混合物在一对辊筒之间研磨（见图1）。随着研磨速度的增加，混合物被磨得越来越细腻。

2. 在适当而充分地碾磨之后，从磨粉机中取出薄板状的原料混合物，分成小片与溶剂混合。与溶剂的混合是在不锈钢釜完成的，不锈钢釜的容积从小至5加仑（19升）到大至2 000加仑（7 570升），不一而足。这一步骤必须使用不锈钢设备，硝化纤维素易燃易爆，要是使用铁的设备会发生危险，因为铁会生锈，铁锈的主要成分是三氧化二铁，具有强的氧化性，硝化纤维素和氧化剂会发生强烈的化学反应。

3. 不锈钢釜加有夹套（悬挂在一个稍大一点儿的釜里），这样可以用夹层里的冷水或其他的冷却液循环冷却混合物。釜内混合物的温度和冷却速度由计算机和技术人员在控制室遥控。控制室远离生产现场，旨在规避来自现场火灾和爆炸的危险。大多数现代化的工厂都设置了一个通过围墙隔离的区域，一旦警报器鸣响，墙壁会自动关闭。如果发生爆炸，天花板可以安全地打开而不会危及建筑物的其他部分。

添加其他成分

4. 在密闭的釜内，原材料的混合过程由计算机自动控制。这一过程的最后，混合料稍加冷却，再加入香水和保湿剂等其他材料。

5. 然后将混合物泵入55加仑（208升）的小容器中，转运到装瓶生产线。

装瓶和包装

6. 在装瓶生产线上，一台机器将一组空瓶子整齐有序地排成一行。在每个瓶子里放入一个小金属球。我们知道当指甲油放置一段时间后，一些成分可能会从溶液中分离出来并产生沉淀，那么在涂抹之前摇动瓶子，小金属球将有助于摇匀里面的成分。

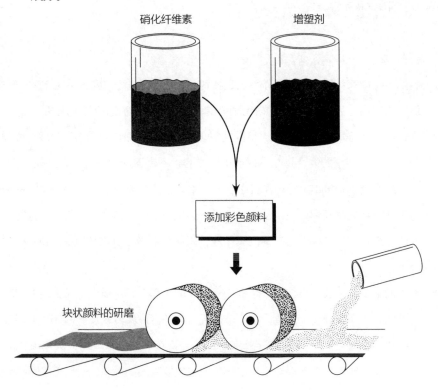

图 1　指甲油是由硝化纤维素和增塑剂与色素混合而成的。使用"双辊差速磨粉机"将混合物在一对辊筒之间研磨。随着研磨速度的增加，混合物被磨得越来越细腻。

7. 将装有成品指甲油的小桶与灌装机相连，灌装机将指甲油定量泵入每个瓶子。

8. 一台机器将一把塑料涂抹刷放入每个瓶子。另一台送盖机输送一个瓶盖，当瓶盖拧到瓶子上时，塑料涂抹刷和瓶盖也拧到了一起。

9. 至此给产品贴上标签，完成包装准备出货。

质量控制

指甲油在整个生产过程中要进行以下几个重要的测试项目：（1）干燥时间，（2）均匀度，（3）光泽度，（4）硬度，（5）颜色，（6）抗划痕等。整个原料混合过程中，或者是针对最终成品的检验或实际使用的情况下，时常伴随着主观试验。对样品进行客观的实验室检测，虽然费时较多，但也是保证产品质量的必要手段。这就是为什么实验室测试既复杂又苛刻，仍然没有制造商会冒险省去这个步骤。

未来的指甲油

快速硬化指甲油的一种行之有效的方法是将刚涂抹的指尖浸入冰冷的水中，冷水能使表层快速硬化。

站在消费者的角度，"指甲油干燥时间的长短"也许是个很关键的问题。改进的快干型指甲油和快干剂摆上了卖场的货架。新配方新工艺仍在不断研发中，未来将可能生产出更多的适销对路、更受消费者欢迎的产品。

在所有的化妆品种类中，指甲油是最有可能从化学领域的进步和发展中受益的。化学家们将不断致力于从指甲油中去除有毒有害化学物质，尤其是在人们越来越关注化妆品的成分对健康的潜在危害之际。

防晒霜

发明人：澳大利亚化学家H·A.米尔顿·布莱克（H. A. Milton Blake），20世纪30年代初发明了防晒霜；化学家尤金·舒莱尔（Eugene Schueller），欧莱雅公司的创始人，1936年开发了自己品牌的防晒霜；1980年水宝宝科普特（Coppertone）公司推出广谱紫外线（UVA/UVB）防晒霜。

美国主要品牌年销售额：5.929亿美元。

涂防晒霜

　　如今健康人的形象并不一定包括黝黑的皮肤。研究表明，皮肤暴露在太阳紫外线下会导致皮肤癌、过早产生皱纹以及其他皮肤问题。虽然防护服，如帽子、裤子和长袖衬衫，是抵御这些有害射线的最有效的屏障，而涂防晒乳液则可以为皮肤直接提供良好的保护。

紫外线

除了来自太阳紫外线直接的辐射外，人们还会受到来自沙子、人行道、马路面、水、冰和雪的间接反射光线的辐射。

　　太阳发出的光由三个波段的辐射组成：红外线、可见光和紫外线。其中，只有紫外线对大多数人有害。紫外线辐射又分为三类：长波黑斑效应紫外线（UVA）、中波红斑效应紫外线（UVB）和短波灭菌紫外线（UVC）。UVA辐射深入皮肤的每一层。这种辐射与皮肤癌、过早老化、皮肤起皱以及晒伤有关。UVB辐射比UVA强，是人们长时间暴露在阳光下后感到疼痛、红肿的罪魁祸首。UVB射线也会导致皮肤癌，损害角膜和眼球晶状体。第三类是UVC辐射，一般被地球大气吸收，被认为是无害的。

防晒系数（SPF）

防晒霜是用防晒系数（SPF）来评定的，它能让消费者知道产品对UVB射线的防护程度。SPF值并不能说明防晒霜对UVA射线的保护效果如何。

　　市场上有两种基本类型的防晒霜：一种是能穿透皮肤最外层吸收紫外线的产品，另一种是能在皮肤表面形成物理屏障以阻挡紫外线的产品。这两种产品都有防晒系数（SPF），让消费者知道该产品对UVB射线的防护程度。防晒系数指的是一个人暴露在阳光下后，受保护的皮肤变红所需的时间，与同一个人未受保护的情况下皮肤变红所需的时间之比。例如，SPF15的意思是一个人的无保护的皮肤暴露在阳光下会在10分钟内变红，使用该产品，那么同一个人（他或她）晒伤之前可以在太阳下停留15倍的时间，或150分钟。这是FDA推荐的最低SPF值。

　　长期以来，研究人员一直认为，导致晒伤的UVB射线是引起各种皮肤癌的唯一原因。然而，科学家现在知道UVA射线也会导致皮肤癌。2011年，美国食品和药物管理局规定，在美国防晒霜必须标明是否广谱，这意味着它可以同时抵御UVA和UVB。标签还必须标明SPF等级，以及防晒霜的防水程度。如果防晒霜只能防止晒伤（UVB射线），而不能防止皮肤癌或皮肤老化（UVA射线），那么标签上的药物说明部分也要有提示内容。

　　美国食品和药物管理局要求在销售任何新的防晒霜之前都要进行严格的规定和测试。防晒霜生产商要经过一个昂贵而漫长的过程才能获得FDA的批准，获得某项批准授权制造商只能生产所申请该项准确配方，且仅限于一种SPF等级和一种特定用途。

研发和测试

阳光对皮肤的晒伤大多发生在儿童和青少年早期。

　　如今防晒霜的目标市场高度专业化。新配方的防晒产品不断涌现，以满足特定消费群体不断变化的需求。例如，游泳者和运动人士的防晒配方可能含有更防水和防汗的成分，可提供长达8小时的保护。运动员也可能需要一种感觉干燥的乳液，以免影响他们的抓握。因为儿童皮肤的最外层比较薄，所以儿童的皮肤比成人敏感。这也是为什么大多数皮肤晒伤发生在儿童和青少年早期的原因。为儿童市场开发的防晒霜往往含有天然成分，比如芦荟和维生素E。喷雾防晒霜也很受欢迎，它的顶部有喷雾泵，或者使用压缩气体。

　　在一种新型防晒霜的研发阶段，化学家和实验室技术人员从合成和天然成分中开发出防晒霜配方。技术人员按初始配方配10加仑（38升）样品，储存在不锈钢桶中，在申请批准之前进行测试和最后确定。FDA的批准需要进一步的测试验证，这些测试可以在内部进行，也可以由外部实验室进行。测试项目包括根据FDA的指导方针测量有效的防晒系数，确定产品在皮肤上使用的安全性，以及测量乳液的防水程度。

防晒霜原料

许多合成和天然成分的组合可以用于单一防晒霜的配方。配方通常是针对特定SPF等级或特定消费群体的需要。也许最著名的用于防护UVA射线的合成材料是阿伏苯宗，也叫巴松1789，它被用于世界各地的产品中。防晒霜通常混合了多种化学过滤成分，如氧苯酮、水杨酸辛酯、辛水杨酸、桂皮酸盐（也称为甲氧基肉桂酸辛酯）。

二氧化钛是一种天然矿物质，是广谱保护的常用成分。二氧化钛的工作原理是散射紫外线，而不是吸收紫外线。虽然不像氧化锌那样不透明，但在SPF值较高的情况下，它具有类似的美白效果。抗氧化剂通常与二氧化钛结合，以减缓油脂的氧化，从而延缓乳液的变质。天然抗氧化剂有像维生素E和C、米糠油和芝麻油等物质。另一种受欢迎的天然抗氧化剂是绿茶。许多新的防晒产品也含有舒缓和保湿的添加剂，如芦荟和甘菊。

制造过程

防晒霜的生产、装瓶和运输可以在单一的工厂进行，或者部分工作可以在公司之外进行。这里描述的全自动制造过程使用了这两种方法中的一些。

乳液配方

1. 水是用一种叫作"反渗透"的方法净化的。反渗透通过一种半渗透膜在压力作用下迫使水从盐和其他杂质中分离出来，从而提取纯净的水。

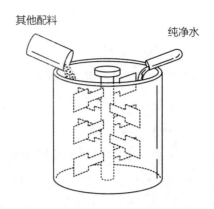

其他配料

纯净水

图 1　纯净水和其他购买的配料，如阿伏苯宗和芦荟，混合在一起。

2. 按照最终配方将从外部采购的原料与纯净水混合（见图1）。配方记录在一张和10加仑制剂桶相一致的VAT表上，该表列出了每种成分的准确用量。商用的更大数量将依据开发阶段最初使用的10加仑（38升）各种成分的准确量来根据数学公式成比例换算。

制作容器

3. 吹塑设备制造防晒霜的塑料容器。在某些情况下，它是在公司外部完成的。吹塑是将热塑性塑料（加热时软化，冷却时硬化的塑料）挤压成管（称为"型坯"）并放入敞开式模具中的一种方法（见图2）。模具封闭在加热的型坯周围，型坯在底部被挤压形成密封。压缩空气吹过型坯的顶部，迫使软化的塑料膨胀到模具的内壁，形成容器的形状。

4. 把吹制好的包装容器送去印上商标和产品信息，或者在某些情况下，使用薄的金属箔将商标压印到容器上，以呈现其精美设计。然后将印制好的容器储存起来备用。

产品灌装

5. 灌装过程中使用的不锈钢罐容量可达1 000加仑（3 785升）。灌装是在一个单独的无菌室进行的，其中有一个由许多轨道组成的输送系统。操作工监控自动化过程。容器和瓶盖通过传送带送入灌注间。不锈钢罐里的防晒霜经由不锈钢管道流到压力灌装机，压力灌装机在每个容器中插入一个可伸缩的喷嘴，并向容器中注入定量的防晒霜（见图3）。

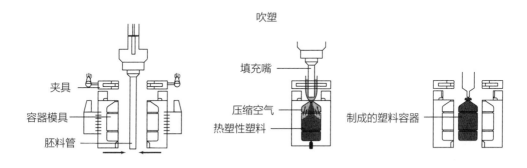

图 2 防晒霜容器是通过吹塑方法制成的，其中热塑性塑料被挤压成管，吹塑成模具。

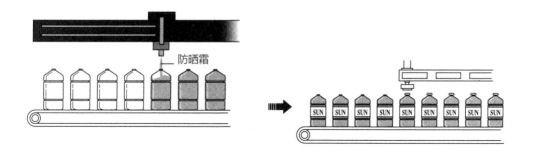

图 3 防晒霜通过不锈钢管道注入每个容器。然后，大多数容器会自动封装并分发给分销商。

封装容器

6. 大多数容器在生产线上都是自动封装的。为了方便顾客挤出防晒霜，一些容器含有带泵的盖子，而这些容器离开灌装工序后需要由操作人员手动封上泵盖。

运输

7. 填充和封装好的容器每12个一组装箱，通过收缩膜包装将其放置并固定在托盘上

（用于支撑重物的平台），以便运输到经销商处。

副产品

在容器成型过程中产生的塑料废料，经过消毒、研磨可以重新使用。而印刷过程有缺陷的容器被送到其他公司，制成诸如露台家具等产品。

防晒霜现在有易于使用的喷雾剂装，可有效防止手变得油腻。

未来的防晒霜

美国食品药品监督管理局等监管机构和消费者保护团体一直在研究防晒成分的有效性和安全性。随着更好、更安全的防晒成分被确定，未来防晒霜的配方会持续改进。

研究人员将目光投向了下一波防晒产品的研发。有些植物对有害的太阳光有着天然的防御能力。例如，一种叫作杜娜丽拉·巴尔达维尔（Dunaliella bardawil）的单细胞藻类，在死海和西奈沙漠中生长旺盛，它能制造出防护自身的防晒霜。位于以色列雷霍沃特（Rehovot）的魏茨曼（Weizmann）科学研究学院的科学家已经分离出这种植物在强烈阳光下产生的蛋白质。这种蛋白质通过将光线汇聚到光合作用发生的地方，起到了太阳偏转器的作用。藻类产生的一种橘黄色色素可能干扰了多余光线而没有影响到光合作用。

人体也有一种叫作黑色素的天然防御系统。它是存在于皮肤和头发中的棕黑色色素。它反射和吸收紫外线以提供广泛光谱保护。深色皮肤的人黑色素浓度更高，因此皮肤癌的发病率更低，皮肤老化的生理和医学迹象也更少。黑色素曾经是通过从墨鱼等外来物质中提取而得来的，成本约为每盎司3 000美元（每毫升101美元）。然而，现在可以通过使用发酵罐这种廉价的方法来制造它。

将黑色素加入防晒乳液的一种方法是将其包裹在微海绵中，微海绵将黑色素固定在皮肤表面，这是最有效的方法。微海绵只能在显微镜下看到。研究人员继续获得批准，在防晒配方中使用天然和合成黑色素作为成分。

维生素D

使用防晒霜可以阻挡人体制造维生素D所需的太阳辐射。但对大多数人来说，在春季和夏季，一周两到三天，几分钟的清晨或午后阳光，就能为身体提供数月的维生素D。另一种获得足够维生素D的方法，尤其是对于那些足不出户的人来说，就是通过食物或维生素补充剂。

其他

光盘（CD、DVD、Blu-ray）

发明人：1980年，飞利浦和索尼公司发明了CD；1995年松下、飞利浦、索尼和东芝公司发明了DVD；2000年索尼公司发明了蓝光光盘（Blu-ray）。

美国年度唱片销售：147亿美元。

可录光盘市场：75亿美元。

视频、声音、数据

一张CD可以存储超过734兆字节的数据（80分钟的音频）。一张普通的DVD可以存储7.4GB（2小时的标准清晰度视频）。一张标准蓝光光盘可以存储50GB的数据（23小时的标准清晰度或9小时的高清晰度视频）。

CD是一种非常普及的储存音频格式的载体。但是随着其他数字存储音乐方式的出现，CD的使用量急剧下降。比如，大多数人都熟悉的以电影形式出现在数字多功能机上的DVD光盘或蓝光（BD）光盘。这三种都是光学数据存储介质常见的例子，信息由聚焦的激光读取或写入。

光盘不仅仅用于音乐和视频内容，数字数据也可以是音频、视频或计算机信息的形式。在本篇中，我们将重点描述它们在音频和视频中的运用。

自从1876年留声机发明以来，音乐一直是家庭娱乐普及度极高的方式。在留声机之后，黑胶唱片和盒式磁带相继问世，之后又出现了CD。家庭录像经历了从电影放映机，到Betamax和视频家庭录像系统（VHS）播放器，再到激光唱片、DVD和蓝光光盘的进程。

那么，这些光碟从何而来呢？

发展史

存储1秒钟的音乐，需要超过1兆的数据；存储1秒时长的标准清晰度视频，需要6兆的数据，而高清晰度视频每秒大约需要20兆流量。

CD的历史可以追溯到20世纪60年代数字电子技术的发展。尽管这门新技术的最初应用并不是在录音领域，但是很快研究人员发现它特别适合音乐产业。

在同一时期，许多公司开始尝试光信息存储和激光技术。在这些公司中，电子巨头索尼和飞利浦公司在这方面取得了最显著的进展。

20世纪70年代，数字技术的应用和光学技术的应用已经达到了可以结合起来发展单一音频系统或者视频系统的水平。这些技术为数字音频和视频开发人员所面临的三大挑战提供了解决方案。

首次发布

索尼公司在1982年发布了第一台CD机；在美国发行的第一张CD是美国著名的摇滚乐歌手布鲁斯·斯普林斯汀（BruceSpringsteen）的作品。1996年底，日本发行了第一部DVD机，而美国是发行于1997年年初；美国第一部以DVD形式发行的故事片是《龙卷风》。2006年，索尼公司发布了首款官方蓝光播放器；以这种格式发行了多部电影，其中包括了《第五元素》《十面埋伏》《黑夜传说：进化》和《终结者》。

挑战及对策

第一个挑战是找到一种合适的方法以数字格式记录音频和视频信号，这一过程称为"编码"。

以1948年克劳德·香农（Claude Shannon）发表的理论为基础，人们提出了一种实用的音频编码方法。这种方法称为脉冲编码调制（PCM），是一种在短时间间隔内采样或收听声音的技术，并将采样转换为数值，然后存储起来以备以后使用。而编码—解码器技术用于DVD和蓝光光盘的视频编码和压缩。

需要大量的数据才能以数字形式存储音频和视频信号。因此要面对的下一个挑战是找到一种合适的存储介质——小型存储介质。这种存储介质足够小、足够实用，但能够保存所有必要的代码，用于在CD上录制歌曲、专辑或交响乐，或用于DVD和蓝光光盘的完整长度的电影。解决这个问题的办法是光盘。光盘可以把大量的数据紧密地压缩在一起。如一张CD上的100万字节数据占据的区域比针头还小。用聚焦的激光束读取这些信息，这种激光束能够聚焦在1.6微米（一微米等于百万分之一米）的区域。DVD和蓝光播放机中使用的短波长的激光聚焦于更小的区域，因而能够更紧密地打包数据。

数字音频或视频系统的最后一个挑战是如何快速处理光盘上的所有紧密信息，以产生连续播放的音频和视频。集成电路技术的发展提供了解决方案，它做到了在微秒时间内处理数百万位数据的能力。

20世纪70年代末，索尼和飞利浦共同制定了一套通用的光盘存储标准。由35家硬件厂商组成的合作伙伴于1981年同意采用此标准，并于1982年首次向音乐爱好者推出CD和CD播放机。

事实上，早在1979年就已经出现了记录视频的光盘，现已消失的激光光盘（LaserDisc）。激光光盘比当时的Beta制大尺寸磁带录像系统（Betamax）和家用录像系统（VHS）提供的音频和视频质量好得多，但它价格过于昂贵，在关键的北美市场没能普及开来。到了20世纪90年代末，DVD已经进入市场，而VHS磁带濒临死亡，虽然VHS在市场份额上击败了Betamax和激光光盘。2006年推出了蓝光光盘，它比DVD更受大众欢迎。

随着流媒体音乐和视频的出现，以及便携式硬盘和通用串行总线（USB）闪存驱动器的普及，导致CD、DVD和蓝光光盘的购买量下降。也许光盘时代也即将终结。

材料

CD、DVD和蓝光光盘看起来小巧而简单，但制作它们所需的技术却很复杂。这三种光盘外径都是120毫米，厚度是1.2毫米。中间的定位孔直径为15毫米。数据以连续的螺旋形式记录在光盘的底面，从内圈开始向外移动。

这个螺旋形轨道由一系列肉眼看不见的"凹坑"和"平地"（坑凹之间的部分）组成（见图2）。沿着轨道移动的微小激光束将光线反射回一个光传感器（一个将光代码转换成电信号的装置）。传感器在平地上比在凹坑中接收到更多的光，这些光强度的变化（开关闪烁）被转换成电信号，表示最初记录的数据。

CD由三层材料组成：基层是由坚固的聚碳酸酯塑料制成的，第二层是覆盖在塑料上的铝涂层，还有一层透明的丙烯酸树脂保护层。有些制造商的光盘使用金或银涂层来代替铝涂层。

单层的DVD，最多可存储4.7G数据，双层的DVD，最多可存储8.5G数据。单层DVD和CD结构一样，包括聚碳酸酯材料的基层、可记录层、反射层和标签层。在单面双层格式中，在DVD同一面上制作了两层记录层，第二层可记录材料是半透明的反射层，激光透过半透明的反射层可以达到顶部的可记录层。

蓝光光盘与DVD类似。主要的区别是这种格式的蓝色激光可以聚焦更小的光束，从而使数据打包得更紧密。单层蓝光光盘可以存储25GB容量的数据。蓝光光盘可以有一层、二层、三层甚至四层。所以他们可以储存比DVD更多的信息。标准的蓝光影碟片是两层。三层或四层格式通常运用于计算机数据存储。

重获新生

随着时间的推移，旧媒介的恶化趋势会使原来的录音和电影变得无声。对关注者们来说幸运的是，将经典作品从老化的保存源（如录像带、磁带）转移到光盘上的修复工作非常有效。这种称为"数字重录"的编辑和数字录音技术能够消除音频的静态干扰，甚至可以填补旧的、损坏的录音记录中缺失的音符和清理视频图像。

制造过程

    光盘必须在非常干净和无尘的条件下在"无尘室"中制造，该房间几乎没有任何灰尘颗粒。房间里的空气经过特别过滤以防止灰尘进入，而且房间里的工作人员必须穿特殊的工作服。CD、DVD和蓝光光盘的制作过程非常相似。

制母片

1. 首先将原始的音频或视频内容记录到数字磁带或计算机上。实际的节目内容被组织在一个叫作"程序编写"的过程中，包括CD的索引和音轨或者章节、字幕等，DVD和蓝光光盘的数据预制也是一样。这个就是所谓的"预制母片"。

2. 制作预制母片是为了创建"光盘母片"（也称为"玻璃母盘"），这是由专门准备的玻璃制成的光盘。首先将玻璃抛光成光滑的表面，再涂上一层黏合剂底漆和一层光刻胶材料。圆盘的直径约为240毫米，厚度为6毫米。在涂上黏合剂和光刻胶后，光盘在烤箱中固化30分钟。

3. 接下来，将玻璃母盘放入一台复杂的激光刻录机中。程序通过激光传输到光盘上，接收到激光的部分光刻胶材料被曝光。

4. 使用显影药水将曝光部分腐蚀掉，这样腐蚀掉的部分变成凹坑，未腐蚀的凸起部分称作平地。玻璃母盘现在包含了最终光盘将拥有的准确坑凹和平地的轨迹。

电铸

5. 在蚀刻之后，玻璃母盘经历了一个叫作"电铸"的过程，在这个过程中，另一层金属，如镍，被沉积在光盘的表面上。使用"电"这个术语是因为金属是用电流施加的。圆盘浸泡在含金属离子的电解液中，当电流作用时，在玻璃母盘上形成一层金属。这个金属层的厚度是严格控制的。

6. 下一步，将电铸形成金属层与玻璃母盘分开，这是一个坚硬金属盘，同玻璃母盘上凹凸正好相反。一般称为父片。采用同样电铸方法用父片制作母片，再用母片制作模片，模片和父片具有完全相同的凹坑。

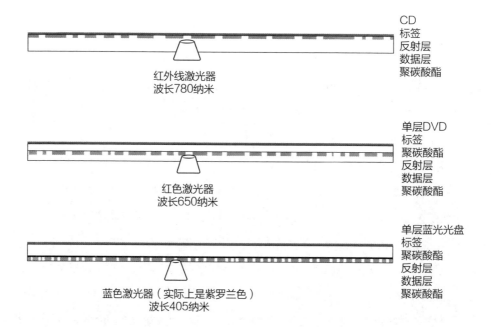

CD
标签
反射层
数据层
聚碳酸酯

红外线激光器
波长780纳米

单层DVD
标签
聚碳酸酯
反射层
数据层
聚碳酸酯

红色激光器
波长650纳米

单层蓝光光盘
标签
聚碳酸酯
反射层
数据层
聚碳酸酯

蓝色激光器（实际上是紫罗兰色）
波长405纳米

图 1 为清晰起见，将CD、DVD和蓝光光盘的截面图尺寸做了放大。CD的数据层在标签下面离激光器读取器最远。单层DVD的数据层嵌入在光盘的中心。对于蓝光光盘，数据最接近激光读取器。另外数据凹坑的大小以及读取它们的激光束对CD来说是最大的，对蓝光光盘来说是最小的。较小的凹坑意味着同样的区域可以打包更多的数据。

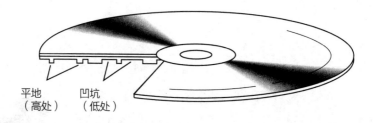

平地   凹坑
（高处）   （低处）

图 2 一张成品光盘包含一圈圈的光轨或高低起伏的"凹坑"和"平地"。CD、DVD或蓝光播放机使用激光束读取"凹坑"和"平地"组成的代码，首先将激光反射信号转换成电信号，再转换成声音和视频。

压模

7. 金属模具的尺寸大于成品光盘的尺寸，所以现在在压印机中将其切割成所需的尺寸。这种缩小版的母片有时称为"模片"。

8. 然后，在注塑机中将模片放在与其同样盘形的中空模具上。将熔融的聚碳酸酯塑料注入模具空腔中，形成模具大小的塑料圆盘。冷却时，塑料圆盘的正面形成和玻璃母盘完全一致的凹坑和平面。

9. 使用冲孔机在塑料圆盘上冲出中心孔，该塑料盘在此阶段是透明的。接下来，对光盘进行扫描寻找缺陷，比如水泡、灰尘颗粒和翘曲。如果发现缺陷，则丢弃该光盘。

10. 如果光盘符合质量标准，那么它就被涂上一层极薄的、反射的铝层。涂层采用真空镀膜。在这个过程中，铝被放入真空室并加热到蒸发点，这使得它可以均匀地涂在塑料圆盘上。

11. 接下来，添加一层聚碳酸酯保护层。层的相对厚度取决于光盘的类型和有多少层。CD是单层的，而DVD和蓝光光盘通常是多层的。为了简单起见，我们将描述制作单层光盘的过程。在光盘上喷涂或旋涂透明黏合剂，并且在真空室将聚碳酸酯层黏合到光盘上，以消除所有的空气。使用紫外线烘干固化黏合剂。

12. CD数据层位于光盘可读侧下方1.1mm。DVD的数据层位于中间位置，即0.6毫米。蓝光光盘的可读层最靠近表面，只有0.1毫米深（见图1）。

13. 红外探测器检测即将印标的光盘，因此可以印刷正确的标签。光盘上涂有一层白色底漆。接下来，使用丝网印刷工艺一次一种地印刷颜色，直至完成标签印刷。

14. 光盘现已制作完成，可供包装和运输。光盘是一种非常精确的产品。由于数据被压缩在光盘微观尺寸的区域，因此所有的制造过程中都不允许犯任何的错误。最小的尘埃颗粒都可能导致光盘无法读取。

质量控制

质量控制的首要问题是确保"无尘室"环境得到适当的监控，控制温度、湿度和空气过滤系统。除此之外，生产过程中还设置了质量控制检查站。例如，利用激光设备检查"主片光盘"的平滑度及光刻胶表面的厚度是否合适。在加工过程的后期，如涂覆金属和丙烯酸涂层之前和之后，会自动检查光盘是否有翘曲，气泡、尘埃颗粒和螺旋轨道上的编码错误。机械检查与人工使用偏振光检查相结合，这样人眼就能发现轨道上有缺陷的凹坑。

整个制造过程中不仅仅是检测保证检查光碟的质量，制造光碟的设备亦须仔细保养。比如激光刻录机必须非常稳定，任何的振动都会使刻录前功尽弃。如果没有严格的质量控制体系，光盘的废品率可能会非常高。

未来的光媒体

正如本章所提到的，随着流媒体和移动存储设备的普及，它们的价格越来越便宜并且市面上到处能够买到，而CD、DVD和蓝光光盘的购买量持续下降。那么问题来了，光盘会消失吗？可能不会。

超高清电视，又称4K电视，分辨率为3 840×2 160像素，可支持每秒高达60帧的帧率。新一代的光盘是2016年发布的超高清或4K蓝光光盘。这种新光盘具有以超高清质量存储视频的能力，它们可以存储50G~100G的数据。随着越来越多的人购买4K电视，视频存储可能会转向新一代光盘，传统的DVD和蓝光光盘销量将继续下降。即使家庭娱乐光盘的使用量也在不断减少，但是光盘在其他领域的用途会支持光盘技术的研究和发展。

这一章的内容主要关注于光盘在存储音频和视频领域的使用，光盘还有另一个常见的用途是计算机存储。比较而言，光盘是一种非常安全的数据保护方式。企业和个人都将继续使用它们来备份数据。由索尼和松下公司开发的新一代档案光盘（AD）格式可以存储3.3TB容量的数据，确保数据百年不丢失。

太阳能电池板

发明人：埃德蒙·贝克勒尔（Edmond Becquerel）于1839年发明了第一个光伏电池；威洛比·史密斯（Willoughby Smith）于1873年发现硒的光敏电阻率；查尔斯·弗里茨（Charles Fritts）于1883年用硒制造了第一个太阳能电池；罗素·奥尔（Russell Ohl）于1940年发现硅中的p–n结，1941年获得第一个硅太阳能电池的专利；贝尔实验室于1953年开发了第一个实用的硅太阳能电池。

太阳能电池增长：2015年至2016年，美国太阳能发电量增长了97%，平均发电量为14.8吉瓦。

 发展史

光伏板，或者说更广为人知的太阳能板，在许多地区随处可见。近年来，私人住宅、企业和公用事业单位都在以前所未有的速度安装太阳能电池板。这些设备的起源可以追溯到19世纪中期，尽管在它们的大部分历史中，仅仅是出于一种科学的好奇。

1839年，法国一位名叫埃德蒙·贝克勒尔（Edmond Becquerel）的年轻物理学家在他父亲的实验室里做实验，他发明了第一个光伏电池。他把氯化银和铂电极放在酸性溶液中。当电池被照亮时可以产生电流。虽然贝克勒尔可以重现他的发现，但他无法解释所谓的"光伏效应"的原理。

威洛比·史密斯（Willoughby Smith）在试图制造电阻测试水下电报电缆时偶然发现了硒的光敏特性。史密斯于1873年在科学杂志《自然》上发表了他的发现，但他在当时更出名的是作为一名电气工程师开创了测试水下电报电缆的新方法。

1873年，查尔斯·弗里茨（Charles Fritts）是第一个用硒制造太阳能电池的人。弗

里茨还创造了第一个太阳能电池板，这是他收集硒太阳能电池制成的，并于1884年安装在纽约市的屋顶上

随着美国在19世纪末向各种各样的人颁发专利，太阳能电池得到持续发展。直到20世纪中期，贝尔实验室的科学家们才真正开始了解光伏效应并将其付诸实践。说到这里我们不得不提起罗素·奥尔（Russell Ohl）。

1940年，罗素·奥尔无意中发现（见下文："又一个令人欣喜的意外"）杂质可以被添加到硅中（一种被称为掺杂的过程）来制造太阳能电池。奥尔为他的硅电池申请了专利，这比之前的硒太阳能电池有了很大的改进。他在认识半导体内部实际情况方面的开创性工作值得称赞。

一个令人欣喜的意外

1873年，威洛比·史密斯（Willoughby Smith）正在寻找一种可靠的电阻，作为水下电报通信电缆测试方法的一部分。他选择硒棒来制作电阻，因为硒元素的电阻率（物质电阻特性的物理量）高。令他烦恼的是，在实际操作中，他发现电阻值变化很大。史密斯确定硒电阻值的大小，取决于它受到光照的多少。很偶然地，让他发现了光敏电阻。史密斯公布了他对硒的进一步实验结果，这最终引导了其他人用硒这种半导体制作光电池，并且最终用于制造太阳能电池板。

1953年，贝尔实验室研究硒太阳能电池的工程师达里尔·查宾（Daryl Chapin），试图在潮湿地区为电话系统找到一种替代干电池的方法。当时的干电池在潮湿的环境中容易降解。他的同事卡尔文·富勒（Calvin Fuller）和杰拉尔德·皮尔森（Gerald Pearson）一直在一起进行另一项研究，也就是通过仔细引入杂质来改变硅半导体的性质。在取得了一些初步的成功之后，这三人团队合作，最终生产出了人们普遍认为的第一款实用太阳能电池。它的效率为6%，明显优于查宾（Chapin）研究的硒太阳能电池。

今天，一个优质太阳能电池板的实际效率仍然只有18%~22%。科学家和工程师们一

直在努力改进这一技术，这项技术从实验室看来很有前途。（见后文："未来的太阳能产品"）

太阳能电池板的材料和设计

今天绝大多数太阳能电池板都是由晶体硅制成的。必须把硅提炼到非常纯的级别。石英形式的二氧化硅（SiO_2）被提炼成冶金级硅（98%纯度），然后再进一步提炼成太阳能级硅（99.9999%纯度）。

有几种方法可以将纯化硅用来制造太阳能电池的硅片。最常见的两种方法是用具有均匀晶格结构的硅生成圆柱形单晶硅锭，或用具有混合晶格结构的硅铸造块状多晶硅锭。非晶态硅可用于制造柔性薄膜太阳能电池，但通常效率较低。砷化镓、锗和其他半导体可以用来设计高效太阳能电池，但它们价格昂贵，而且目前还不常见。

为了用硅制造半导体，可加入杂质来改变其导电性能。通常情况下，在硅中掺杂少量的硼，它可以接受多余的电子，故形成一个p型的半导体，加磷可以提供多余的电子，掺杂磷形成n型半导体。两种半导体的交界面附近的区域叫作p-n结。在p-n结处形成耗尽层，带负电荷的电子被吸引到p型侧，带正电荷的空穴被吸引到n型侧。

铝和银被用作太阳能电池的导体。银是世界上最好的导体之一。效率对太阳能电池很重要，导体越好，效率越高。

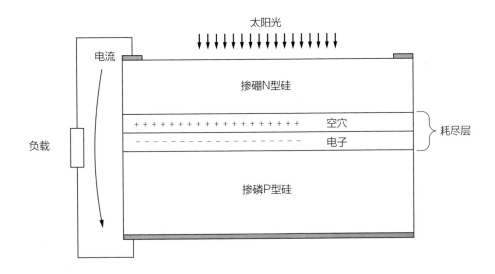

图 1　在太阳能电池的硅p-n结中，来自n型区域的负电荷被吸引到p型区域，来自p型区域的正电荷空穴被吸引到n型区域。这就形成了一个不导电的耗尽层，形成了一个内部电场。当具有足够能量的光子（光粒子）撞击太阳能电池时，就会释放电子，电就可以通过连接在电接点上的负载流动。

用于太阳能电池的二氧化钛、氮化硅或其他抗反射涂层，可以提高效率。更多的反射光意味着更少的光能转化为电能。还有一个安全因素，因为大型太阳能电池板的眩光会对飞机造成危害。

太阳能电池很脆弱，需要夹在透明的塑料保护层之间。单个太阳能电池组合成面板，通常在顶部覆盖玻璃或透明塑料，并内置在铝框架中。

制造过程

如前所述，太阳能电池板技术有不同的类型，其中最受欢迎的两种是单晶硅和多晶硅。目前单晶硅太阳能电池板的能源效率更高，因此可获得比同等大小的多晶电池板更多的电力。但是单晶硅面板的制造成本更高。随着多晶硅太阳能电池板效率的提高，再加上其较低的价格，可能会导致多晶硅电池板的使用比单晶硅电池板更普及。因此下面描述的制造工艺主要是针对多晶硅面板制作。

单晶硅：方形电池里的圆片

制造用于太阳能电池的单晶硅晶片成本高昂，部分原因是该工艺的结果是圆形，而不是理想的方形。单晶硅被拉成圆柱体硅锭，早期的太阳能电池板使用的是从这些硅锭上切下来的圆形电池，但是不能在矩形太阳能电池板上有效地布置圆形电池。圆形电池之间的空白空间意味着不能做到全面积铺设电池产生电量。

为了解决这个问题，制造商开始在圆柱体硅锭上切割平边。当切成硅片时，就会形成四角的方形电池，每一个都以45度的角度被切断。切掉的一部分硅锭是耗费大量时间和精力生产的，因而是一种浪费。

相比之下，多晶硅是块状，可以切割成方形硅片。由此制作的方形太阳能电池可以放置在矩形面板上，可以做到能源产量最大化。

太阳能级硅

1. 石英晶体形式的二氧化硅（SiO_2）在高达2 000℃的电弧炉中与碳（C）结合，与氧分离。碳与二氧化硅反应，生成二氧化碳（CO_2）和纯硅（Si），得到的冶金级硅纯度为98%。

2. 将冶金级硅粉末化，然后在300℃下与盐酸（HCl）反应进一步提纯，形成三氯氢硅（$SiHCl_3$）和氢气（H_2）。这去除了大部分剩余杂质，但硅还要与盐酸化合。

3. 一种被称为西门子的工艺被用来分离硅。最后一步得到的三氯氢硅被放置在一个大真空室中，温度约为1 100℃，与氢分子反应数百小时。硅沉积在现有的硅芯棒上，形成纯度为99.9999%的多晶棒，可用于太阳能电池。

硅晶片

4. 接下来，大的多晶棒被分解，加入硼。硼掺杂（有意加入杂质）产生了均匀的p型基硅。

5. 混合物在超过1 400℃块状坩埚内熔化。

6. 硅可以冷却成50厘米见方、25厘米厚的硅锭。

7. 大硅锭用金刚石涂层锯片切割成小的硅块。将硅块的端部切掉，以去除影响质量的杂质（外来颗粒）。然后用一次切割多块硅片的金刚石涂层金属丝切割硅块。最后切成厚度约为0.3毫米方形晶片。

纹理（表面制绒）

8. 将易碎的晶圆装入盒中以便处理。再把多盒晶片装入载体中，然后由机器将其送到下一个生产工序。

9. 将装载晶片的载体放入加热的氢氧化钠（NaOH）碱性槽中进行清洗，以消除线锯带来的表面的损伤。一些制造商使用酸洗而不是碱洗。蚀刻晶圆片以形成纹理表面也有助于减少光反射。利用硅的各向异性腐蚀，在每平方厘米硅表面形成几百万个四面方锥体，即金字塔结构。由于入射光在表面的多次反射和折射，增加了光的吸收，提高了电池的短路电流和转换效率，一个完全平坦的表面会反射能被太阳能电池吸收的光。

10. 将仍在载体中的硅片从腐蚀性槽中取出并冲洗几次。最后用酸漂洗以中和碱性氢氧化钠。

11. 将晶片盒从载体中取出，装入离心机内，离心机将硅片旋转干燥。

生成N型层

12. 硅片仍然非常脆弱，因此通过自动机器将它们一个接一个地从盒中卸到传送带上。

13. 在表面添加一层磷材料，然后将其送入炉中约一小时。这会将磷扩散到硅片的上表面，在P型基硅片上添加一个N型层。

14. 将硅片重新装入盒中和载体中，并再次清洗。然后晶片盒又被送回到离心机中旋转干燥。

15. 将硅片从晶片盒中取出并堆放在一起，边缘仔细对齐。将这些晶片装入等离子蚀刻机中，混合等离子气体如四氟化碳（CF_4）和分子氧（O_2）去除扩散到晶圆边缘的磷。这样可将硅片外面的顶部N型层与底部P型层进行电隔离。

涂料和导体

16. 下一步，通过一种叫作化学气相沉积的工艺，在每片硅片上涂上一层抗反射涂层，通常是氮化硅（Si_3N_4）。将硅烷（SiH_4）和氨（NH_3）的气体混合物通到等离子室中的硅片上，反应形成氮化硅，并沉积在硅片表面。这进一步降低了硅片的反射率，并使它们呈现出一种独特的蓝色，这可以在太阳能电池上识别出来。

17. 接下来的几个工序使用丝网印刷机涂抹银或铝浆。将具有所需图案的网格放置在硅片上，然后将浆状物滚涂在上面。移除网格后，浆状物保留在图案的空白部分。硅片在烘干机中大约200℃的温度下烘干，浆状物成为干燥的粉末。然后在高温加热器中烧结硅片，使金属与表面结合。这一高度自动化的控制过程，有助于减少易碎硅片的破损。

18. 首先在硅片的正面涂上银浆。丝网印刷留下很多空白，以便光线可以到达太阳能电池。

19. 将硅片翻转，涂上一层厚厚的铝浆，只留下几条未覆盖的铝带用于下一步。

20. 最后将银浆涂在被切断的空铝条上。这些银接点将被焊接到薄金属条上，以便将多个太阳能电池连接在一起。

21. 此时已完成太阳能电池的生产。经过测试和排序，同一电池板中使用的电池的电气特性必须紧密匹配，否则，会降低太阳能电池板的效率。

太阳能电池板

22. 一排电池被送入装框机，装框机将扁平的金属片焊接到电池上，然后将一系列电池串焊在一起。每个电池只产生很小的电压，所以它们需要串联焊接以增加电压。

23. 将一串太阳能电池封装在两层乙烯—醋酸乙烯酯（EVA）板之间。EVA板有助于保护太阳能电池免受灰尘和其他污染物的污染，还能缓冲外力的冲击。

24. 接下来，将由EVA板封装的多个电池放置在背板网格中。背板有助于保护太阳能电池免受天气、化学和物理损伤。它是一种复合材料，通常由两层氟乙烯（PVF）夹层和一层对苯二甲酸乙二酯（PET）夹芯组成。一些制造商使用不同类型的背板，包括PVF片、PET片和EVA片。

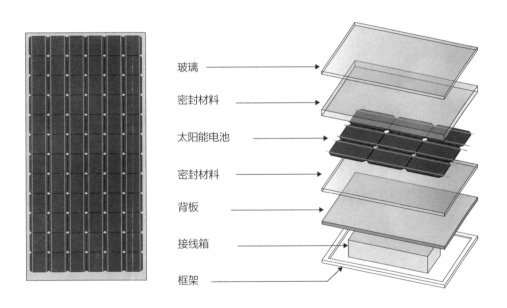

玻璃
密封材料
太阳能电池
密封材料
背板
接线箱
框架

图 2　太阳能电池板组件各层的侧视图

25. 在顶层添加一层低铁玻璃、丙烯酸或其他塑料。这层材料提供防止紫外线，以及天气和物理的损害。

26. 组装好的多层板在约150℃的真空下层压，抽掉空气，密封太阳能电池。

27. 太阳能电池板模块至此组装在一个挤压铝框架内。电气接线盒焊接到背面的金属连接端上，然后通过机械连接到面板的背面。太阳能电池板现在已经完成组装了。

质量控制

在整个生产过程中，每个电池都要经过仔细的质量检测。如前所述，重要的是要根据电池的电特性对其进行排序，以便在面板中使用的电池能够紧密匹配。

完成的太阳能电池板要经过一系列的机械和电气测试，以确保质量。必须保证框架的机械质量和表面玻璃或塑料的耐候性。将面板暴露在光线下使用闪光测试仪测量太阳能电池板的电压和电流值，以确保每个面板符合规格要求。

副产品

虽然太阳能电池板发电对环境有利，但与化石燃料相比，太阳能电池板的制造并非没有环境危害。

一些制造过程使用危险的液体和气体，包括盐酸、硫酸、硝酸、氟化氢、三氯乙烷和丙酮。这些材料必须小心妥善处理。

将硅锯成硅晶片也浪费了高达50%的材料。如果工人吸入粉尘会对身体造成危害，故需要采取适当的安全防护措施。

制造商们一直在寻求改善生产过程的方法，以减少有害化学品的使用，提高工人的生产安全。

未来太阳能产品

自2010年以来，美国的太阳能电池板安装数量一直在稳步增长，从2015年到2016年，这一比例大幅上升。尽管太阳能发电只占总发电量的一小部分，但随着技术的进步和用量的增加，它很可能会继续增长。

目前有一种趋势，即太阳能电池板的无所不在和无缝集成。太阳能城和特斯拉公司宣布了新的住宅屋面瓦片计划，他们声称这些瓦片看起来和标准屋面瓦片一样好，甚至更好，成本更低，使用寿命更长。如果他们能够兑现自己的承诺，这些好处，再加上发电的能力，可能会大幅推动住宅太阳能的使用。

另一家公司，太阳能公路公司，已经为人行道和公路开发了模块化太阳能电池板，其中包括可编程的LED灯，可以将线路和路标整合到路面上。这些电池板不仅可以发电，还可以整合高速公路与智能电网。

研究人员正在研究制作玻璃窗的透明薄膜太阳能电池。尽管目前这种类型的太阳能电池板比传统的电池板效率低，但它们在摩天大楼窗户上的广泛应用将大大增加太阳能装置的数量。

另一项正在开发的技术是多结太阳能电池，它使用一堆具有多个p–n结的不同半导体材料。不同的半导体对不同的光谱起反应，提高了效率。商业版本的测试效率为30%，理论效率甚至更高。

光纤

发明人：法国工程师克劳德·查佩（Claude Chappe）于18世纪90年代发明了光电报；美国人亚历山大·格雷厄姆·贝尔（Alexander Graham Bell）于19世纪80年代发明了光线电话；苏格兰人约翰·洛吉·贝尔德（John Logie Baird）和美国人克拉伦斯·W·汉塞尔（Clarence W.Hansell）于20世纪20年代发明了利用阵列状排列的透明管传输电视或传真系统的图像；德国人海因里希·拉姆（Heinrich Lamm）于20世纪30年代演示了通过一束光可以传输图像；丹麦人霍尔格·穆勒·汉森（Holger Moller Hansen）于1951年申请了丹麦的光纤成像专利，但是被拒绝了；荷兰人亚伯拉罕·范·希尔（Abraham van Heel）、英国人哈罗德·H·霍普金斯（Harold H. Hopkins）和纳林德·卡帕尼（Narinder Kapany）于1954年发明了成像束；美国的劳伦斯·柯蒂斯（Lawrence Curtiss）于1954—1959年发明了玻璃纤维；西奥多·梅曼（Theodore Maiman）于1960年发明了激光；乔治·霍克汉姆（George Hockham）和高锟（Charles K. Kao）于1964年发明了单模光纤远距离通信；罗伯特·莫雷尔（Robert Maurer）、唐纳德·凯克（Donald Keck）和彼得·舒尔茨（Peter Schultz）于1972年发明了多模二氧化锗掺杂纤。

全球光纤年销售额：超过31亿美元。

沿着玻璃传输的光

光纤最显著的特点之一是它可以携带一个强信号，并且在不减弱信号的情况下远距离传输。

　　光纤是从熔融的石英玻璃中抽出或从塑料中挤出的单根细丝线。这些光纤将信息转化为光脉冲，然后通过光缆传输。大约从20世纪70年代开始，通信运营商一直在构建光纤网络。与铜线相比，光纤传输信息更快，占用的空间更小，而且不受附近电线的干扰和静电干扰。

光纤已经取代了几乎所有的长途通信网络的铜线连接，包括因特网主干网。越来越多的快速光纤互联网可直接连接到您的家。大约25%的美国家庭都有光纤，虽然这一数字因居住地的不同而千差万别。

数百根海底光缆承载着99%的国家与国家之间的通信，陆上通信依靠更多的光纤。光纤用于传输互联网、电话和电视信号，以及与世界数据中心的网络通信。不仅仅如此，光纤技术还广泛用于医疗和牙科器械，如内窥镜、机械检查用的光学传感器、汽车内的通信系统、特殊的电力传输应用如必要的电气隔离，甚至用于照明和装饰。

以发明电话而闻名于世的美国发明家亚历山大·格雷厄姆·贝尔（Alexander Graham Bell），大约在1880年左右首次尝试用光进行沟通交流。但是直到20世纪中叶，当时技术的发展提供了一个传输源——激光，还提供了一种有效的传输介质——光纤，光波通信才成为可能。激光发明于1960年，6年后，英国的研究人员发现，石英玻璃纤维可以携带光波，而不会产生明显的衰减或信号损失。1970年，人们研制出一种新型激光器，第一批光纤投入商业化生产。

在光纤通信系统中，由光纤制成的光缆连接含有激光器和光检测器的数据链路。为了传送信息，数据链将模拟电子信号（如电话通话或摄像机输出的信号）转换成激光数字脉冲。这些激光数字脉冲信号通过光纤传输到另一个数据链路，在那里光检测器将它们转换成电子信号。

应用范围

医生是最早领略到光纤用途的人群之一。他们使用的内窥镜能够在不切开人体的情况下窥视人体内部。内窥镜是一种窄小而灵活的管子，可以插入口腔和喉咙等开口器官。里面有能发光的光纤，把内脏的照片发出去。这些管子还可以容纳微小的外科手术器械，并携带液体或气体进出身体。

光纤材料

虽然也经常加入少量的其他化学物质，但光纤主要是由二氧化硅（SiO_2）（像沙子、石英、燧石一样的结晶混合物）制成的。在纯氧（O_2）气流中的液态四氯化硅（$SiCl_4$）是目前广泛使用的气相沉积法中硅的主要来源（步骤1中解释）。其他的化合物，如四氯化锗（$GeCl_4$）和三氯氧磷（$POCl_3$），可用于生产具有特殊的光学性能的芯纤维和外壳或包层。

玻璃的纯度和化学成分对生产出的光纤品质影响很大，尤其影响光纤最重要的特性：能量传输的衰减度。现在研究的重点是开发尽可能高纯度的玻璃。玻璃中含有大量的氟化物，这是一种强腐蚀性的有毒气体混合物，因为它对几乎所有的可见光频率范围内都是透明的，所以这种气体混合物最有希望改善光纤的性能。因此玻璃对多模光纤特别有价值，因为多模光纤可以同时传输数百个不同的光波信号。

玻璃仍然是制造高质量光纤的最好材料，但是塑料光纤可以用含氟聚合物（如硅树脂）包层的丙烯酸纤维制成。虽然这些塑料光纤数据传输速度比不上玻璃制光纤，但是新型的塑料光纤是由全氟聚合物（一种具有碳氟烯和碳碳键的聚合物）制成的，可用于许多高速应用，比玻璃纤维更柔韧。适合的就是最好的，材料是否最好取决于应用在什么场所。

构造

在光缆中，许多单独的光纤被绑在一个中心钢缆或一根高强度的塑料载体上作为支撑。然后缆芯用铝、凯夫拉和聚乙烯（一种塑料）等材料包层作为覆盖保护（见图1）。

由于纤芯和包层的组成材料稍有差异，因而穿过的光速不同。当光波到达纤芯与包层之间的边界时，这些差异导致光波全反射回纤芯，因此当光脉冲通过光纤时，不断地弹回远离包层，继续在纤芯内向前传送。理想情况下，脉冲通过光纤的速度大约是真空中光速的三分之二——每秒20万千米，能量的损耗仅仅是由玻璃中的杂质，以及玻璃中不规则结构吸收了能量造成的。

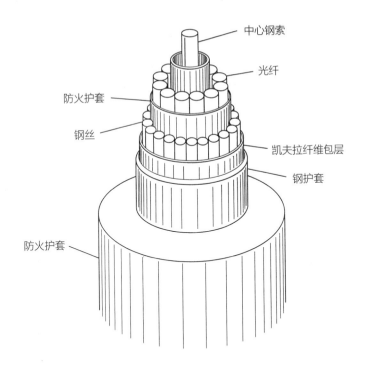

中心钢索

光纤

防火护套

钢丝

凯夫拉纤维包层

钢护套

防火护套

图 1 　光缆剖面图

光纤中的能量损耗（衰减）是用分贝（测量相对功率电平的单位）来测量的。通常情况下，长距离光纤的损耗低至每公里0.2分贝。这意味着经过一定距离后，信号变得微弱，必须对信号进行增强或再次重复。以目前的数据链技术，在长距离电缆中大约每隔100千米就需要一台激光信号中继器。

光纤主要有两种类型：单模光纤和多模光纤。在单模光纤中，线芯较小，通常直径为10微米，包层直径为100微米。单模光纤适用于长距离传输信号且只传送一种光波。单模光纤束用于长途电话线和海底电缆的铺设。多模光纤能在较短的距离内传输数百个独立的光波信号。多模光纤的线芯直径为50微米或62.5微米，包层直径为125微米。多模光纤适用于短距离通信系统，在这种系统中，许多信号必须传送到中央交换站并进行分发，如在计算机数据中心或本地网络中。

制造过程

　　光纤的芯和包层都是由高纯度的石英玻璃制成的。石英的化学名称叫二氧化硅（SiO_2），本章主要介绍光纤的两种制造方法。第一种是坩埚法，这种方法生产多模光纤，多模光纤适合于短距离传输多种光波信号。第二种是气相沉积法（见图2），由纤芯和包层材料构成一个实心的圆柱体，加热软化拉成长丝制成单模光纤，单模光纤适用于远距离的通信。

　　气相沉积法有好几种。本节将重点介绍目前使用最广泛的制造技术——改进的管内化学气相沉积（MCVD）工艺。MCVD生产的光纤损耗低，非常适合制造长距离光缆。

　　光纤是由圆柱形预制棒拉制而成的，因而光纤的生产工艺包括怎样预制圆柱形预制棒和拉丝工艺。

改进的管内化学气相沉积（MCVD）法

1. 首先，在一个玻璃空心棒的内表面沉积一层特制的二氧化硅（见图2），制成圆柱形预制棒。氧气流按特定的次序将以下几种化学蒸汽物四氯化硅（$SiCl_4$）、四氯化锗（$GeCl_4$）、三氯氧磷（$POCl_3$）送入空心玻璃管。这些沉积层是通过将纯氧气流施加到棒上而沉积的。空心玻璃管下方的喷灯火焰使空心管的内壁保持很高的温度——管内发生化学反应生成非常纯净的二氧化硅——细腻的玻璃灰。反应的产物沉积在空心管内壁，随着沉积不断产生，中空的玻璃管逐渐被封闭，最后这个玻璃灰沉积成纤芯。添加的化学蒸汽物不同，纤芯的特性就有区别。

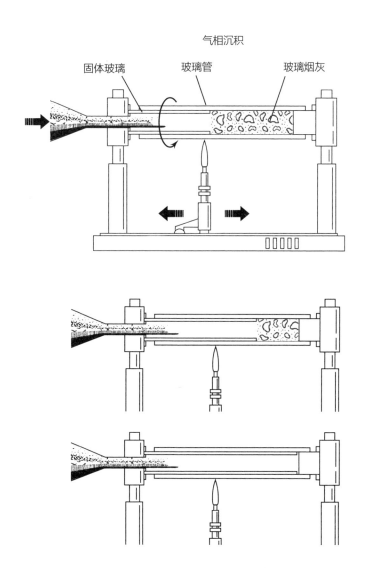

气相沉积

固体玻璃   玻璃管   玻璃烟灰

图 2　为了制造光纤，在空心棒的内表面上沉积一层二氧化硅。这是用改进的化学气相沉积法来完成的，纯氧气流与各种化学蒸汽相结合送入空心棒。当气体接触到空心棒时发生化学反应，生成灰状的二氧化硅在空心棒内表面逐渐沉积。

2. 当玻璃灰积累到所需的厚度后，基材棒移动到其他加热步骤，以消除玻璃灰层中的水分或气泡。在加热过程中，空心玻璃管和内部玻璃灰层凝固形成高纯度二氧化硅的晶体或预制棒。预制棒的直径通常为10至25毫米，长度为600至1 000毫米。

3. 然后纤芯继续通过机器进行一系列的检查和加工：检查直径大小、涂覆保护层、热固化。最后，被卷绕到一个线轴上。

拉丝

4. 固体预制棒自动转移到垂直拉丝系统中（见图3）。组成典型的垂直拉丝系统的机器最高可达两层楼，可生产长达300千米的连续纤维。该系统包括熔化预制件尾端的熔炉、用于测量从预制件上拉出纤维直径的传感器、用于在光纤包层涂覆上保护层的涂层装置。

5. 预制棒首先通过一个高温加热炉，将预制棒尖端加热到大约2 000℃，足以使玻璃预制棒软化，软化的熔融态玻璃从高温加热炉底部的喷嘴处滴落出来并凝聚形成一带小球细丝，靠自身重量下垂逐渐变细而成纤维，即我们所说的裸光纤。将有小球段纤维称为"滴流头"。"滴流头"脱落，内部的单光纤从预制棒中拉出，由牵引棍绕到卷筒上。由预制棒拉丝而成的光纤，以玻璃灰形式沉积的二氧化硅构成了光纤的纤芯，原始的基材棒（空心玻璃棒）构成光纤的包层。

6. 当纤维被拉出时，测量装置会监测纤维的直径和中心位置，而另一装置会给纤维涂上保护层。然后纤维通过一个固化炉固化，另一个测量装置检测它的直径，把它缠绕在一个线轴上。

质量控制

质量控制始于作为棒材和纤维涂层原料的化合物的供应商。专业化学品供应商提供化合物的详细化学分析报告，这些报告经常由连接到工艺容器的计算机的在线分析仪检测。
过程工程师和训练有素的技术人员密切关注密封的容器中预制棒的生产和拉丝过

程。计算机操作复杂的控制系统来管理生产过程中的高温高压。精密测量设备可连续监测光纤直径，并为拉丝过程的控制提供信息。

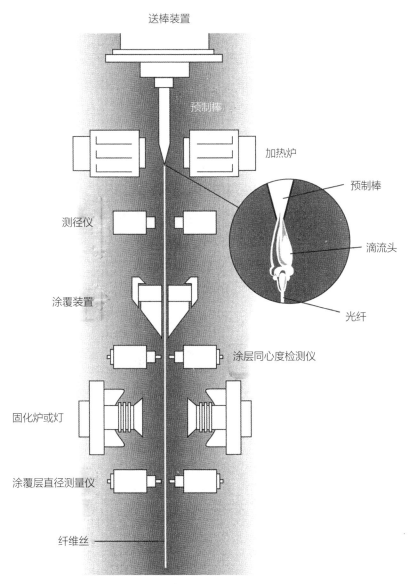

图 3　在固体玻璃预制件制备完成后，将其转移到一个直立的拉丝系统，在该系统中对预制件进行高温加热。玻璃软化在预制棒尖端形成了一小滴熔融的球状玻璃，依靠重力下垂，带动里面的单根光纤被拉出成细丝。

未来的光纤

随着对光学性能改善材料的研究不断深入，未来的光纤将会得到发展。目前，含高氟化合物的石英玻璃制造的光纤应用前景最为广阔，其能量损耗甚至低于目前的高效光纤。然而，二氧化硅玻璃纤维目前较难制造，因为产品可能是脆弱的，容易出现水分问题。

除了使用更精细的材料外，对可携带的数据量和传输距离的提高也在研究改进中。莫斯科物理与技术研究所和澳大利亚国立大学的研究人员发现了一种利用硅纳米粒子将光纤内的光散射效应增强100倍的方法。这将有助于提高发射强度，意味着可以延长长途线路中中继器之间的距离。

吉他

起源： 有共鸣箱的弦乐器可追溯到古代。可以定义为吉他的乐器大约出现在16世纪和17世纪。

美国吉他年度销售额：230万把。

吉他销量排行榜冠军：吉他中心（Guitar Center）。

发声原理

吉他是现代音乐舞台的重要组成部分，被誉为"摇滚的中坚力量"。

原声吉他

吉他是弦乐器家族中的一员，通过拨动上面一根根的琴弦发出美妙声音的演奏乐器。弹奏时一只手拨动琴弦，另一只手的手指抵住琴颈上的指板，指板上附有金属制的品柱。弹奏出来的声音通过吉他的共鸣箱得到增强扩大。最常见的原声吉他是平面钢弦吉他，外形有多种风格，因而可以演奏不同的曲风。古典吉他使用尼龙弦，用来演奏古典音乐。弗拉门戈（Flamenco）吉他也是尼龙弦，通常有敲板，是一种很典型的塑料片放在吉他的顶上用来敲打创造节奏，因为演奏时有用手指在吉他顶部敲打的习惯。拱形的吉他通常用于演奏爵士音乐。

电吉他

电吉他与原声吉他大不相同但是又密切相关，发声原理与传统吉他不同。电吉他琴身是实体的木头，没有音孔，不是以箱体的振动发声，而是运用电磁学原理，使用了一种被称为拾音器的装置。拾音器内的磁铁环绕着线圈即电磁线圈，当被磁化的吉他弦振动时，电磁线圈将弦振动产生的能量转换成电信号。电信号被传送到放大器放大数千倍。电吉他的琴身对音质影响很小，因为是电子放大器同时控制音质和音量。

原声吉他也可以安装电子拾音器，现在已经有了与原声吉他配套的内置拾音器产品。如果吉他手喜欢使用原声乐器演奏，但需要更大的声音满足大型音乐会舞台场馆，那么往往选择"原声吉他+拾音器"两全其美的演出方式。

过去的琴弦

早期的猎人可能是吉他发明的功臣。当箭射向动物或敌人时，一定有人喜欢弓弦发出的音乐声。没错，因为早期的乐器就像打猎用的弓。

吉他类乐器的历史可以追溯到许多世纪以前，有证据表明，历史上几乎每个时期都使用过这种乐器，只是样式稍有变化。史前时期发展起来的单弦弓吉他是今天吉他的前身。在亚洲和非洲的某些地区，有关古代文明的考古发掘中发现了这种类型的弓。其中发现的一件赫梯人（Hittites）的雕刻品似乎验证了这一点，赫梯是一个位于叙利亚和小亚细亚的上古帝国，可以追溯到3000多年前。这件雕刻品与今天的吉他有许多相同的特征：琴体的曲线、平坦的面板、两侧各有五个音孔以及长长的琴颈。

随着音乐技术的发展，更多的弦被添加到早期的吉他中。在13世纪后期西班牙出现了一个名为"拉丁吉他"的四弦吉他。这把拉丁吉他与发掘的古代赫梯雕刻非常相似，但拉丁吉他增加了一块薄而细长的"木桥"，现在称为"琴桥"，当琴弦经过音孔时，琴桥将琴弦固定在适当的位置。在16世纪初，当第五根弦被加入时，吉他的受欢迎程度急剧上升。第六根弦（低音E音）是在17世纪末添加的，彼时的乐器更接近于现在的模样。1810年，以当时的意大利作曲家命名的"卡鲁利"（Garulli）吉他是最早将六根单弦调整成音符的吉他之一。沿袭至今的将构成弦定音为E、A、D、G、B、E的六弦琴才是真正名副其实的吉他乐器。

吉他技术于19世纪初传入美国，因为当时的德国吉他制造商克里斯蒂安·弗雷德里克·马丁（Christian Frederick Martin）于1833年移居纽约。20世纪初，位于宾夕法尼亚州拿撒勒（Nazareth）的马丁公司（Martin Company）生产的大型吉他遵循了古典吉他的设计理念，尤其是西班牙吉他。另一家制造商吉布森公司（Gibson company）开始生产正面和背面呈拱形的大型钢弦吉他，被称为大提琴吉他，这个品牌的乐器演奏的声音非常适合爵士乐和舞蹈。

现代音乐大师

从莎士比亚时代到今天，吉他承载着许多鼓舞人心的情感。自从16世纪吉他在西班牙出现，奠定了这种乐器在音乐的发展中举足轻重的地位。而从20世纪开始电子放大技术应用于电子吉他以来，它俨然成为摇滚的偶像。摇滚乐的灵感来源于吉米·亨德里克斯（Jimi Hendrix）、基思·理查兹（Keith Richards）和吉米·佩奇（Jimmy Page）等现代大师的作品。

吉他材料

吉他的面板或者说音板对乐器的音质影响最大。钢弦原声吉他的面板传统上是云杉制成的。生长在美国西北部的"西卡"（Sika）云杉深受美国制造商欢迎。安格曼（Engelman）云杉、卢茨（Lutz）云杉和阿迪朗达克（Adirondack）云杉是很受欢迎的替代品。美国西部红雪松（red cedar）经常被云杉所取代，云杉木比雪松木更适合制作古典吉他。像桃花心木（mahogany）或生长在夏威夷的"寇阿相思树"（koa）这样的硬木有时也可以用来制作面板。吉他的背板和侧板经常使用和面板相同的板材。

传统上，吉他的背板和侧板是用巴西玫瑰木（rosewood）制作的——一种深色或微红色的硬木，具有来自热带树木的明显纹理。然而根据《濒危物种国际贸易公约》（*Convention on International Trade of Endangered Species treaty*）和《美国濒危物种法案》（*US Endangered Species Act*），巴西玫瑰木现已成为濒危物种。东印度玫瑰木是最好的替代品。来自洪都拉斯、危地马拉和马达加斯加的玫瑰木有时也被使用。桃花心木（mahogany）比玫瑰木更容易得到，但也变得越来越稀少。此外来自非洲的枫树（maple）、沙比利（sapele）和核桃木（ovangkol），以及来自中美洲的寇阿（koa）相思树、胡桃木（walnut）和黄檀（cocobolo）都被使用。制作传统音板的木材来源越来越少，吉他制造商们开始想方设法，独辟蹊径转向层压木材或合成材料。

琴颈通常由桃花心木或枫木制成，并在第12与第14品柱之间的位置与琴体连接固定。琴颈必须坚固以承受拨弦时所产生的外力及因温度、湿度的变化而引起的弯曲或变形。指板和琴桥传统上是由乌木（ebony）或玫瑰木（rosewood）制成的。非洲硬木鸡翅木（Wenge）与巴西玫瑰木品质相似，有时候也被使用。

大多数现代吉他都使用某种金属制成的弦，通常是钢弦。如前所述，古典吉他通常使用尼龙弦。

制作过程

吉他制作的第一步也是最重要的一步就是木材的选择。木材的选择将直接影响成品乐器的音质。木材必须没有瑕疵，并且要有笔直的垂直纹理。由于吉他的每个部分都使用不同类型的木材，因此每个部分的制作过程因不同的材质而异。下面是对一把典型的原声吉他制作过程的描述。

书页式拼板

1. 吉他面板的木材是用一种叫作"书页式拼板"的方法从木料中切割出来的。"书页式拼板"是把一块木头切成两片的一种方法，即一分为二，每一块都和原来一样长，一样宽，但只有原来的一半厚。这就产生了两块纹理对称的木板。把两张

一些大师级的吉他手在吉他面板上镶嵌独特的装饰性马赛克。它们包含了成百上千种非常细小的染色木片、贝壳或珍珠排列成一种独特的图案——通常是花朵或圆形图案。

木板并排对齐平铺排好，以确保纹理图案相吻合，然后在中心线涂胶黏合在一起。等胶水干透，新黏合的木板用砂纸打磨到合适的厚度。对其进行严格的质量检查，然后根据颜色、纹理的紧密程度和规律性、无缺陷等进行分级。

2. 把新黏合木板切成吉他的形状，切割面积要比最终成型的面板略大，便于最后修整。锯开音孔，在音孔周围刻上同心圆的凹槽。围绕音孔周围凹槽粘贴或嵌入装饰品以美化吉他。

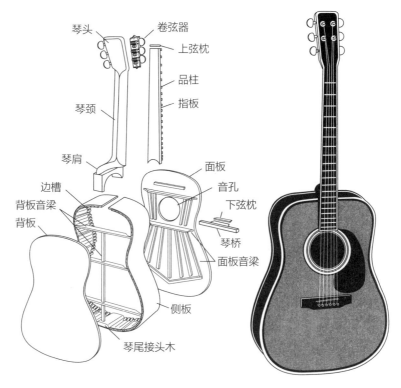

图 1　吉他制作一般包括选择、锯切和黏合各种木片以形成成品乐器。

支撑

3. 然后将木支架粘在面板反面底部。这个过程通常被称为"支撑"，它有两个目的：加强面板强度，均衡琴弦拉力；扩散琴声，控制面板的振动方式。"音梁"一词就是对这两个目的的最准确的诠释。不同的公司吉他面板的"支撑"工艺方法不一样，支撑对吉他的音色有很大的影响。现在许多支架都是采用X型胶粘的，这种X型的支架方案最初是由马丁公司设计的。尽管其他公司仍在试验改进X型支撑的模式，但马丁的理念以产生最佳的声学效果而闻名。

4. 背板虽然不像面板在声学上那么重要，但是对吉他的声音仍然非常关键。它是声波反射器，背面也需要用支架支撑，但它的木条从左到右平行排列，其中一根粗纹木条沿着背部中央的胶接长度延伸。背板的制作过程和面板工艺流程相同：木材是采用"书页式拼板"的方法从木材中切割出来的。把一块木头一分为二，以确保两片木板纹理图案相吻合，就像面板一样并排黏合在一起。

制作侧板

5. 侧板制作首先是切割木片，接着把木片打磨到适当的长度和厚度，然后将木片浸泡于热水中软化。随后将木片放入与吉他的曲面弧度相匹配的模压机中，在模压机按压一段时间稳定成弧形，确保侧板两边对称。两块侧板的内侧面用胶水粘贴上一片片的椴木条作为侧支柱（见图1），起着承重加固的作用，这样当吉他从侧面被敲击时，它就不会断裂。靠近琴颈和吉他尾部附近的琴身连接处是用两个端木块作为连接件，我们可以称之为"接头木"。本书介绍的上端木块此处叫琴肩，把琴颈、面板、背板、侧板连接在一起；底端"接头木"连接了面板、背板、侧板、音梁（见图1）。

6. 两块侧板通过底部接头木相连接，面板和背板分别与侧板用胶水黏合。修剪掉板面多余的木头，沿着面板和侧板以及背板和侧板相接的地方切一定深度的槽，在槽口贴上一圈装饰条。这些装饰条不仅仅是为了装饰性效果，它们也能防止水分从侧面进入吉他而引起吉他受潮变形。

琴颈和指板

7. 吉他的琴颈是由一块硬木雕刻而成。在琴颈上插入一根调整杆，使琴颈更坚固，让琴颈能适应不同琴弦所施加的压力。琴颈打磨后，将指板就位安装到琴颈上。

通过精确的测量，在指板上切割出品柱安装所需的槽线，并将钢制的品柱放置到槽线里。

8. 一旦颈部结构完成，它就可以组装到琴体上。大多数吉他公司把琴颈和琴体固定在一起的方法是通过"琴肩"（见图1），琴肩与琴颈通常安装在一起后再插入琴身预先切割好的凹槽内（见图1）。当颈部与琴身连接处的胶水干了以后，对琴身打磨抛光，涂上一层透明密封剂，刷上几层透明的油漆以保护吉他板材。有些规格的吉他将五颜六色的装饰物粘在或设置在吉他顶部。

琴桥和下弦枕

9. 面板抛光后，在音孔下方靠近吉他底部的地方安装一个琴桥，琴桥上刻有凹槽，下弦枕就放置在琴桥的凹槽里。下弦枕非常重要，它的质量直接影响音质。在吉他的另一端，上弦枕在琴头与琴颈的交接处。上弦枕是一根木条或塑料条，琴弦经过弦枕穿过琴头进入卷弦器。

卷弦器

10. 接下来，卷弦器被安装在吉他头部。卷弦器是吉他最精致的部件之一，通常安装在吉他头部后面。支撑每根琴弦的弦轴伸在琴头正面，转动弦轴和弦钮的齿轮都密封在金属外壳里。

11. 最后在出厂之前，吉他被检查包装起来。制作一把吉他的整个过程可能需要三周到两个月，这取决于吉他面板上的装饰细节。

质量控制

大多数吉他制造商是小公司，他们强调细节、注重质量。每个公司都有自己的研究和测试方法，以确保提供给客户的吉他完美无瑕。在过去的几十年里，吉他行业变得更加机械化，生产速度更快，产品性能一致性更好，价格更低。虽然纯粹主义者抵制机械化，但一个训练有素使用机床的工人往往能生产出比一个独自工作的工匠更高质量的乐器。

　　大多数制造商的最终检测程序都很严格。只有最好的吉他才能出厂，而且不是一个人作出最终决定：哪些乐器能发货、哪些乐器要淘汰。

 ## 吉他制作的未来

　　吉他制作中使用的传统木材变得稀少和濒危，吉他行业将不得不适应使用可持续的木材替代品，并寻求减少木材损失的新材料和制作技术。

永恒的手工制作工艺

制造和修理弦乐器的手艺人，我们尊称他们为琴师。传统的吉他制作是一项艰苦而且精巧的工艺，为数不多经验丰富的琴师一年只能制作10~20把吉他。他们从世界各地收集合适的木材拿回自己的工作坊"陈化"。然后花费数月的时间来雕刻、造型、拉伸、粘接、夹紧木头和琴弦，最终制作成一件漂亮而昂贵的吉他。一件由制琴师手工制作的乐器要花费几千美元。

小号

发明人：公元前1500年，埃及人发明了金属小号；1818年，海因里希·施托尔泽
（Heinrich Stolzel）和弗里德里希·布鲁梅尔（Friedrich Bluhmel）发明了第一个
实用的活塞式小号；1839年弗朗索瓦·佩里内（Francois Perinet）发明了今天仍在
采用的活塞式小号。
美国乐器年销售额：约60亿美元。

古代文明使用低沉而有力的号角或喇叭来号令大家，通常在战斗、部落集会或特殊仪式上吹响它。直到中世纪，人们才发掘出号角的音乐潜力。

铜管乐器的开端

小号是一种铜管乐器，以其强烈的音色而闻名，嘴唇对准杯形吹口，振动唇部并带动管内空气震动而发声。小号由一根圆管呈椭圆形卷曲：一端是杯形吹口，一端是喇叭口。现代小号有三个差不多大小的活塞阀（用于改变音高），还有几个调整音调的调音管构成。今天大多数的小号以降B调演奏。这是小号吹奏时自然发出的声音。它们的音域介于中音C 以下的升F调和中音B以上的2.5个八度音阶之间（以B结尾），比大多数其他铜管乐器更容易演奏。

最早的小号很可能是被昆虫掏空的树枝。许多早期文明，如非洲和澳大利亚，制作出中空的直管用作宗教仪式中的话筒。这些早期的"喇叭"是用植物细长的茎、动物的角或长牙制成。

到公元前1400年，埃及人已经发明了铜制和银制的小号，带有一个宽大的喇叭口。而印度、中国西藏发明的小号通常是由长长的可伸缩的铜管组成的。有些像把喇叭口放在地上的阿尔卑斯号角。

铜管乐队

在美国南北战争期间（1861—1865），铜管乐器得到了广泛的普及。每个部队都有自己的军乐队。当战争结束宣告和平时，音乐家们不愿意解散，他们步行回家，并在全国各地的城镇组建社区铜管乐队。星期天在附近公园举行的音乐会，变成了每周一次的例行活动。

早期的欧洲和亚洲的亚述人、以色列人、希腊人、伊特鲁里亚人、罗马人、凯尔特人和日耳曼部落都有某种形式的号角，其中许多号角还加以装饰美化。这些号角发出低沉而有力的音调，主要用于战斗或典礼。通常并不认为那时候号角是乐器。

人们采用"失蜡铸造法"制作这些小号。在这个过程中，将蜡放入一个小号形状的空腔（空心区域或孔）中制成一个熔模，然后加热模具，使蜡熔化，再在石蜡融化的地方浇上熔化的青铜，制造出一个厚壁乐器。

中世纪晚期（1095—1270）十字军东征，阿拉伯文化引入了欧洲。据信，在这个时候，人们第一次看到了用金属锤打而成的小号。将一块金属板包裹在一根杆子上并焊接起来，这样就制作成小号的管子。为了制造这个带喇叭口的金属管，一块弯曲的金属板，形状有点像有弧度的留声机唱片，它被从中间折弯后绕过来紧紧地连接在一起。一边被切割成齿状，从金属片中间折弯后的另一边绕过来固定在齿间。再将两边重合在一起的连接缝用锤敲打平整。

大约在公元前1400年，小号由最初长而直的管子改成更小更方便的弯管形，乐器发出的声音没什么变化。将熔化的铅倒进管子里，待其凝固后被打造成近乎完美的曲线。然后把管子加热，把铅倒出来。最早的弯管小号是S形弯曲，但很快就演变成与现代小号形状相近的椭圆形弯曲。

在18世纪的后半叶，音乐家和小号制作者都在寻找使这种乐器功能更多的方法，各种各样的小号应运而生。18世纪，小号的一个局限性是它不能以半音阶演奏；也就是说，它不能演奏半音阶。1750年，德国德累斯顿（Dresden）的安东·约瑟夫·汉佩尔（Anton Joseph Hampel）建议把手放在小号的喇叭口解决这个问题。1777年前后，迈克尔·沃格尔（Michael Woggel）和约翰·安德烈亚斯·斯坦因（Johann Andreas Stein）为了让演奏者的手更容易接触到喇叭口，他们把小号弯了弯。但演奏者们发现，如此一来造成的新问题比解决的问题还要多。

接着是带键的小号，但一直没有流行起来，取而代之的是阀门小号。英国人发明了滑音小号，但音乐家们发现滑音很难控制。

发明气阀机构的第一次尝试是由爱尔兰音乐家和乐器发明家查尔斯·克拉格特（Charles Claggett）做出的，他在1788年取得了一项专利。然而，第一个实用的装置是由海因里希·施特尔策尔（Heinrich Stolzel）和弗里德里希·布勒梅尔（Friedrich Bluhmel）于1818年发明的箱式管状阀。1832年，约瑟夫·里德林（Joseph Riedlin）发明了旋转阀，这种阀门现在只在东欧使用。

1839年，弗朗索瓦·佩里内特（Francois Perinet）改进了管状阀，发明了活塞阀小号，就是现在最受欢迎的小号。佩里内特的活塞组通过有效地改变管子的长度，确保了小号能完美诠释半音阶音符。一个打开的活塞可以让空气完全通过管道，而一个关闭的活塞在将空气送回主管道之前，会将空气通过它的短而额外的管道进行分流，从而延长其路径。三个活塞的组合提供了半音音阶小号所需的所有变化。

1842年，阿道夫·萨克斯（Adolphe Sax）在巴黎建立了第一家小号工厂。很快这家工厂被英国和美国的大型制造商模仿。1856年，古斯塔夫-奥古斯特·贝松（Gustave-Auguste Besson）开发的标准化零件问世。1875年，C.G.康恩（C.G.Conn）在印第安纳州的埃尔克哈特（Elkhart）建立了一家工厂，直到今天，大多数来自美国的铜管乐器都是在埃尔克哈特制造的。

小号的发展在音乐方面取得这么多的进步，但这并不妨碍有些音乐家开始回归，思念起从前的小号。如今很多管弦乐队觉得降B调的小号太局限了。自然小号、旋转小号和比标准降B调音高的小号已经复兴。总体而言，现代小号声音嘹亮，音色强力锐利，极富辉煌感，可以演奏半音阶的乐音。与过去的低沉、有力、不准确的小号形成鲜明对比。

纵观小号的发展史,小号制作材料有竹子、植物细长的茎、银、贝壳、象牙、木头或骨头,且形状多样。至今仍在使用的大而长的西藏铜管乐器"铜钦",几乎有4.5米长。1835年,像法国号这样的旋转活塞取代了欧洲号上的上下活塞。旋转阀小号有一种较暗的声音,吸引了如理查德·瓦格纳(Richard Wagner)和理查德·施特劳斯(Richard Strauss)等作曲家。现在大多数小号都是用降B调的。

小号材料

铜管乐器几乎都是由黄铜制成的,但有时也会为特殊场合的需要制作纯金或纯银的小号。最常用的黄铜类型是由70%的铜和30%的锌混合而成的黄色的铜,其他颜色的如金黄色铜是由80%的铜和20%的锌制成,银黄色铜由铜、锌、镍制成。在合金中加入含量稍低的锌是为了保证黄铜在低温时能正常吹奏所必需的。有些小型制造商使用特殊的黄铜(85%的铜、2%的锡、13%的锌)来制作小号的某些部件(比如喇叭口部位)。这种黄铜受到撞击时,会发出更丰富、更深沉、更响亮的声音。有些制造商会给铜管乐器上涂上一层薄的贵重的金属:镀金或镀银。

虽然大多数小号是用黄铜做的，但螺丝通常是用钢做的；排水键通常内衬软木；活塞和活塞套管的摩擦表面通常镀铬或蒙乃尔等不锈钢镍合金。活塞可镶嵌毛毡，活塞键可以镶嵌珍珠母。

小号设计

相当数量的小号是为初学者设计的，大批量生产可以降低成本，从而提供价格合理、质量相当高的乐器。规模化生产使制造出尽可能精确而卓越的小号成为可能。另一方面，专业的小号手要求质量更好，因而价格更高的乐器，而在一些特殊场合演奏的小号几乎总是装饰有华丽的图案。

为了满足对定制小号的需求，制造商必须知晓将要演奏的音乐风格、将要使用小号的管弦乐队或音乐团体的类型以及所需的音质。制造商可以提供一个独特的喇叭管、特定形状的调音管，不同的合金材质或电镀层。小号一旦制作完成，音乐家会演奏它，然后决定是否需要做出哪些调整。

定制小号是高度个性化的乐器。专业的吹奏者通常会有自己最喜欢的吹嘴，而定制的小号必须接受这种个性化的吹嘴设计。

制造过程

主管

1. 小号的主管使用可直接用于加工的标准黄铜制成，首先将标准黄铜管穿在一个杆状的锥形心轴上并对它进行润滑（见图1）。一个看起来像甜甜圈的圆环状冲裁模对整根管子进行铣削，管子逐渐变细并被加工成正确的形状。下一步，为了弯曲加工成形的管子，将其退火加热到538℃，此时黄铜表面形成一层氧化物。管子在弯曲前要用稀释的硫酸浸泡以消除管子表面的氧化层。

2. 主管的弯曲方法有三种。一些制造商使用液压系统，以高压的方式推动水通过安放在模具中的轻微弯曲的管子。水挤压管道的两侧，使之与模具完全吻合。有些制造商通过油管输送滚珠轴承。规模较小的制造商将沥青倒入管中，让其冷却，然后用杠杆将管子弯曲成一个标准的曲线，然后再锤打成型。

喇叭管

3. 按照精确的纸样使用黄铜薄片剪下喇叭管材料。然后将扁平的、衣料形状的薄板用锤子打在一根杆子上。在管子是圆柱形的地方，两端对接相连，在管子开始张开的地方，两端重叠形成搭接接头。然后用丙烷氧焰在816℃~881℃下对整个接头进行钎焊以密封它。

4. 为了做一个粗糙的喇叭口，将一端围绕在一个铁匠用的铁砧的角上锤打。当喇叭管在芯轴上旋转时，整个管同主管完全一样在芯轴上加工成所需的形状，为了加固喇叭口的边缘，一根细的金属丝被放置在喇叭口边缘的折边里，金属丝环绕喇叭口一圈。然后将喇叭口折边和喇叭管焊接起来。

活塞

5. 指节转向管（过渡圆角管）和其他的管子（调音管）就像主管和喇叭管一样，首先被装在一个心轴上塑型。过渡圆角有弯曲成30度、45度、60度和90度角的，较小的管子要进行弯曲（使用要么液压，要么滚压的方法去弯曲主管）、退火，并用稀硫酸清洗，以去除氧化物和焊剂（加入助焊剂以方便焊接）。

6. 从实心管子上截下活塞长短的活塞壳体，并在末端攻丝。打出和活塞匹配的孔洞。今天，即使是小制造商也使用计算机程序来精确地测量应该在哪里挖洞。可以用开孔钻头在活塞壳体上开孔，一般使用带针尖的旋转锯钻头切割小孔，然后用销钉将金属废料盘截出。接着将指节转向管（过渡圆角管）、调音管和活塞壳体放入夹具中，并用喷枪将焊料和助焊剂混合物把它们焊在接头处。

7. 酸浴后，组装件在抛光机上抛光，抛光机使用不同粒度的蜡和不同粗糙度的薄纱（粗布）圆盘，圆盘高速旋转（典型的转速为每分钟2 500转）对组装件进行抛光。

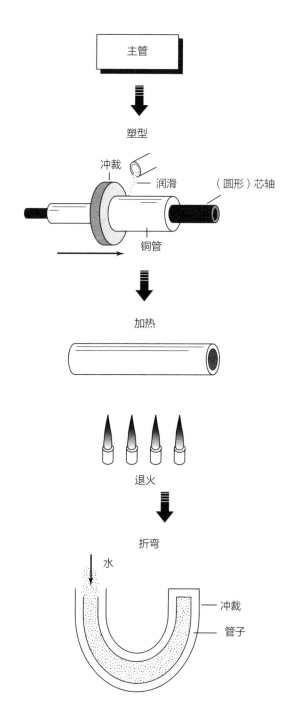

主管

塑型

冲裁

润滑

（圆形）芯轴

铜管

加热

退火

折弯

水

冲裁

管子

图 1　小号的各个部分是通过塑型、锤击、弯曲和退火工序制造的。

装配

8. 现在整把小号已经做好装配的准备。活塞调音的侧管连接到指节转向管上，主调
   音管通过重叠套圈（在杆或轴周围放置金属环以固定连接）和焊接在活塞壳体
   上的端接首尾相连。接下来，插入活塞，将整个活塞总成拧到主管上，并插入
   吹嘴。

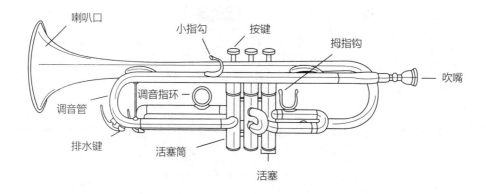

图 2 小号几乎都是用黄铜做的，但也有为特殊场合制作的纯金或纯银小号。最常用的黄铜类型是70%的
铜和30%的锌混合而成。

9. 清洗小号、抛光并上漆（表面有光泽），或者将其送去电镀。最后一步是把公司
   的名字刻在一根突出的管子上。熟练的雕刻师使用金属刻字笔在铜管上雕刻和要
   求一致的完美字体和图案。

10. 小号可以单独发货，也可以为特殊订单小批量发货，或者为高中乐队供应商大
    批量发货。使用厚厚的塑料泡沫或其他绝缘材料把小号小心翼翼地包装起来，
    再放在装满绝缘材料的结实厚重的箱子里，然后通过卡车或铁路邮寄或发送给
    客户。

质量控制

小号最重要的特性是音质。除了大约满足 1×10^{-5} 米的严格公差外，每一个小号都要经过专业人士的测试，他们倾听检查乐器的音调和音高，同时聆听，看它是否在所需的动态调谐范围内。根据小号的最终演奏场合，音乐家们在不同的声学环境中测试演奏，从小型礼堂到大型音乐厅。大型小号制造商雇用专业音乐家作为全职测试人员，而小型的制造商则依靠自己或客户来测试他们的产品。

客户责任

制造和维护一个声音清亮的小号，至少有一半的工作需由客户完成。这些精密乐器需要特殊对待，马虎不得。因为小号的精密性和不对称的形状使它们很容易出现不平衡，所以必须非常小心，以避免损坏乐器。为了防止磕碰挤压凹痕，小号一般都是保存在一个特殊设计的盒子里，盒内加工成小号形状的空腔来被固定住小号，腔体内衬天鹅绒以起到缓冲保护作用。

小号每天一次或每次演奏都需要上油润滑。活塞润滑油通常是石油制品，类似于煤油；按键润滑一般是用矿物油；机油用于滑块的润滑。吹嘴和主管应每月清洗一次，每三个月将整个小号在肥皂水中浸泡15分钟。然后用特制的小刷子刷净、冲洗、晾干。

为了维持小号的使用寿命，保证正常吹奏，必须不时地进行修理。大的凹痕可以通过退火和锤打来消除，小的凹痕可以用锤子敲出来，用小球能否顺利通过管子来测试凹痕修复结果，裂缝可以修补，磨损的活塞可以拆下研磨成合适的尺寸后重新装上。

参考书目

尊敬的读者朋友们，如果本书所述产品和内容能引起你的兴趣，或者说你想更全面、更深入地做进一步探究，那么，这些参考书目或许对你有所帮助。为了方便查找，这里按照书中产品排列顺序，尽可能地列出相关文献和期刊，敬请参考。

交通工具及部件

直升机（Helicopter）

◆ Cooper, Chris, and Jane Insley.How Does It Work? Orbis Publishing, 1986.

◆ Kerrod, Robin.Visual Science：METALS. Silver Burdett Company, 1982.

◆ Library of Science Technology. Marshall Cavendish Corporation, 1989.

◆ Macaulay, David.The Way Things Work. Houghton Mifflin Company, 1988.

◆ Patrick, Michael. "Roto Scooter", Popular Mechanics. February 1993, pp.32—35.

◆ Reader's Digest: How in the World? Reader's Digest, 1990.

汽车（Automobile）

◆ Evans, Arthur.Automobile.Lerner Publications Company, 1985.

◆ How Things Are Made. National Geographic Society, 1981.

◆ Kalogianni, Alexander. "The Next 10 Years in Car Tech Will Make the Last 30 Look Like Just a Warm-up." Digital Trends. January 12, 2016.

◆ Retrieved April 14, 2017 from http://www.digitaltrends.com/cars/the-future-of-car-tech-a-10-year-timeline/.

◆ Reader's Digest: How in the World? Reader's Digest, 1990.

◆ Skurzynski, Gloria. Robots.Bradbury Press, 1990.

◆ Tamarelli, Carrie M.AHSS 1010-The Evolving Use of Advanced High-Strength Steels for Automotive Applications. Steel Market Development Institute, 2011. Retrieved April 13, 2017 from http://www.autosteel.org/~/media/Files/ Autosteel/Research/AHSS/AHSS%20101%20-%20 The%20Evolving%20 Use%20of%20Advanced%20High-Strength%20 Steels%20for%20 Automotive%20Applications%20-%20lr.pdf.

◆ Timeline: A Path to Lightweight Materials in Cars and Trucks.Office of Energy Efficiency & Renewable Energy. August 25, 2016.

◆ Retrieved April 13, 2017 from https://energy.gov/eere/articles/ Timeline-path-lightweight-materials-cars-and-trucks.

◆ Willis, Terri, and Wallace Black. CARS: An Environmental Challenge. Children's Press Chicago, 1992.

◆ Young, Frank.Automobile: From Prototype to Scrapyard. Gloucester Press, 1982.

邮轮（Cruise Ships）

◆ Ardman H.Normandie: Her Life and Times. New York/Toronto: Franklin Watts, 1985.

◆ Berger W., and A.G.Corbet.Ship Stabilizers: Their Design and Operation inCorrecting the Rolling of Ships-A Handbook for Merchant Marine Officers. Oxford, UK: Pergamon Press, 1966. Retrieved March

9, 2017 from GoogleBooks, https: //books.google.com/books? id=ipVlAwAAQBAJ.

◆ "Azimuth Thruster, " Wikipedia.Wikipedia.org. Retrieved March 18, 2017, from https: //en.wikipedia.org/wiki/Azimuth_ thruster. "Azipod, " Wikipedia. Wikipedia.org. Retrieved March 18, 2017, from https: //en.wikipedia.org/wiki/Azipod.

◆ "Battle of the Super Liners, " Popular Science. May 1937, p.44. Retrieved March 9, 2017, from Google Books, https: //books.google.com/books? id=WScDAAAAMBAJ.

◆ "Carnival Elation, " Wikipedia. Wikipedia.org. Retrieved March 18, 2017, from https: //en.wikipedia.org/wiki/Carnival_Elation.

◆ Chakraborty, S.Shipbuilding Process: Plate Stocking, Surface Treatment and Cutting. May 9, 2016. Retrieved from http: //www.marineinsight. com/naval–architecture/shipbuilding–process–plate–stocking– surfacetreatment–and–cutting/. Retrieved July 23, 2017.

◆ Chakraborty, S.Ship Construction: Plate Machining, Assembly of Hull Units And Block Erection.June 28, 2016.Retrieved from http: //www.marineinsight.com/naval–architecture/ship–construction– platemachining–assembly–hull–units–block–erection/. Retrieved July 23, 2017.

◆ Chakraborty, S.Shipbuilding Process: Finalising and Launching the Ship. July 4, 2016.Retrieved from http: //www.marineinsight.com/naval– architecture/Shipbuilding–process–finalising–the–ship/. Retrieved July 23, 2017.

◆ Copeland, C. "CRS Report for Congress–Cruise Ship Pollution: Background, Laws and Regulations, and Key Issues." February 6, 2008. Retrieved from https: //web.archive.org/web/20081217143715/http: // www.ncseonline.org/NLE/CRSreports/07Dec/RL32450.pdf. Retrieved July

23, 2017.

◆ "Cruise Liner: Big, Bigger, Biggest." National Geographic. September 1, 2009.Television.

◆ "Fins to Stop Ship' s Rolling Governed by Gyro" , Popular Mechanics. April 1933, p.509.

◆ "Francis Ronalds" , Wikipedia. Wikipedia.org. Retrieved March 18, 2017, from https: //en.wikipedia.org/wiki/Francis_Ronalds.

◆ "Making Megaships–How the Biggest Cruise Ships Are Built, " New Zealand Herald. September 13, 2014. Retrieved July 23, 2017.http: //www.nzherald.co.nz/business/news/article.cfm? c_ id=3&objectid=11323488.

◆ "Oceangoing Steamships" , The Columbia Electronic Encyclopedia, 6th ed. Copyright © 2012 on Infoplease. Retrieved from http: //www. infoplease.com/encyclopedia/history/steamship–oceangoing–steamships. html.Retrieved July 23, 2017.

◆ "Prinzessin Victoria Luise" , Wikipedia. Wikipedia.org. Retrieved March 18, 2017, from https: //en.wikipedia.org/wiki/Prinzessin_Victoria_Luise.

◆ "Propulsion–Azimuth Thrusters" , International Marine Consultancy. February 14, 2007. Retrieved March 18, 2017, from http: //www. imcbrokers. com/blog/overview/detail/propulsion–azimuth–thrusters on March 18, 2017.

◆ "QM2 Superliner" , Megastructures. National Geographic channel, July 16, 2007.Retrieved from https: //www.youtube.com/watch? v=hnUfwa6SPlg. Retrieved July 23, 2017.

◆ "SS Great Western, " Wikipedia. Wikipedia.org. Retrieved March 18, 2017, from https: //en.wikipedia.org/wiki/SS_Great_Western.

◆ "SS Normandie" , Wikipedia.Wikipedia.org. Retrieved March 18, 2017, from https: //en.wikipedia.org/wiki/SS_Normandie.Wise, J.

◆ "Building the World's Biggest Ship: Behind-the-Scenes First Look." Popular Mechanics December 17, 2009. Retrieved from http: //www. popularmechanics.com/adventure/outdoors/a3634/4282360/. Retrieved July 23, 2017.

安全气囊（Airbag）

◆ Casiday, Rachel, and Regina Frey. "Gas Laws Save Lives: The Chemistry Behind Airbags." Washington University in St. Louis-Department of Chemistry, October 2000. Web. Retrieved April 6, 2017.

◆ Chaikin, Don. "How It Works-Airbags", Popular Mechanics. June 1991, p.81.

◆ Evans, Arthur. Automobile. Lerner Publications Company, 1985.

◆ Grable, Ron. "Airbags: In Your Face, By Design", Motor Trend. January 1992, pp.90—91.

◆ How Things Are Made. National Geographic Society, 1981.

◆ Koscs, Jim. "Understanding Air Bags", Home Mechanix. October 1994, pp.30, 32, 79.

◆ Nikkell, Cathy. "Air Bags Work!" Motor Trend. July 1995, p.31.

◆ Reader's Digest: How in the World? Reader's Digest, 1990.

◆ Reed, Donald. "Father of the Air Bag", Automotive Engineering. February 1991, p.67.

◆ Sherman, Don. "It's in the Bag", Popular Science. October 1992, pp.58—63.

◆ Skurzynski, Gloria. Robots. Bradbury Press, 1990.

◆ Spencer, Peter L. "The Trouble with Air Bags", Consumers' Research. January 1991, pp. 10—13.

◆ Wickens, Barbara. "Pillow Power", Maclean's. April 18, 1994, p.66.

◆ Willis, Terri, and Wallace Black. CARS: An Environmental Challenge.

Children's Press Chicago, 1992.

◆ Young, Frank. Automobile: From Prototype to Scrapyard. Gloucester Press, 1982.

喷气发动机（Jet Engine）

◆ Cawthorne, Nigel.Engineers at Work: Airliner. Gloucester Press, 1988.

◆ "Going with the Flow in Jet Engines", Science News.July 30, 1988, p.73.

◆ Hewish, Mark.Jets. Usborne Publishing Ltd., 1991.

◆ Kandebo, Stanley W. "Engine Makers, Customers to Discuss Powerplants for 130–Seat Transports", Aviation Week & Space Technology. June 17, 1991, p.162.

◆ Moxon, Julian.How Jet Engines Are Made. Threshold Books, 1985.

◆ Ott, James.Jets: Airliners of the Golden Age. Pyramid Media Group, 1990.

轮胎（Tire）

◆ Jacobs, Ed. "Black Art", Popular Mechanics. February 1993, pp.29—31+.

◆ Kovac, F.J.Tire Technology. Goodyear Tire and Rubber Co., 1978.

◆ Lewington, Anna. Antonio's Rainforest. Carolrhoda Books, 1993.

◆ Shepherd, Paul. "Wheels", Omni. January 1993, p.11.

机械及数码设备

割草机（Lawn Mower）

◆ Buderi, Robert. "Now, You Can Mow the Lawn from Your Hammock," Business Week. May 14, 1990, p.64.

◆ Davidson, Homer L.Care and Repair of Lawn and Garden Tools. TAB Books, 1992.

◆ Macaulay, David.The Way Things Work. Houghton Mifflin Company, 1988.

◆ Panati, Charles. Extraordinary Origins of Everyday Things. Harper & Row, 1987.

◆ Visual Dictionary of Everyday Things. Dorling Kindersley, 1991.

组合锁（Combination Lock）

◆ All about Locks and Locksmithing. Hawthorne Books, 1972.

◆ Combination Lock Principles. Gordon Press Publishers, 1986.

◆ The Complete Book of Locks and Locksmithing. Tab Books, 1991.

◆ Tchudi, Stephen. Lock and Key. Charles Scribner's Sons, 1993.

地震仪（Seismograph）

◆ Golden, Frederic.The Trembling Earth: Probing and Predicting Quakes. Charles Scribner's Sons, 1983.

◆ Knapp, Brian J.Earthquake. Steck−Vaughn Library, 1989.

◆ Macaulay, David.The Way Things Work. Houghton Mifflin Company, 1988.

◆ Reader's Digest: How in the World? Reader's Digest, 1990.

◆ VanRose, Susanna. Eyewitness Books: Volcano and Earthquake. Dorling Kindersley, 1992.

感烟探测器（Smoke Detector）

◆ Andrews, Edmund L. "Central System for Smoke Detection", New York Times. February 1, 1993, sec.D2.

◆ Kump, Teresa. "What You Must Know about Fire Safety", Parents.

January 1995, pp.44—46.

- ◆ "Listening for Hidden Fires", Science News. July 24, 1993, p. 63.
- ◆ "Smoke Detectors: Essential for Safety", Consumer Reports. May 1994, pp. 336—339.
- ◆ "Sounds Like Fire", Discover. May 1994, p.16.
- ◆ Walker, Bruce. Earthquake. Time—Life Books, 1982.

条形码扫描仪（Barcode Scanner）

- ◆ Adams, Russ.Reading between the Lines: An Introduction to Bar Code Technology, 4th ed.Helmers.
- ◆ Silverman, Larry. "Laser Scanner or Imager for Barcode Asset Tracking—Which Is Better? " TrackAbout.com, March 9, 2016. Web. Retrieved July 17, 2017.
- ◆ Guissi, Sofiane. "CMOS Image Sensors（CIS）: Past, Present & Future." Coventor.com, June 14, 2017. Web. Retrieved July 17, 2017.

服饰穿戴

牛仔裤（Denim Jeans）

- ◆ Adkins, Jan. "The Evolution of Jeans: American History 501, " Mother Earth News. July/August 1990, pp.60—63.
- ◆ "Blue Jeans", Consumer Reports. July 1991, pp. 456—461.
- ◆ Caney, Steven.Invention Book. Workman Publishing Company, 1985.
- ◆ Finlayson, Iain. Denim. Simon & Schuster, 1990.
- ◆ Panati, Charles. Extraordinary Origins of Everyday Things. Harper & Row, 1987.
- ◆ Reader's Digest: How in the World? Reader's Digest, 1990.

跑鞋（Running Shoe）

◆ Caney, Steven. Invention Book. Workman Publishing, 1985.

◆ Panati, Charles. Extraordinary Origins of Everyday Things. Harper & Row, 1987.

◆ Rossi, William A., ed.The Complete Footwear Dictionary. Krieger Publishing, 1993.

◆ "Running Shoes: The Sneaker Grows Up", Consumer Reports. May 1992, pp.308—314.

◆ The Visual Dictionary of Everyday Things. Dorling Kindersley, 1991.

手表（Watch）

◆ Aust, Siegfried. Clocks! How Time Flies. Lerner Publications, 1991.

◆ Billings, Charlene W. Microchip Small Wonder.Dodd Mead & Company, 1984.

◆ How Things Are Made. National Geographic Society, 1981.

◆ Macaulay, David. The Way Things Work. Houghton Mifflin Company, 1988.

◆ The Visual Dictionary of Everyday Things. Dorling Kindersley, 1991.

眼镜（Eyeglass Lens）

◆ Gordon, Lucy L. "Eyeglasses Yesterday and Today", Wilson Library Bulletin. March 1992, pp.40—45.

◆ How Your Eyeglasses Are Made. Optical Laboratories Association. Retrieved June 24, 2017.

◆ Macaulay, David.The Way Things Work. Houghton Mifflin Company, 1988.

◆ Panati, Charles. Extraordinary Origins of Everyday Things. Harper & Row, 1987.

◆ Reader's Digest: How in the World? Reader's Digest, 1990.

隐形眼镜（Contact Lens）

◆ "Extending Extended–Wear Contacts", Science News. September 5, 1992, p. 153.

◆ "Extending Your Risk of Corneal Infection", Consumer's Research Magazine. May 1995, p.7.

◆ "Extra for the Eyes: Contact Lenses May Filter Out Harm", Prevention Magazine. July 1995, p.29.

◆ Hamano, Hikaru, and Montague Ruben. Contact Lenses: A Guide to Successful Wear and Care. Arco Publishing, 1985.

◆ "Making Eye Contact", Ad Astra. September–October 1993, p.5.

◆ "This Contact Lens Is a Sight for Sore Corneas", Business Week. April 20, 1992, p.94.

防弹衣（Body Armor）

◆ Free, John. "Lightweight Armor", Popular Science. June 1989, p.30.

◆ Tarassuk, Leonid, and Claude Blair, eds.The Complete Encyclopedia of Arms and Weapons. Simon & Schuster, 1979.

◆ The Visual Dictionary of Military Uniforms. Dorling Kindersley, 1992.

生活日用

温度计（Thermometer）

◆ Gardner, Robert.Temperature and Heat. Simon & Schuster, 1993.

◆ Macaulay, David.The Way Things Work. Houghton Mifflin Company, 1988.

◆ Meehan, Beth Ann. "Body Heat," Discover. January 1993, pp. 52—53.

◆ Parker, Steve. Eyewitness Science: Electricity. Dorling Kindersley, 1992.

◆ Rocoznica, June. "Fast Fever Readings, " Health. March 1990, pp.38+.

灯泡（Light Bulb）

◆ Adler, Jerry. "At Last, Another Bright Idea" , Newsweek. June 15, 1992, p.67.

◆ "Bright Ideas in Lightbulbs" , Consumer Reports. October 1992, pp.664—670.

◆ Coy, Peter. "Lightbulbs to Make America Really Stingy with the Juice" , Business Week. March 29, 1993, p.91.

◆ Macaulay, David.The Way Things Work. Houghton Mifflin Company, 1988.

◆ Panati, Charles. Extraordinary Origins of Everyday Things. Harper & Row, 1987.

◆ Parker, Steve. Eyewitness Science: Electricity. Dorling Kindersley, 1992.

铅笔（Pencil）

◆ Schifman, Jonathan. "The Write Stuff: How the Humble Pencil Conquered the World." PopularMechanics.com, August 16, 2016. Web. Retrieved June 30, 2017.

邮票（Postage Stamp）

◆ Briggs, Michael.Stamps. Random House, 1993.

◆ Introduction to Stamp Collecting. US Postal Service, 1993.

◆ Lewis, Brenda Ralph.Stamps! A Young Collector' s Guide. Lodestar Books, 1991.

◆ Olcheski, Bill. Beginning Stamp Collecting. Henry Z.Walck, 1991.

◆ Patrick, Douglas.The Stamp Bug. McGraw—Hill, 1978.

橡皮筋（Rubber Band）

◆ Cobb, Vicki.The Secret Life of School Supplies. J.B. Lipincott, 1981.

◆ Gottlieb, Leonard. Factory Made: How Things Are Manufactured. Houghton-Mifflin, 1978.

◆ Graham, Frank, and Ada Graham. The Big Stretch: The Complete Book of the Amazing Rubber Band. Knopf, 1985.

◆ McCafferty, Danielle. How Simple Things Are Made. Subsistence Press, 1977.

◆ Wulffson, Don L.Extraordinary Stories behind the Invention of Ordinary Things. Lothrop, Lee & Shepard Books, 1981.

强力胶（Super Glue）

◆ Hand, A.J. "Secrets of the Super Glues", Popular Science. February 1989, pp. 82—83+.

◆ "What to Know about Super Glues, " Consumers' Research. November 1990, pp.32+.

◆ Reader's Digest: How in the World? Reader's Digest, 1990.

拉链（Zipper）

◆ Caney, Steven.Invention Book. Workman Publishing, 1985.

◆ Macaulay, David. The Way Things Work. Houghton Mifflin Company, 1988.

◆ Panati, Charles. Extraordinary Origins of Everyday Things. Harper & Row, 1987.

◆ Petroskey, Henry.The Evolution of Useful Things. Alfred A. Knopf, 1992.

◆ Reader's Digest: How in the World? Reader's Digest, 1990.

◆ Zipper! An Exploration in Novelty. W.W.Norton & Co., 1994.

食品及美妆护肤

奶酪（Cheese）

◆ Battistotti, Bruno. Cheese: A Guide to the World of Cheese and Cheese Making.Facts on File, 1984.

◆ O' Neil, L.Peat. "Homemade Cheese", Country Journal. March/April 1993, pp.60—63.

◆ Reader' s Digest: How in the World? Reader' s Digest, 1990.

巧克力（Chocolate）

◆ Morton, Marcia. Chocolate: An Illustrated History. Crown Publishers, 1986.

◆ O' Neill, Catherine. Let' s Visit a Chocolate Factory. Troll Associates, 1988.

◆ The Story of Chocolate. Chocolate Manufacturers' Association of the U.S.A.

莎莎酱（Salsa）

◆ Birosik, P.J.Salsa. Macmillan Publishing, 1993.

◆ Fischer, Lee.Salsa Lover' s Cook Book. Golden West Publishers.

◆ McMahan, Jacqueline H.The Salsa Book. Olive Press, 1989.

◆ Miller, Mark.The Great Salsa Book.Ten Speed Press, 1993.

糖（Sugar）

◆ Burns, Marilyn. Good for Me. Little, Brown and Company, 1978.

◆ Greeley, Alexandra. "Not Only Sugar Is Sweet", FDA Consumer. April 1992, pp.17—21.

◆ Mintz, Sidney W.Sweetness and Power. Viking, 1985.

◆ Nottridge, Rhoda. Sugar. Carolrhoda Books, 1990.

◆ Perl, Lila. Junk Food, Fast Food, Health Food. Houghton Mifflin Company, 1980.

口红（Lipstick）

◆ Brumber, Elaine.Save Your Money, Save Your Face. Facts on File, 1986.

◆ Cobb, Vicki.The Secret Life of Cosmetics. Lippincott, 1985.

◆ "New Lipstick Line Cuts Rejects in Half", Packaging. August 1992, p.41.

◆ Panati, Charles. Extraordinary Origins of Everyday Things. Harper & Row, 1987.

◆ Reader's Digest: How in the World? Reader's Digest, 1990.

指甲油（Nail Polish）

◆ Balsam, M.S., ed.Cosmetics: Science and Technology. Krieger Publishing, 1991.

◆ Boyer, Pamela. "Soft Hands, Strong Nails", Prevention. February 1992, pp.110—116.

◆ Chemistry of Soap, Detergents, and Cosmetics. Flinn Scientific, 1989.

◆ Cobb, Vicki.The Secret Life of Cosmetics. Lippincott, 1985.

◆ Panati, Charles. Extraordinary Origins of Everyday Things. Harper & Row, 1987.

防晒霜（Sunscreen）

◆ "Sunscreen FAQs." American Academy of Dermatology. Web. Retrieved June 7, 2016 from https: //www.aad.org/media/stats/prevention–and–care/ Sunscreen–faqs.

◆ "The Trouble with Ingredients in Sunscreens." EWG.org.Environmental Working Group. Web. Retrieved June 7, 2016 from http: //www.ewg.org/

sunscreen/report/the−trouble−with−sunscreen−chemicals/.

其他

光盘（Optical Disc CD，DVD，Blu−ray）

◆ Library of Science Technology. Marshall Cavendish Corporation，1989.

◆ Macaulay，David.The Way Things Work. Houghton Mifflin Company，
1988.

◆ Pohlmann，Ken C.The Compact Disk Handbook，2nd ed. A−R Editions，
1992.

◆ Reader's Digest：How in the World? Reader's Digest，1990.

◆ Straw，Will. "The Music CD and Its Ends." Researchgate.net，March
2009.Web. Retrieved June 21，2017.

◆ "The Formats Of The Future." http：//blog.cdrom2go.com，October 6，
2016. Web. Retrieved June 21，2017.

太阳能电池板（Solar Panel）

◆ Burgess，M. "Polysolar Wants to Turn Windows into Transparent Solar
Panels." Wired magazine. April 5，2016. Retrieved March 27，2017，
from http：//www. wired.co.uk/article/polysolar−startup−solar−panels−
renewable−energy.

◆ "Effect of Light on Selenium during the Passage of an Electric Current"，
Nature. 7（173）：303. 1873. doi：10.1038/007303e0.

◆ Lojek，B. History of Semiconductor Engineering. Springer−Verlag，2007.
Retrieved March 28，2017，from Google Books，https：//books.google.
com/ books? id=2cu1Oh_COv8C.

◆ tukasiak，L.，and A.Jakubowski. "History of Semiconductors." Journal of
Telecommunications and Information Technology. January 2010. Retrieved

March 28, 2017, from https: //djena.engineering.cornell.edu/hws/history_
of_semiconductors.pdf.

◆ Ohl, R. "Light–Sensitive Electric Device–US Patent 2402662 A." Bell
Telephone Laboratories, Incorporated, 1941. Retrieved March 28, 2017,
from https: //www.google.com/patents/US2402662.

◆ Pern, J. "Module Encapsulation Materials, Processing and
Testing." National Center for Photovoltaics (NCPV), National
Renewable Energy Laboratory (NREL).December 4–5, 2008. Retrieved
March 31, 2017, from http: //www. nrel.gov/docs/fy09osti/44666.pdf.

◆ Riordan, M., and L. Hoddeson. "The Origins of the p–n Junction", IEEE
Spectrum 34, no. 6 (1997), p.46.

◆ "Solar Industry Data–Solar Industry Growing at a Record Pace." Solar
Energies Industries Association. Retrieved March 27, 2017, from http: //
www. seia.org/research–resources/solar–industry–data.

◆ "This Month in Physics History–April 25, 1954: Bell Labs
Demonstrates the First Practical Silicon Solar Cell." APS News. April 2009.
Retrieved March 28, 2017, from http: //www.aps.org/publications/
apsnews/200904/ physicshistory.cfm.

◆ Smith, Willoughby. "Effect of Light on Selenium During the Passage of
an Electric Current." Nature: A Weekly Illustrated Journal of Science.
Volume 7, 1873 February 20, London/New York: Macmillan Journals,
Thursday, February 20, 1873. p.303.

光纤 (Optical Fiber)

◆ Billings, Charlene. Fiber Optics. Dodd, Mead & Company, 1986.

◆ French, P., and J.Taylor.How Lasers Are Made.Facts on File, 1987.

◆ Griffiths, John. Lasers and Holograms. Macmillan Children's Books,
1980.

◆ Lambert, Mark.Medicine in the Future. Bookwright Press, 1986.

◆ Library of Science Technology. Marshall Cavendish Corporation, 1989.

◆ Macaulay, David.The Way Things Work. Houghton Mifflin Company, 1988.

◆ Paterson, Alan. How Glass Is Made. Facts on File, 1986.

◆ Reader's Digest: How in the World? Reader's Digest, 1990.

吉他（Guitar）

◆ Ardley, Neil. Eyewitness Books: Music. Alfred A. Knopf, 1989.

◆ Evans, Tom, and Mary Anne Evans. Guitars: Music, History, Construction, and Players from the Renaissance to Rock. Facts on File, 1977.

◆ How It Works: The Illustrated Science and Invention Encyclopedia. Vol. 9. H. S.Stuttman, 1983.

◆ Klenck, Thomas, "Shop Project: Electric Guitar", Popular Mechanics. September 1990, pp. 43—48.

◆ Macaulay, David. The Way Things Work. Houghton Mifflin Company, 1988.

小号（Trumpet）

◆ Ardley, Neil.Music: An Illustrated Encyclopedia. Facts on File, 1986.

◆ Eyewitness Books: Music. Alfred A.Knopf, 1989.

◆ Barclay, Robert. The Art of the Trumpet—Maker. Oxford University Press, 1992.

◆ Macaulay, David.The Way Things Work. Houghton Mifflin Company, 1988.

◆ Weaver, James C. "The Trumpet Museum", Antiques and Collecting Hobbies. January 1990, pp.30—33.